CB079909

HERANÇA

Outros Livros de Harvey Whitehouse

Inside the Cult: Religious Innovation and Transmission in Papua New Guinea

Arguments and Icons: Divergent Modes of Religiosity

Modes of Religiosity: A Cognitive Theory of Religious Transmission

The Ritual Animal: Imitation and Cohesion in the Evolution of Social Complexity

HARVEY
WHITEHOUSE

HERANÇA

As ORIGENS EVOLUTIVAS do MUNDO MODERNO

ALTA BOOKS
GRUPO EDITORIAL
Rio de Janeiro, 2025

Herança

Copyright © 2025 STARLIN ALTA EDITORA E CONSULTORIA LTDA.

Copyright ©2024 Harvey Whitehouse.

ISBN: 978-85-508-2569-4

Alta Cult é uma Editora do Grupo Editorial Alta Books.

Translated from original Inheritance © 2024 by Harvey Whitehouse. ISBN 978-1-529-15223-4. This translation is published and sold by Penguin Random House, the owner of all rights to publish and sell the same. PORTUGUESE language edition published by Starlin Alta Editora e Consultoria Eireli, Copyright © 2025 by STARLIN ALTA EDITORA E CONSULTORIA LTDA.

Impresso no Brasil — 1ª Edição, 2025 — Edição revisada conforme o Acordo Ortográfico da Língua Portuguesa de 2009.

Dados Internacionais de Catalogação na Publicação (CIP)
(BENITEZ Catalogação Ass. Editorial, MS, Brasil)

W593h
1.ed. Whitehouse, Harvey
Herança : as origens evolutivas do mundo moderno / Harvey Whitehouse ; tradução Wendy Campos. - 1.ed. - Rio de Janeiro : Alta Cult, 2025.
368 p.; il.; 15,7 x 23 cm.

Título original: Inheritance.
ISBN 978-85-508-2569-4

1. Antropologia. 2. Evolução (Biologia). 3. Humanidade - História. 4. Religiosidade. I. Campos, Wendy. II. Título.

01-2025/135 CDD 300

Índice para catálogo sistemático:
1. Evolução : Humanidade : Antropologia social 300
Aline Graziele Benitez - Bibliotecária - CRB-1/3129

Todos os direitos estão reservados e protegidos por Lei. Nenhuma parte deste livro, sem autorização prévia por escrito da editora, poderá ser reproduzida ou transmitida. A violação dos Direitos Autorais é crime estabelecido na Lei nº 9.610/98 e com punição de acordo com o artigo 184 do Código Penal.

O conteúdo desta obra fora formulado exclusivamente pelo(s) autor(es).

Marcas Registradas: Todos os termos mencionados e reconhecidos como Marca Registrada e/ou Comercial são de responsabilidade de seus proprietários. A editora informa não estar associada a nenhum produto e/ou fornecedor apresentado no livro.

Material de apoio e erratas: Se parte integrante da obra e/ou por real necessidade, no site da editora o leitor encontrará os materiais de apoio (download), errata e/ou quaisquer outros conteúdos aplicáveis à obra. Acesse o site www.altabooks.com.br e procure pelo título do livro desejado para ter acesso ao conteúdo.

Suporte Técnico: A obra é comercializada na forma em que está, sem direito a suporte técnico ou orientação pessoal/exclusiva ao leitor.

A editora não se responsabiliza pela manutenção, atualização e idioma dos sites, programas, materiais complementares ou similares referidos pelos autores nesta obra.

Grupo Editorial Alta Books

Produção Editorial: Grupo Editorial Alta Books
Diretor Editorial: Anderson Vieira
Editor da Obra: José Ruggeri
Vendas Governamentais: Cristiane Mutüs
Gerência Comercial: Claudio Lima

Produtor Editorial: Thiê Alves
Tradução: Wendy Campos
Copidesque: Ana Gabriela Dutra
Revisão: Denise Himpel
Diagramação: Joyce Matos

ALTA BOOKS
GRUPO EDITORIAL

Rua Viúva Cláudio, 291 — Bairro Industrial do Jacaré
CEP: 20.970-031 — Rio de Janeiro (RJ)
Tels.: (21) 3278-8069 / 3278-8419
www.altabooks.com.br — altabooks@altabooks.com.br
Ouvidoria: ouvidoria@altabooks.com.br

Editora **afiliada à:**
ASSOCIADO

Dedicado a Merridee, Danny, Sally, Delilah e Patricia

Sumário

Parte Dois: Natureza Estendida

Parte Três: Natureza Reimaginada

Agradecimentos

Este livro é o resultado de quase quatro décadas de pesquisa e colaboração, durante as quais acumulei inestimáveis dívidas de gratidão. Supervisionar mais de trinta alunos de doutorado, mais de quarenta de pós-doutorado e colaborar com inúmeros colegas em universidades ao redor do mundo me obrigou a aprender muito mais do que imaginei ser capaz, pelo que sou humildemente grato. Como este livro invade a expertise de tantos especialistas, tenho uma longa lista de colegas para agradecer profundamente por ler e comentar trechos relacionados ao seu campo de expertise (embora reconhecendo, é claro, que a responsabilidade por quaisquer erros remanescentes cabe a mim): Scott Atran, Pascal Boyer, Michael Buhrmester, Emma Cohen, Alan Covey, Julia Ebner, Kevin Foster, Pieter François, Peter Frankopan, Stewart Guthrie, Conroy Harris, Ian Hodder, Dan Hoyer, Robert Jagiello, Chris Kavanagh, Jack Klein, Ian Kuijt, Jennifer Larson, Robert N. McCauley, Michal Misiak, Martha Newson, Kate Raworth, Lukas Reinhardt, Ralph Schroeder, Paul Seabright, Alan Strathern, Peter Turchin, Valerie van Mulukom, Claire White e Fiona White. Além disso, gostaria de agradecer à minha assistente de pesquisa, Danielle Morales, por fazer a verificação de fatos em muitas páginas de material citado.

Trechos do texto nos Capítulos 1, 3 e 4 foram publicados pela primeira vez na revista *Aeon* em "Human Rites", de Harvey Whitehouse (2012) — disponível em: https://aeon.co/essays/rituals-define-us-in-fathoming-them-we-might-shape-ourselves —, e uma parte do material no Capítulo 3 foi publicada pela primeira vez na revista *Pacific Standard* em "What Motivates

Extreme Self-sacrifice", de Harvey Whitehouse (2016) — disponível em: https://psmag.com/social-justice/what-motivates-extreme-self-sacrifice.

Também sou imensamente grato a Rowan Borchers, meu editor na Penguin Random House, por me encorajar a escrever o livro em primeiro lugar e por esmiuçar o primeiro rascunho, que enviei mais de um ano depois, ajudando-me a ver como melhor reorganizá-lo e incorporando as opiniões de Rachel Field, da Harvard University Press. Apesar de ter que ser persuadido a fazer alguns cortes dolorosos em um manuscrito que cresceu descontroladamente, aprendi muito com o processo e desenvolvi uma profunda admiração pelos insights e pelas habilidades profissionais de Rowan e Rachel. Gostaria também de agradecer à equipe editorial mais ampla da PRH — incluindo a editora de texto Lindsay Davies — por todas as suas observações perspicazes.

Acima de tudo, gostaria de agradecer à minha esposa, Merridee, por ler e comentar rascunhos inteiros do livro, por fornecer apoio emocional inesgotável quando meu moral diminuiu e por tolerar pacientemente meus momentos de alienação quando parecia "desconectado do mundo" ou "absorto em pensamentos profundos". Também sou grato a meu filho, Danny, minha nora, Sally, e minha mãe, Patricia, por suas muitas perguntas curiosas ao longo do processo de escrita. Dedico este livro a todos eles e à minha neta, Delilah, cujo futuro depende da rapidez com que conseguiremos curar nossa civilização enferma. O apoio da minha família ao longo do processo de escrita — incluindo minha maravilhosa família estendida na Austrália — significou mais do que consigo expressar em palavras. Um dos temas centrais deste livro é que, assim como os laços de parentesco foram fundamentais para a evolução da civilização humana, eles podem ser um dos nossos meios mais poderosos de salvá-la. Embora este trabalho menospreze o distanciamento entre as áreas acadêmicas, é escrito com o mais profundo respeito e amor pelos meus semelhantes. Todos descendemos de ancestrais comuns e, portanto, somos todos, em um sentido muito real, uma família.

Introdução: Uma História Não Natural da Humanidade

Como antropólogo, estou acostumado que as pessoas me olhem como se eu fosse esquisito ou estúpido, ou ambos.

Certo dia, eu estava em uma ilha tropical no Oceano Pacífico que viria a se tornar minha casa por dois anos. Era a primeira vez que realizava um trabalho de campo e acompanhava as pessoas que faziam oferendas aos seus ancestrais no templo do cemitério. Como estudante de doutorado na Universidade de Cambridge, na distante Inglaterra, minha intenção era uma imersão de dois anos em uma das culturas indígenas menos estudadas da Papua-Nova Guiné. Uma tribo, nas profundezas da floresta tropical, cuja língua nunca havia sido registrada por escrito, em uma vila que não tinha eletricidade nem água encanada, e da qual poucas pessoas de fora da região tinham ouvido falar. Diligentemente, me propus a participar do cotidiano do lugar, entrevistar as pessoas enquanto realizavam suas atividades e registrar tudo em cadernos.

O templo em si parecia uma casa qualquer da aldeia, feito de materiais coletados na floresta ao redor usando machados e facões, e com um telhado de palha; no entanto, ele cumpria uma função religiosa muito distinta. Como aluno ansioso e dedicado, senti-me obrigado a investigar a ideia de ofertar alimentos aos ancestrais, de todos os ângulos possíveis. *Será que os ancestrais poderiam atravessar objetos sólidos, como as paredes de bambu trançado do templo? Engoliriam fisicamente os alimentos ofertados? Ficariam felizes com as oferendas deixadas para eles?*

A cada pergunta, os rostos dos meus amigos exibiam um crescente espanto. Nos primeiros meses do trabalho de campo, as pessoas já esperavam minhas perguntas incessantes e ingênuas. De modo geral, eram muito solícitas, demonstrando uma paciência aparentemente infinita em esclarecer meus equívocos. No entanto, essa nova linha de investigação levou a situação a patamares absurdos. *Claro* que os ancestrais podiam atravessar paredes. *Claro* que não engoliam fisicamente a comida, isso seria ridículo. E é *claro* que ficavam felizes com as oferendas; que outro motivo teríamos para fazê-las?

Essa última resposta captou minha atenção mais do que as outras. "Aha!", exclamei. "Então, os ancestrais pensam mesmo sem ter corpos?" Minhas fontes me encararam, perplexas. "*Claro* que os ancestrais têm mentes", disseram. E talvez tenham sido educadas o suficiente para não dizer: "Acho que cometemos um erro ao convidar esse idiota para participar de nossos rituais mais sagrados".

Durante minha formação em antropologia, fui incentivado a deixar de lado tudo o que eu pensava que sabia e abordar o processo de observação de campo com a mente mais aberta possível, sem preconceitos e suposições provenientes de minha própria experiência cultural (o pecado do "etnocentrismo"). Mas a verdade era que, mesmo enquanto fazia as perguntas sobre os ancestrais, sabia quais seriam as respostas. Por quê? Porque meus anfitriões tinham razão: essas *eram* as respostas óbvias. Na verdade, seriam óbvias para qualquer pessoa, em qualquer lugar. Podemos fazer a mesma pergunta sobre os mortos em praticamente qualquer sociedade humana no planeta e encontraríamos pessoas dispostas a dizer mais ou menos a mesma coisa. Todos estão familiarizados com a ideia de que os espíritos são incorpóreos e, ainda assim, têm mentes que lhes permitem expressar emoções, lembrar e entender o que estamos dizendo. Igualmente comum é a ideia de que nossas mentes e corpos são entes separados, e que nossos espíritos continuam vivos após a morte. Pense nos fantasmas em casas de campo inglesas. Ou nos espíritos em cultos de possessão afro-brasileiros. Ou nos ancestrais na China.

Tais ideias são universais porque estão enraizadas na natureza humana, e ressurgem a cada nova geração.[1] Essas crenças ocorrem naturalmente e estão entre as características mais distintivas de nossa espécie. Quando analisamos os comportamentos observados em chimpanzés, bonobos e gorilas, nossos parentes primatas mais próximos, percebemos que eles não imaginam um mundo em que os espíritos dos mortos exigem ser alimentados, apaziguados ou suplicados por ajuda. E, ainda assim, nas sociedades humanas, tais ideias se alastram como incêndio. Embora as características específicas dessas crenças sejam expressas de maneiras infinitamente distintas em diferentes grupos culturais, seus componentes básicos surgem repetidamente ao longo de nossa história.

Em outras palavras, tudo o que transmitimos de geração em geração — nossas tradições culturais — assumiu formas incrivelmente diversas. Mas todas, em última instância, estão enraizadas em nossa psicologia evoluída. Essa combinação de tradições moldadas pela cultura e intuições evoluídas biologicamente constitui nossa herança coletiva como espécie, transmitida a nós por incontáveis gerações ancestrais. Este livro é sobre essa herança e os perigos de desperdiçá-la. E é um livro sobre como podemos investir essa herança de forma mais sábia no futuro.

A natureza humana e nossa história não natural

Os elementos mais básicos de nossa herança comum são três vieses naturais observados repetidamente em todas as sociedades humanas. O primeiro é a conformidade: o fato de copiarmos avidamente os outros, absorvendo os rituais e costumes dos grupos em que fomos criados, incluindo a preparação de oferendas de alimentos em determinados locais se isso for o que as pessoas ao nosso redor estiverem fazendo. O segundo é a religiosidade: nossa tendência natural para adquirir e disseminar ideias sobre deuses, espíritos e ancestrais. O terceiro é o tribalismo: nossa lealdade muitas vezes fervorosa a grupos, seja organizando banquetes suntuosos ou arriscando a vida e a integridade física no campo de batalha. Esses três vieses são cruciais para entender como e por que a história tomou os rumos que tomou.

Mas, embora eu argumente que essas crenças têm fundamentos naturais, este livro não é um trabalho de psicologia evolutiva reducionista, propondo que o comportamento humano é de alguma forma geneticamente determinado. É sobre como nossos vieses naturais foram aproveitados e ampliados por milhares de anos de evolução cultural, o que possibilitou superar as limitações da natureza para cooperar em sociedades cada vez mais amplas. A evolução cultural aumentou e amplificou nossas predisposições e suscetibilidades naturais. Juntos, esses dois processos evolutivos — biológico e cultural — produziram a riqueza acumulada de conhecimento humano e tecnologia que definem o mundo moderno.

O processo de aproveitar nossas disposições naturais e superar suas limitações ocorreu de maneiras diferentes em tempos e lugares distintos. Mas também existem padrões marcantes ocultos sob a diversidade. Para compreender a estrutura profunda desse processo, pense no mundo habitado como um imenso jardim. A maravilhosa variedade de plantas nesse jardim é como os diversos padrões de cultura encontrados em todo o mundo. Muitas das gramíneas e arbustos crescem de forma espontânea. Podemos pensar neles como práticas culturais enraizadas em nossos vieses naturais de nos conformar, ter fé e pertencer. As plantas selvagens brotam em todos os lugares, apesar de todos os esforços para arrancá-las ou pelo menos controlá-las em nome da ciência, da ortodoxia religiosa ou de qualquer outra fonte de autoridade.

No entanto, nesse jardim também existem espécies que foram plantadas de forma deliberada — árvores que produzem frutas exóticas, cujos espinhos de defesa contra predadores foram atenuados por meio da seleção artificial. É aqui que nossas disposições naturais e suscetibilidades foram aproveitadas e ampliadas — cultivadas, em outras palavras — para produzir uma grande diversidade de sistemas culturais. Essas árvores representam as primeiras formações estatais e religiões organizadas na história mundial, nas quais governantes autocráticos emergiram pela primeira vez e humanos eram com frequência sacrificados para agradar e aplacar a ira dos deuses. Embora algumas espécies dessas árvores frutíferas tenham sido derrubadas há muito tempo, elas eram comuns em muitas regiões do jardim. E, porque seus tocos permanecem espalhados por aí, elas ainda são uma presença perturbadora no jardim milhares de anos depois.

E, por fim, existem árvores clonadas plantadas em fileiras ordenadas por toda a extensão do jardim. Elas são os sistemas sociais altamente artificiais que definem nossa vida hoje, produto de milhares de anos de cultivo. Algumas dessas árvores estão cercadas por plantas selvagens, bem como diversas variedades de vegetais domesticados e árvores frutíferas — assim como, em muitas partes do mundo, as religiões populares e os cultos aos ancestrais continuam a florescer ao lado das religiões doutrinárias com controle mais rígido. Mas, em algumas partes do jardim, todo sentido de ambiente selvagem foi perdido. Essas seções são destinadas a plantações regulamentadas de coníferas, assim como sistemas altamente seculares de governança e educação têm eliminado a maior parte das variedades mais rudimentares de religiosidade. A vida neste jardim, assim como em partes reais da Terra, está continuamente mudando ao longo do tempo, à medida que sementes são carregadas pelo vento e os jardineiros adotam estratégias de horticultura em constante mudança.

Agora, imagine traduzir o layout deste jardim em algo que se assemelha à distribuição geográfica de sistemas culturais ao redor do mundo, à medida que foram estabelecidos e se espalharam. O Oriente Médio, o Noroeste da Índia, o Paquistão e a Província de Qinghai, na China, se assemelham a partes do nosso jardim em que todas as formas de vida floresceram na sequência que descrevi: primeiro vieram crenças e hábitos relativamente não domesticados, surgidos de nossas intuições naturais, em seguida vieram as primeiras formas complexas de organização social e religião, e por fim surgiram os modelos cultivados do mundo moderno. Em outras regiões — incluindo América do Norte e do Sul —, algumas dessas características foram importadas, chegando com, por exemplo, a colonização europeia. Mas, mesmo em lugares onde a gama completa de vida vegetal emergiu e se espalhou primeiro, as formas mais antigas com frequência continuam a persistir hoje — plantas selvagens e cultivares crescendo juntas. Por exemplo, o culto aos ancestrais continua amplamente praticado em grande parte do Leste da Ásia e ainda é possível descrever certos líderes como um tanto divinizados (por exemplo, o Rei da Tailândia ou o Papa). Uma vez estabelecido o modelo para essas formas mais antigas de organização religiosa, elas raramente desapareceram por completo do repertório cultural. Muitas vezes, desapareceram temporariamente apenas para retornar por meio de revoluções, reformas, insurgências e outros processos aparentemente cíclicos de agitação social.

Compreender essa interação entre natureza humana e cultura é vital para enfrentar os problemas do mundo hoje. Se formos péssimos jardineiros — ignorando o conhecimento acumulado por nossos antepassados —, podemos degradar o solo e ficar sem alimentos tanto no sentido literal quanto metafórico. A chave para nossa sobrevivência não é apenas plantar mais das sementes que queremos cultivar. Também envolve reconhecer as limitações naturais do jardim e escolher contorná-las, em vez de eliminá-las.

Se essa abordagem parece incontroversa, no mundo acadêmico ela é tudo menos isso. Infelizmente, o dogma básico para a maioria dos cientistas sociais é que sistemas sociais e culturais podem e devem ser estudados sem considerar a natureza humana. À primeira vista, essa é uma posição estranha. A menos que sejam influenciadas por algum tipo de fundamentalismo religioso, a maioria das pessoas instruídas hoje reconheceria que nosso cérebro evoluiu por seleção natural, junto com outras características de nossa constituição biológica. E, ainda assim, muitos cientistas sociais estão satisfeitos em presumir que somos folhas em branco quando se trata da criação e da disseminação de crenças e práticas culturais.[2] Isso envolve ignorar ou descartar grande parte das evidências das ciências cognitivas e comportamentais.[3] Para complicar ainda mais, formas simplistas de sociobiologia tornaram-se associadas a posições de direita, enquanto o pensamento de folha em branco é associado a posições de esquerda ou liberais — embora pudesse ser o contrário.[4]

Mas por que alguém desejaria relegar toda discussão sobre "natureza humana" aos comentaristas mais reacionários e simplistas? E por que alguém desejaria aderir a um conjunto de doutrinas que negam ou marginalizam o papel da natureza humana na cultura e na história? Como este livro mostrará, natureza e cultura — gostemos ou não — estão intimamente entrelaçadas em todos os aspectos de nossa vida.[5] Nos capítulos a seguir, descreverei diversas maneiras pelas quais a cultura é moldada e limitada por ideias que surgem naturalmente. Nossas percepções naturais com frequência têm uma origem bastante básica: por exemplo, todos os primatas desenvolvem intuições desde cedo sobre a natureza dos objetos sólidos — somos dotados de alguma forma de "física intuitiva".[6] No entanto, apenas os humanos dão o passo imaginativo de conceber seres que desafiam suas expectativas intuitivas do mundo físico — bruxas, fantasmas, ancestrais e outros seres capazes de atravessar paredes e flutuar pelo céu.

As intuições naturais alimentam nossos sistemas sociais de maneiras estranhas e inesperadas. Para dar apenas um exemplo, nossas intuições sobre seres sobrenaturais também estão associadas a intuições sobre dominação social de formas consistentes entre culturas. Com a ajuda de meus colaboradores, demonstrei em experimentos de laboratório que, quando bebês observam um ente capaz de flutuar como um fantasma ou uma bruxa voadora, eles esperam que o levitador vença em um confronto com um rival que não possui tais poderes.[7] De forma resumida, temos uma tendência natural para reverenciar seres sobrenaturais. Isso poderia ajudar a explicar não apenas por que histórias de super-heróis — desde o Papai Noel ao Super-Homem — são tão populares entre as crianças, mas também por que seres mágicos e suas manifestações são com tanta frequência venerados em sociedades humanas. As culturas humanas desenvolveram essas ideias ao longo da história de modo a produzir visões cada vez mais elaboradas do sobrenatural como transcendente e inatingível — ideias que, em alguns casos, estão tão distantes de nossas intuições naturais que exigem uma grande esforço de aprendizado e conhecimento para serem transmitidas de uma geração para a seguinte, da Santíssima Trindade até as Nobres Verdades do Budismo.

Por tudo isso considero este livro mais uma obra de "história não natural" do que de "história natural". Certamente, a evolução biológica da psicologia humana por seleção natural é uma parte importante de nossa herança — que nos torna quem somos hoje. Mas o mundo moderno também é produto de processos de evolução cultural — a sobrevivência das inovações que se espalham com sucesso e a eliminação das demais. A natureza humana moldou e limitou nossa história não natural, mas não a determinou. Se quisermos entender como o jardim das sociedades humanas se tornou maior e mais complexo, é preciso entender tanto nossas intuições naturais quanto nossas normas sociais e instituições cultivadas. Não se trata de natureza versus cultura, mas de entender como os efeitos da natureza e da cultura trabalham juntos.

Quando comecei a defender esse argumento há mais de trinta anos, era algo perigoso de se fazer. Os antropólogos deveriam estudar a cultura em uma espécie de bolha hermeticamente fechada, inacessível à ciência. Tentar explicar como a cultura era moldada e limitada por nossa psicologia evoluída era condenado com palavras como "reducionismo" ou "cientificismo" — como se o raciocínio reducionista e o método científico fossem pecados. Se eu fosse ousado o suficiente como estudante para sugerir o contrário, seria repreendido com a frase: "Isso não é antropologia". E, do ponto de vista de mera observação sobre o estado da disciplina, era verdade. Mas também era uma ameaça velada de exclusão da tribo. Para alguém ainda sem uma posição acadêmica permanente, parecia uma escolha entre suicídio profissional e exílio.

No entanto, logo percebi que havia outra saída. Quando retornei das florestas tropicais da Papua-Nova Guiné, aprendi um jeito de viver em segurança dentro de uma comunidade sem necessariamente adotar seu sistema de crenças. Assim como fiz com meus amigos na floresta tropical, comecei a me perguntar se poderia me tornar um observador ativo em minha universidade: estudando silenciosamente as práticas de meus colegas acadêmicos, enquanto desenvolvia uma nova forma de pensar sobre o comportamento humano.

Uma nova ciência do social

No seu cerne, essa nova forma de pensar tratava de estabelecer pontes entre os silos acadêmicos. Os cientistas sociais — assim como qualquer outro grupo humano — são bastante tribais. Quando eu tinha 30 e poucos anos e estava bem estabelecido como professor universitário, já havia me acostumado com as sutis insígnias que cientistas políticos, sociólogos, arqueólogos, e assim por diante, ostentavam para indicar as diferentes tribos às quais pertenciam — e o quanto se apegavam a elas. Todo ano, na época das provas, eu tinha que levar as notas dos alunos para os diferentes departamentos no campus. Em uma sala eu me deparava com colegas que pareciam hippies (na maior parte sociólogos), em outra com pessoas de ternos risca de giz e tailleurs (advogados), em outra com acadêmicos adornados com piercings (etnomusicólogos), e na última com pessoas vestindo calças de veludo folgadas e paletós com cotoveleiras de couro (historiadores). Não apenas eles formavam tribos com identidades distintas, mas cada grupo se mantinha isolado — exceto na hora de compartilhar as listas de notas dos alunos uns com os outros durante os períodos de provas.

As diferenças que notei entre grupos de colegas eram sintomas reveladores do problema dos silos — ou seja, a tendência de grupos especializados se isolarem uns dos outros. Isso é um problema não porque as pessoas acabam se vestindo de maneira diferente, mas porque isso impede o compartilhamento de teorias, métodos e descobertas que beneficiariam a todos os envolvidos. Quanto mais tempo eu passava conversando com psicólogos experimentais, por exemplo, mais percebia que suas questões de pesquisa poderiam ser informadas pela antropologia e que seus métodos poderiam ser usados para abordar problemas antropológicos.

Considere um enigma que passei grande parte do início da minha carreira tentando resolver. Durante os dois anos de trabalho de campo na Papua-Nova Guiné, com frequência observei pessoas depositando dinheiro em jarros especiais para serem absolvidas dos pecados. Essas mesmas pessoas doavam uma grande parte do montante arrecadado no jarro para causas beneficentes. Eu queria saber se os rituais de confissão de alguma forma provocavam esses atos notáveis de generosidade. Rituais nos quais as pessoas confessam seus pecados e recebem perdão são encontrados em uma ampla gama de tradições culturais, incluindo, é claro, a Igreja Católica. Será que tais rituais nos tornam mais generosos com os necessitados, possibilitando que comunidades mais pobres sobrevivam? O problema era que não havia como confirmar essa hipótese simplesmente observando as pessoas seguindo suas vidas ou perguntando por que agiam daquela maneira. A observação não é suficiente. Afinal, pessoas que confessam seus pecados também fazem muitas outras coisas que poderiam fornecer uma explicação plausível para doarem dinheiro para boas causas. Talvez o façam para agradar a Deus. Talvez estejam agindo por sentimentos de empatia para com aqueles que estão sofrendo. Talvez tenha a ver com sinalizar comprometimento. Mesmo que estejam dispostas a falar sobre suas motivações, é impossível saber se seria uma descrição realista do que as faz agir como agem. É por isso que precisamos realizar experimentos.

Assim que descobri como conseguir financiamento para pesquisa, comecei a contratar pós-doutorandos treinados nos métodos da psicologia experimental para responder a esses tipos de perguntas antropológicas. Usando uma das minhas primeiras bolsas, contratei um pós-doutorando chamado Ryan McKay (que mais tarde chegou ao cargo de professor titular na Universidade de Londres). Em um de nossos primeiros estudos juntos, ele reuniu uma amostra de católicos e pediu que os participantes se lembrassem de um pecado que haviam cometido no passado e do processo de confissão — e lhes deu a oportunidade de doar dinheiro para a igreja. Mas enquanto metade da amostra pensava sobre a confissão e o perdão *antes* de ser convidada a abrir sua carteira, a outra metade só foi instigada a pensar nisso *após* a doação. O que descobrimos foi que as pessoas que tinham acabado de recordar sua confissão foram mais generosas do que aquelas que não o fizeram.[8] Esse experimento, em parte inspirado nos rituais de confissão que estudei na Papua-Nova Guiné, oferece um exemplo simples de como métodos experimentais podem abordar as questões mais complexas sobre por que as pessoas agem da maneira que agem. Ele ilustra por que precisamos combinar a etnografia de "mosca na parede" com experimentos controlados se quisermos entender as causas subjacentes mais profundas do comportamento humano.

Nos anos que se seguiram, meus colegas e eu usamos essa abordagem repetidas vezes: inspirando-nos em observações etnográficas para orientar experimentos com o objetivo de explicar a diversidade dos sistemas sociais e culturais humanos. No decorrer deste livro, descreverei experimentos realizados por mim e meus colaboradores em populações tão diversas quanto torcedores de futebol no Brasil, insurgentes revolucionários na Líbia, agricultores em Camarões, fundamentalistas religiosos na Indonésia, grupos de artes marciais no Japão e chefaturas em Vanuatu — sempre transitando entre os silos acadêmicos a fim de buscar os métodos necessários para responder a nossas perguntas de diferentes ângulos.

Muito depois de eu ter começado a usar métodos experimentais para responder às grandes questões que me interessavam, comecei a perceber que observações qualitativas baseadas em pesquisas de campo tinham outra aplicação útil. Na verdade, elas poderiam nos ajudar a gerar hipóteses promissoras que poderíamos então testar em experimentos, gerando novos dados como resultado. Mas as observações de campo também eram dados de interesse científico por si só. Usar esses dados para fornecer explicações exigia algum método de comparação. Pense naqueles rituais de confissão. Não é possível afirmar que esses rituais tornavam os seguidores mais caridosos com base em um único exemplo. No entanto, seria razoável sustentar essa alegação se fosse possível demonstrar que uma amostra muito grande de grupos que praticavam os rituais de confissão era mais generosa do que uma grande amostra de grupos semelhantes que não tinham esse tipo de ritual. Essa percepção inspirou o trabalho de outro dos meus primeiros pós-doutorandos, Quentin Atkinson (que também se tornou professor titular, no caso, na Universidade de Auckland). Atkinson e eu construímos um grande banco de dados de observações etnográficas relacionadas a rituais — mais de seiscentos provenientes de dezenas de culturas diferentes — que poderia ser usado para testar uma variedade de teorias sobre as causas e consequências dos rituais nas sociedades humanas.[9] Os resultados desse trabalho moldaram profundamente a direção de nossas pesquisas posteriores sobre o poder do ritual.[10]

Logo percebi que o que se aplica às observações etnográficas também se aplica aos registros históricos. A maneira convencional de escrever um livro de história é descrever eventos ou características da vida no passado com o máximo de detalhes possível, baseando-se principalmente em textos sobreviventes e outros artefatos. Isso pode fornecer uma imagem vívida de fatos ocorridos há muito tempo e do que significavam na época. No entanto, assim como as descrições de aspectos que podem ser observados qualitativamente no mundo hoje, isso não oferece uma explicação científica para os padrões que observamos na história humana. Para isso, é necessária uma abordagem mais quantitativa. Meus colegas e eu percebemos que, se tivéssemos exemplos suficientes de quando várias instituições e invenções ocorreram em diferentes partes do mundo, poderíamos estabelecer o que precedeu o quê. E, com base na lógica de que causas precedem efeitos, poderíamos começar a construir uma imagem muito mais detalhada dos impulsionadores de várias mudanças nas sociedades humanas ao longo da história mundial. Entra em cena o mundo do big data e da análise estatística das civilizações passadas.

Quantificar a história e a pré-história — assim como combinar etnografia e métodos experimentais — pode ser considerado um tanto atípico, uma violação das normas habituais das disciplinas de ciências sociais e humanidades. Mesmo para os historiadores e arqueólogos dispostos a trabalhar com uma abordagem ampla, há um certo incômodo — e até aversão — em reduzir características do passado em milhares de pequenos pontos de dados. Assim como os etnógrafos, os historiadores lidam com textos ricamente detalhados, repletos de notas de rodapé. Esses textos costumam conter extensos relatos bastante descritivos de eventos passados e dos contextos sociais e culturais nos quais ocorreram. Mas meus colaboradores e eu nos propusemos a organizar o que se sabe sobre o passado de uma maneira muito diferente, construindo uma extensa lista de características de organização social, agricultura, tecnologia, guerra, religião, ritual, e assim por diante. E, para cada item da lista, buscamos estabelecer se estava presente ou não em uma grande amostra das sociedades que existiram ao longo de milhares de anos de história mundial. Com a ajuda de dezenas de historiadores, classicistas, arqueólogos e antropólogos, reunimos um vasto banco de dados de informações sobre o passado humano que pode ser analisado estatisticamente — o que nos possibilita identificar os fatores que ajudaram a impulsionar o surgimento de sistemas sociais cada vez mais complexos, desde as primeiras sociedades agrícolas até os maiores Estados e impérios do mundo moderno. Como veremos, este é um processo que produziu algumas descobertas bastante chocantes.

À medida que as ambições para o projeto cresceram, ele passou a incorporar uma gama cada vez maior de métodos, disciplinas e abordagens. As ideias neste livro levaram quatro décadas para se desenvolver e me levaram a colaborações duradouras com teóricos da evolução, cientistas de dados e estatísticos, ao mesmo tempo que eu também me aprofundava nos mundos de historiadores, arqueólogos, etnógrafos e psicólogos. Também me levou a criar o Institute for Cognition and Culture na Queen's University Belfast e o Centre for the Study of Social Cohesion na Universidade de Oxford. Ao longo do caminho, conduzi pesquisas de campo em regiões tão diversas quanto Ásia, África, América do Sul e Australásia, além da minha área de atuação original na Melanésia. Eu me envolvi profundamente em trabalhos nos sítios arqueológicos e nos laboratórios de escaneamento cerebral e de psicologia infantil mais importantes do mundo, e fui convidado para o cerne de alguns dos conflitos e grupos extremistas mais terríveis. Em meio a tudo isso, tenho tentado desenvolver uma abordagem mais abrangente que fosse além das crenças mais estabelecidas dessas disciplinas: uma ciência transdisciplinar do social.[11] E foi essa nova abordagem cientificamente fundamentada do nosso passado, presente e futuro coletivo que me levou a escrever este livro.

Os três vieses

Nas páginas a seguir, introduzo os vieses evoluídos que, ao longo de milhares de anos, foram ampliados por nossos antepassados e ajudaram a forjar o mundo peculiar que agora habitamos. Primeiro, exploro a característica mais essencial — e idiossincrática — da natureza humana: nossa tendência a copiar o comportamento uns dos outros, mesmo quando o propósito é obscuro. Demostrarei como essa compulsão para imitar possibilitou que a humanidade armazenasse as descobertas das gerações anteriores, permitindo que tradições culturais e conhecimentos se acumulassem ao longo do tempo. Refiro-me a esse aspecto da natureza humana como conformidade.

A conformidade sempre foi uma bênção e uma maldição. Ela explica muitas de nossas realizações cooperativas mais surpreendentes e também algumas das mais terríveis atrocidades cometidas por nossa espécie. No entanto, para o bem ou para o mal, um aumento acentuado na frequência de atos ritualizados de conformidade desempenhou um papel fundamental no surgimento das primeiras sociedades em grande escala. Isso permitiu que culturas regionais compartilhadas se aglutinassem e novas formas de unificação política tomassem forma. Também possibilitou que nos tornássemos mais orientados para o futuro do que nunca.

Infelizmente, a coesão e a orientação para o futuro estão diminuindo em muitas regiões do mundo hoje, com a disseminação de políticas polarizadoras e formas insustentáveis de superconsumo. No entanto, mostrarei que os mesmos instintos de conformidade que nos levaram por esse caminho de destruição também podem nos resgatar dele.

O segundo grande viés — a religiosidade — não é menos significativo para a história da humanidade. A religião não é apenas uma adição opcional ao repertório cultural, como muitos ateus presumem. Também não foi nos dada por Deus, como muitos adeptos de religiões organizadas insistem. Em vez disso, argumentarei que é um subproduto inevitável da forma como nosso cérebro evoluiu. Ao longo dos milênios, a religião desempenhou um papel fundamental ao permitir novas formas de liderança, promovendo sistemas sociais cada vez mais complexos. Esse processo conduziu a humanidade por formas de culto aos ancestrais, sistemas de autoridade herdada, realeza divina e, por fim, levou às grandes religiões moralizantes que se espalharam por grande parte do mundo em que vivemos hoje.

Mas enquanto o domínio das religiões organizadas está enfraquecendo, novas formas de religiosidade estão surgindo, em grande parte abaixo do radar.

A indústria publicitária, as mídias sociais e os conglomerados de notícias estão aproveitando nossas intuições religiosas naturais de maneiras cada vez mais criativas, por exemplo, usando técnicas como a antropomorfização de marcas e a modificação de comportamento. Dessa forma, pequenas elites estão lucrando cada vez mais com nossa credulidade em uma escala muito maior do que qualquer uma das religiões organizadas da história. Pior ainda, os custos disso muitas vezes são suportados por aqueles com menos capacidade de pagar. No entanto, mais uma vez, mostrarei que existem meios pelos quais podemos assumir o controle dos mesmos aspectos da natureza humana que o capitalismo global explora de forma tão nociva e usá-los para alcançar resultados mais consensuais, por exemplo, reformando plataformas de mídia social e veículos de notícias.

Como as formas intuitivas de religiosidade são naturais para nós, não conseguimos eliminar esse aspecto da natureza humana, mas podemos pelo menos gerenciá-lo e aproveitá-lo para que beneficie o florescimento humano e limite suas manifestações mais irracionais e destrutivas.

Por fim, vamos tratar do terceiro viés: o tribalismo. Argumentarei que, enquanto o tribalismo produziu alguns dos atos mais cruéis da história, também motivou muitas formas pacíficas e criativas de cooperação. E explorarei o que aprendemos sobre as raízes psicológicas do vínculo grupal e seus efeitos em nosso comportamento, para o bem ou para o mal. Com base nesta pesquisa psicológica, veremos como nosso tribalismo foi aproveitado e ampliado ao longo da história. Algumas de nossas descobertas sobre esse tópico têm sido perturbadoras. Por exemplo, descobrimos que um dos fatores mais poderosos que impulsionam o surgimento e a disseminação das civilizações na história mundial é a guerra.

Ao mesmo tempo, esses impulsos tribais, antes úteis, agora representam uma ameaça existencial para nossa espécie. A guerra já não pode beneficiar os vencedores como no passado porque as tecnologias militares se tornaram muito mais destrutivas do que nunca. No entanto, também argumentarei que a solução para muitos dos nossos problemas modernos pode ser mais tribalismo, não menos. Mostrarei como as formas mais prejudiciais de aplicação de nossos instintos tribais poderiam ser transformadas em benefício coletivo de várias maneiras práticas, não apenas no nível das comunidades locais, dos Estados e da diplomacia internacional, mas por meio do desenvolvimento de novas formas de identidade tribal global.

Em suma, os mesmos traços da natureza humana que hoje nos prejudicam podem, em teoria, ser aproveitados para reformar nossas economias, conservar os recursos do planeta, expandir nossas capacidades cooperativas e gerenciar conflitos de forma mais eficaz — em outras palavras, criar uma nova base sobre a qual a civilização humana possa florescer. É por isso que cada parte do livro trata dos três vieses — conformidade, religiosidade, tribalismo — em diferentes contextos, mas na mesma ordem. Ao revisitar três vezes os três vieses que nos tornaram quem somos hoje, é possível perceber tanto a atemporalidade de certos aspectos do comportamento humano quanto o potencial para traçar um novo curso.

A humanidade ainda pode destruir o planeta por meio de uma diversidade de métodos, incluindo colapso climático, fome, doenças e holocausto nuclear. Nossa capacidade de evitar resultados apocalípticos dependerá da habilidade em aproveitar nossa psicologia evoluída de forma sábia e consensual: sábia por ser fundamentada na ciência; consensual por ser baseada em preocupações morais compartilhadas, interesses coletivos e ampla consulta.

No entanto, se formos capazes de fazer isso, o futuro do mundo pode ser melhor do que hoje parece possível. E é por isso que a mensagem deste livro é, em última análise, de esperança. Avanços recentes no estudo científico da natureza humana e da evolução de nossas sociedades e sistemas culturais podem ser aplicados a todos os problemas mais urgentes enfrentados pelo mundo hoje. O objetivo não é apenas traçar os perigos, mas, muito mais importante, esboçar um mapa para cooperação pacífica e prosperidade sustentável. O desafio será fazer o melhor uso de nossa herança natural e cultural, em vez de desperdiçá-la.

Parte Um

Natureza Evoluída

Capítulo 1

Cultura de Imitação

A princípio, a menina de 4 anos parecia hesitante. Mas, depois de ver o sorriso de aprovação da mulher, ela esqueceu sua timidez e estendeu a mão para o objeto com evidente curiosidade. Essa menina era apenas uma das dezenas de participantes em um experimento na Universidade do Texas, em Austin, que eu e meus colaboradores havíamos organizado para explorar como e por que crianças pequenas imitam comportamentos, mesmo quando não têm um propósito óbvio. Na mesa do laboratório de psicologia infantil havia uma variedade de objetos coloridos. Uma esfera laranja, um cubo azul, uma peça de xadrez roxa, um tabuleiro de pinos multicoloridos e — o mais intrigante de todos — uma caixa pintada de prateado.

Em nosso experimento, primeiro as crianças assistiram a um vídeo mostrando essa estranha variedade de objetos sendo usada. No vídeo, cada um dos objetos foi disposto em linha em cima de uma mesa, atrás da qual estava uma mulher. Ela então levantou cada objeto e executou uma sequência de ações na qual eles eram girados no ar ou tocavam outro, às vezes repetidamente, antes de serem colocados de volta na posição original. Depois que todos os objetos foram manuseados e posicionados, o vídeo terminou e os objetos foram dispostos na frente da criança. A grande questão era o que a menina faria. Continuaria brincando com os objetos? Perderia o interesse e perguntaria se tínhamos brinquedos melhores para brincar? Pediria para sair? Na verdade, ela não fez nenhuma dessas coisas. Assim como a maioria das crianças neste experimento, ela fez algo muito mais intrigante. Ela *imitou* o comportamento aparentemente sem propósito que acabara de observar no vídeo.[1]

Por trás desse comportamento está uma pista crucial para entender por que os humanos têm costumes, rituais e hábitos de todos os tipos. Em algum momento da infância, acabamos aceitando que, em nossa comunidade específica, cumprimentamos as pessoas apertando as mãos ou pressionando os lábios nas bochechas de outra pessoa, precisamos cortar o cabelo e decorar nosso corpo com objetos especiais e usar loções e roupas, comemos de uma certa maneira, e assim por diante. Isso tudo logo se torna tão óbvio que nunca questionamos. Mas houve um momento para cada um de nós em que observamos pela primeira vez, com fascínio e perplexidade, que as pessoas à nossa volta apertavam as mãos umas das outras ou usavam objetos brilhantes ao redor do pescoço. Embora com o tempo todos percebamos que nossos adornos corporais e modos de cumprimentar são peculiares e que pessoas de outras comunidades se comportam de maneira diferente, poucos de nós fazem a pergunta óbvia: por que fazemos esse tipo de coisa afinal?

O experimento de Austin foi nossa primeira tentativa de responder a essa pergunta. Nos anos anteriores, os psicólogos começaram a explorar a ciência da imitação. Mas muitos estavam focados em uma resposta limitada. Argumentavam que crianças pequenas copiam comportamentos aparentemente sem sentido porque confiam que indivíduos mais velhos e sábios não as ensinariam hábitos inúteis. Ou seja, mesmo que os comportamentos estranhos dos adultos pareçam sem propósito, presumimos que um dia entenderemos para que servem e ficaremos felizes por termos dedicado tempo a aprender. Se isso nunca acontecer, então, a presunção é que acabamos esquecendo por que copiamos o comportamento em questão, e ele é perpetuado apenas como um hábito ou costume.

Mas, como antropólogo, eu tinha uma ideia diferente. Tendo passado grande parte da minha vida estudando diversos rituais em sociedades humanas, percebi que não esperamos que grande parte do comportamento que imitamos de outras pessoas em nossa comunidade tenha qualquer uso material. Seu valor reside no que ele diz, a nós e aos outros, sobre os grupos aos quais pertencemos. Em uma universidade do outro lado do Atlântico, encontrei uma equipe de psicólogos liderada por Cristine Legare, que compartilhava essa intuição e estava disposta a trabalhar comigo para testá-la.

Nosso experimento com aquela menininha foi projetado para examinar por que, desde cedo, os humanos imitam comportamentos que não têm um propósito aparente. Queríamos ver o que acontecia em duas condições experimentais sutilmente diferentes. Cinquenta e sete crianças de 4 e 5 anos participaram do estudo. Cerca de metade delas observou os objetos terminarem no mesmo ponto em que começaram (não havia um "objetivo final"). Para a outra metade, em vez de todos os objetos terminarem exatamente na mesma posição, um dos objetos foi colocado dentro da caixa prateada (um objetivo final muito marcante, para a maioria das crianças). Ao projetarmos este estudo, já sabíamos de antemão que crianças em fase pré-escolar acham caixas instigantes e *adoram* colocar e retirar coisas delas. A experiência mostrou que as crianças pequenas são ainda mais motivadas a fazer isso se a caixa for brilhante e chamativa, como a do nosso experimento. E fizemos uma descoberta intrigante. As crianças imitaram com mais precisão e acrescentaram menos inovações e desvios quando assistiram ao vídeo no qual os objetos terminaram no ponto em que começaram — aquele sem qualquer objetivo final aparente.

Se o objetivo de imitar comportamentos fosse aprender uma habilidade tecnicamente útil, como muitos psicólogos presumiam, então esperaríamos que o comportamento com um resultado óbvio — como colocar um objeto em uma caixa — merecesse uma imitação mais meticulosa do que comportamentos sem propósito aparente, em que os objetos terminam exatamente onde começaram. Afinal, habilidades tecnicamente úteis tendem a ter algum impacto material perceptível no mundo. Na verdade, como veremos, essa previsão seria bastante razoável para qualquer outra espécie exceto a nossa.

Mas, desde cedo, os humanos fazem exatamente o oposto. Eles aderem mais fielmente ao roteiro quando o comportamento que estão imitando não tem um resultado material. Por quê? Meu argumento é que os humanos são animais rituais.[2] Temos uma predisposição natural para absorver o comportamento dos outros mesmo quando não tem um propósito óbvio. Humanos em todos os lugares se envolvem em comportamentos aparentemente desnecessários que são exclusivos de seus próprios grupos culturais. Por exemplo, todo grupo humano descrito por antropólogos ou historiadores possui algum conjunto distintivo de regras para marcar transições importantes na vida (como nascimento, casamento e morte), celebrar conquistas comunitárias, recordar eventos significativos do passado ou exercer uma influência mágica sobre a natureza. Algumas dessas regras são praticadas sozinho, outras em família, outras em comunidades locais e algumas em reuniões de milhares de pessoas ou mais.

E, ainda assim, se parássemos de praticar todos esses rituais amanhã, os bebês ainda nasceriam, as pessoas ainda se apaixonariam e morariam juntas, e todos nós um dia morreríamos. Então, por que se preocupar com todos esses rituais? O que faz com que os humanos imitem comportamentos sem propósito aparente e absorvam os costumes das comunidades em que somos criados? Nossa pesquisa sugere que isso decorre da motivação para a conformidade — para nos estabelecermos de forma segura no cerne do grupo, ao imitar aqueles ao nosso redor.

O animal ritual

Como não há limite para as maneiras pelas quais os diferentes costumes locais podem evoluir, as culturas humanas são incrivelmente diversas. Em 2017, fui convidado pela BBC para atuar como consultor principal na primeira série de televisão dedicada ao tema dos rituais humanos e, juntos, embarcamos na tarefa de criar uma série documental que abrangesse a diversidade comportamental de nossa espécie ao redor do planeta.[3] Em um episódio, Bhumi, uma jovem mulher, aparecia sentada em um palco diante de uma grande plateia nos arredores de uma cidade do Rajastão, no norte da Índia. Suas vestes brancas fluidas contrastavam com seu cabelo escuro e exuberante. A multidão assistia com um misto de fascínio empático, horror e admiração enquanto cada fio de cabelo em sua cabeça era dolorosamente arrancado à mão até que ela ficasse completamente careca.[4] Bhumi havia decidido renunciar aos desejos mundanos em busca de uma existência ascética como freira jainista. Ter seus cabelos arrancados foi um ato de autossacrifício, no qual ela renuncia à beleza como expressão de seu comprometimento com algo muito mais valoroso.

Uma breve reflexão nos diz que isso não é apenas uma ação instrumental de remover os cabelos indesejados da cabeça de Bhumi ou lhe causar sofrimento. Para começar, por que regras tão específicas para esse ato de autossacrifício? Há inúmeras maneiras pelas quais a beleza pode ser obliterada e a dor infligida. Mas mesmo um observador desinformado reconheceria que esse é um costume local realizado dessa maneira *específica* por mulheres que desejam se tornar freiras de acordo com essa tradição ascética *específica*. Uma das pistas para essa particularidade das regras é o fato de Bhumi não estar sozinha no palco, é uma entre muitas jovens mulheres trajadas e sentadas da mesma maneira, sendo submetidas exatamente ao mesmo tratamento.

O sofrimento de Bhumi foi apenas um dos muitos retratados nessa série da BBC, *Extraordinary Rituals*. Os documentários abordaram uma grande diversidade de rituais desafiadores de todo o mundo, incluindo corridas de cavalos sem sela em Siena, perfuração corporal na Malásia, peregrinações da Nova Era em Nevada, rituais de conquista na China, danças com cadáveres na Indonésia, ritos de nascimento dos kayapós no Brasil, e muitos outros. É fácil reconhecer a importância social de todos esses rituais, como criar nova vida, encenar conflitos violentos para o prazer da multidão, expressar rivalidades entre comunidades, formar casais e promover matrimônios, lidar com os mortos, dar as boas-vindas aos novos membros do grupo, entre outros. Essas são, é claro, experiências humanas universais. Mas as maneiras como lidamos com essas experiências deram origem a uma variedade maravilhosa de formas rituais. Parte do motivo pelo qual nossa série de televisão da BBC foi tão fascinante para muitos espectadores foi que a maioria dos rituais apresentados era novidade para eles e, portanto, um tanto "extraordinária", como o título da série sugeria. Mas, ao mesmo tempo, a psicologia básica subjacente a todos esses rituais é muito semelhante em todos os lugares.

No cerne dessa psicologia está a suposição de que as regras para a realização de rituais não estão limitadas pelos princípios normais de causa e efeito. Descrevo esse tipo de comportamento como "causalmente opaco": não há vínculo causal conhecido (ou mesmo conhecível) entre a ação e algum resultado pretendido. Pense por um momento sobre o ato aparentemente simples de trancar uma porta. Se você realiza isso girando uma chave, pode presumir que, de alguma forma, o formato dessa chave é projetado para se encaixar no cilindro da fechadura, de modo que essa chave, e apenas chaves cortadas da mesma maneira, fará com que o trinco seja acionado para impedir que ela se abra. O exato mecanismo no formato dessa chave que a faz funcionar, enquanto outras chaves não, pode não estar claro. Ou seja, você pode não ter uma visão precisa de como o cilindro da fechadura se relaciona com o formato dos dentes na chave. No entanto, presume que um chaveiro ou alguém que entende de fechaduras saberia esses detalhes. Esse tipo de suposição é a marca do que eu chamo de raciocínio "instrumental". Significa que, não importa se a função causal de uma ação seja evidente ou não, aceitamos que alguém, em algum lugar, saberia explicá-la. Assim, quaisquer elementos enigmáticos são potencialmente resolúveis.

No caso das ações rituais, no entanto, essa suposição vai por água abaixo.[5] Se imaginarmos que girar uma chave faz com que uma porta seja destravada e aberta — mas de uma maneira que é impossível para qualquer pessoa em qualquer lugar explicar em termos causais —, então isso se torna um ritual mágico. O elo causal entre a ação (girar a chave) e seu suposto resultado (destravar a porta) é irresolvível — ou seja, ninguém poderia explicar a mecânica do porquê girar a chave é necessário para abrir a porta. Nesse caso, teríamos que descrever o ato de destrancar a porta como *mágico*. Note que o comportamento de girar a chave é idêntico, quer você pense que os dentes se encaixam no cilindro da fechadura de uma maneira explicável ou pense que apenas girar a chave faz com que a fechadura se abra magicamente. O importante é como compreendemos o processo.

Nem todos os rituais são mágicos. Alguns rituais não têm um resultado especificável que seja alcançado por meio da magia. Pense na prática católica de fazer o sinal da cruz, por exemplo. Os fiéis fazem isso ao entrar na igreja, mas na maioria dos casos não saberiam dizer por quê. Eles apenas o fazem porque, bem, todo mundo faz. É o que se faz. Embora seja necessário abrir a porta da igreja para se ter acesso, ninguém pensa que a mesma lógica se aplica ao gesto de se benzer. No entanto, se você precisasse entrar em uma igreja trancada, giraria a chave na fechadura e faria o sinal da cruz com igual regularidade e previsibilidade. Como exatamente o ato de girar a chave abre a porta pode estar oculto nos mecanismos da fechadura, mas você presume que o enigma de seu funcionamento interno pode ser resolvido. A opacidade de fazer o sinal da cruz, porém, é irresolvível. Sempre que presumimos que ações têm uma razão causal insondável, sabemos que estamos pensando em termos ritualísticos.

O ritual está na mente

Uma das consequências disso é bastante desconcertante. Significa que na verdade não existe um conceito objetivo de ritual no mundo, no sentido de um tipo específico de ação que possa ser rotulado com esse nome. O conceito de ritual existe apenas em sua mente — nas suposições que você faz sobre se a ação é ou não guiada por um processo causal conhecível. Se você presume, de forma implícita, que uma ação é irremediavelmente opaca, então — pelo menos para você — é um ritual. Para outra pessoa, a mesma ação pode não ser.

Para ilustrar esse ponto de forma mais concreta, contarei a história da receita de Sylvia, usada por psicólogos para demonstrar como os humanos imitam uns aos outros sem necessariamente entender por quê.[6] Sylvia gostava de cozinhar e uma de suas receitas favoritas era uma carne assada usando um método que aprendeu com a mãe na infância. Quando Sylvia era pequena, sua mãe sempre cortava as pontas da peça de carne antes de colocá-la no forno. Um dia, quando Sylvia já era adulta, a mãe veio visitá-la e Sylvia preparou a carne da maneira tradicional. Para surpresa da mãe. Descobriu-se que o motivo pelo qual a mãe de Sylvia cortava as pontas da peça de carne era porque, naquela época, a família só tinha uma assadeira muito pequena. O motivo do comportamento era puramente instrumental.

É possível que, mesmo quando criança, Sylvia tenha imaginado que havia uma explicação prática para isso, mesmo que não fosse óbvia. Nesse caso, ela estaria adotando o que chamo de "postura instrumental" ao presumir que há um objetivo prático para o comportamento. Mas também é possível que Sylvia apenas tenha presumido que cortar as pontas da peça de carne era uma convenção sem uma razão conhecível. Se assim fosse, ela estaria adotando o que chamo de "postura ritualística" — ao presumir que o comportamento em questão não segue nenhuma lógica compreensível de causa e efeito. Se encararmos um comportamento dessa maneira e alguém estourar nossa bolha apontando a razão original, então de imediato isso deixaria de ser um ritual e se tornaria apenas mais uma ação técnica.

No entanto, algo bastante notável acontece quando se adota uma postura ritualística. Significa que o comportamento em questão — pela presunção de ser arbitrário — tem o potencial de significar qualquer coisa de que você goste, ou qualquer coisa que lhe seja dita por alguém em quem confia. Por exemplo, em uma cultura de caçadores-coletores, cortar as pontas da carne poderia significar a intenção de libertar o espírito do animal de volta à natureza, para que ele entre no corpo de outra presa que a família poderá caçar mais tarde. Em outra cultura, cortar as pontas da carne pode ser algo que as pessoas do grupo étnico da mãe de Sylvia "sempre" fizeram — faz parte da tradição e de algo que as distingue de outros grupos étnicos da mesma região.

Todas essas ideias sobre o que faz algo parecer um comportamento ritual podem soar bastante complicadas. Mas na verdade aplicamos esses princípios o tempo todo, sem perceber. De fato, é por isso que a história de Sylvia faz sentido de imediato. De modo intuitivo sabemos a diferença entre uma explicação puramente instrumental (cortar as pontas da carne para que caiba na panela) e uma explicação puramente ritualística (cortar as pontas como expressão da identidade cultural). Visto nesses termos, fica claro por que vivemos em um mundo de rituais — e costumamos adotar a "postura ritualística" para dar sentido aos comportamentos que testemunhamos.

Às vezes, não é óbvio interpretar algo como um ritual ou não. Considere fechar as cortinas. Se perguntada, é provável que a maioria das pessoas diga que fechar as cortinas da sala de estar é um comportamento puramente instrumental — por exemplo, os moradores urbanos o fazem após o anoitecer para garantir privacidade dos olhares curiosos de transeuntes. Ou podemos dizer que queremos proteger a tela da televisão do reflexo da luz solar para assistir a uma partida de futebol. Mas muitas vezes fechamos as cortinas apenas porque é um hábito diário, e não porque queremos alcançar algum objetivo específico. Por esse motivo, se uma família de um grupo cultural diferente se mudasse para a casa ao lado e não fechasse as cortinas à noite ou as mantivesse fechadas durante todo o dia, seus vizinhos poderiam atribuir isso a normas culturais diferentes sobre o uso de cortinas e os sinais sociais que isso pode transmitir. Ou imagine se alguém amarrasse as cortinas uma na outra em vez de puxá-las para as laterais e usar os prendedores de cortina — isso nos faria perceber de imediato uma violação das normas de decoração de janelas. Mas, na ausência de um desvio gritante do roteiro habitual, quando um comportamento tão rotineiro como "fechar as cortinas" faz parte da vida cotidiana, é menos provável que notemos o quão ritualístico ele se tornou para nós.

Identificar rituais, então, envolve perceber que alguém, você mesmo ou os outros, está adotando uma postura ritualística: notar quando deixamos de aplicar a lógica-padrão de causa e efeito às nossas ações. No entanto, um dos efeitos de crescer em uma comunidade é que adquirimos muitos comportamentos rituais sem estar cientes disso. Lembro-me de visitar uma lanchonete em Nova York pela primeira vez e me perguntar o que era "hash brown". A garçonete olhou para mim como se eu fosse maluco, não apenas britânico, e respondeu: "Hash brown é hash brown". Eles são o que são. Mas isso só é verdade se você cresceu comendo hash browns. De maneira semelhante, nossa natureza ritualística muitas vezes escapa à nossa atenção, escondida em plena vista.

Essa é uma das razões pelas quais os antropólogos costumam escolher estudar culturas muito remotas daquelas em que foram criados.[7] Para identificar os rituais que estamos procurando, precisamos buscar grupos com convenções que nos sejam novas, de modo que o fenômeno em que estamos interessados se destaque com mais clareza, exigindo uma explicação. Isso é difícil de fazer de forma indireta, lendo livros ou assistindo a documentários televisivos. Uma forma mais eficaz de descobrir os traços comuns subjacentes aos rituais é viajar para muitas culturas diferentes e observar o comportamento de perto, participando da vida dos habitantes locais enquanto aprende um sistema cultural a princípio desconhecido. Os antropólogos costumam fazer isso ao imergir por longos períodos em um grupo cultural. Na floresta tropical da Papua-Nova Guiné, onde minha carreira antropológica começou, o encontro com costumes desconhecidos me tornou muito consciente da distinção entre posturas ritualísticas e instrumentais. Mas, da mesma forma, voltar para casa após longos períodos de trabalho de campo também destaca os rituais de nossa própria comunidade de forma nítida.

Após dois anos vivendo em uma comunidade nas profundezas da floresta tropical da Nova Guiné, tive que retornar à Inglaterra e retomar os hábitos de refeição das faculdades de Cambridge e do Natal em família, que então me pareceram surreais. Por que o processo de comer na mesa principal precisava ser precedido por se postar de pé em posição solene para ouvir uma "prece" formulada em uma linguagem que poucos de nós sabemos falar, louvando um Pai, um Filho e um Espírito Santo que não estavam fisicamente presentes? Por que colocar presentes sob uma árvore especial e embrulhá-los em papel colorido? Por que deveríamos apertar as mãos de um tio, mas beijar uma tia?

Eu havia me tornado um "caçador profissional de rituais". Assim como alguns naturalistas saem em busca de pássaros e borboletas,[8] me vi caçando evidências da postura ritualística por trás do comportamento humano em todos os lugares. Mas, da mesma forma que muitos ornitólogos e lepidopterólogos podem se interessar por desvendar as origens evolutivas dos traços que estão estudando, alguns observadores de rituais, como eu, tornaram-se obcecados em explicar como o comportamento ritualístico evoluiu em primeiro lugar.

O fato de os humanos se engajarem em comportamentos ritualísticos apresenta um quebra-cabeça evolutivo. Muitas espécies são bastante hábeis em aprender por observação como imitar comportamentos que produzem resultados desejáveis.[9] Alguns pássaros (por exemplo, certas espécies de corvos) são surpreendentemente bons nisso, sendo capazes de memorizar as exatas sequências comportamentais necessárias para obter uma recompensa alimentar.[10] Mas mesmo nossos parentes primatas mais próximos não perderiam tempo imitando comportamentos que não têm um resultado prático óbvio.[11] Os humanos, no entanto, fazem isso o tempo todo. Psicólogos se referem ao fenômeno como "superimitação": imitar comportamentos que não contribuem para um objetivo final.[12]

As origens da superimitação

Muitos estudos sobre superimitação utilizam caixas de quebra-cabeça — dispositivos transparentes contendo um objeto desejável que só pode ser obtido executando determinados procedimentos em sequência, como desbloquear ou abrir uma série de obstruções para recuperar um objeto.[13] Essas caixas são usadas para verificar quais tipos de comportamento as crianças imitam e quais não. Estudos sobre superimitação em geral envolvem um único adulto realizando um procedimento complicado antes de abrir a caixa de quebra-cabeça — incluindo gestos estranhos (como acenar com a mão) e ações claramente supérfluas (como bater na caixa com uma pena) — e passar a mesma tarefa para a criança. Após observar o modelo realizando esses tipos de ações, as crianças imitam tanto os elementos inúteis quanto os sensatos de uma forma instrumental. Ainda mais bizarro, parece não fazer diferença se o experimentador declara que o modelo realizará alguns comportamentos "bobos" que não têm relevância para abrir a caixa e aconselha as crianças a não se preocuparem em repetir essas partes. Ainda assim, as crianças imitam as ações desnecessárias.[14]

O que justifica essa tendência à superimitação? Uma possível explicação evolutiva é que isso permitiu aos nossos ancestrais transmitir descobertas úteis de maneira eficiente, baseadas na confiança, em vez de exclusivamente em raciocínio e evidências compartilhados. Isso teria sido uma adaptação bastante revolucionária. Considere, por exemplo, as oportunidades criadas para a descoberta de diversos métodos de cura. Muitas plantas possuem propriedades medicinais, mas descobrir quais delas têm quais benefícios para a saúde é trabalhoso e lento. A aprendizagem individual baseada em tentativa e erro só pode levá-lo até certo ponto. Mas, se você pudesse confiar em especialistas para mostrar quais funcionam melhor, então poderia economizar muito tempo. Mais importante ainda, isso proporcionaria um meio pelo qual as descobertas acumuladas por muitas gerações anteriores poderiam ser transmitidas sem ter que recomeçar do zero. O que funciona para a expertise médica também funciona para muitos outros domínios de aprendizado cultural — desde a produção de ferramentas cada vez mais especializadas até a construção de moradias ou o rastreamento de animais. Para que esses conjuntos de habilidades cresçam e sejam transmitidos ao longo das gerações, os humanos precisaram ser capazes de aprender novas habilidades com base na confiança.

Mas como saber em *quem* confiar? Quando se trata de aprender técnicas úteis em termos instrumentais, uma boa estratégia é imitar as pessoas mais competentes e habilidosas. Em geral isso significa pessoas mais velhas, mais sábias, mais experientes, com melhores históricos, em quem outros confiam, que demonstram ser confiantes e obtêm resultados, entre outros. Essas são as qualidades que podemos associar a indivíduos de *prestígio*, e assim a propensão para a imitação preferencial de seu comportamento é geralmente descrita como "viés de prestígio".[15] Do ponto de vista evolutivo, grande parte da superimitação observada por psicólogos usando caixas de quebra-cabeça e crianças é motivada pelo desejo de aprender algo útil com um especialista de prestígio — em geral um adulto — em quem se pode confiar para não ensinar coisas prejudiciais ou sem sentido. E, curiosamente, essa confiança parece ser depositada mais em ações do que em palavras. Quando o indivíduo de prestígio nos diz para não imitar as partes bobas, parece que somos incapazes de nos conter e as imitamos mesmo assim. Isso sugere que o viés para a superimitação é profundo em nossa psicologia e não algo que podemos superar usando linguagem e raciocínio explícitos. Alguns psicólogos se referem a isso como um algoritmo de aprendizado do tipo "copie tudo, corrija depois".[16] Ou seja, ao aprender com um especialista estabelecido, faz sentido fazer o que eles fazem como ponto de partida básico, e gradativamente eliminar os comportamentos supérfluos quando estivermos certos de que não contribuem de forma útil.

Uma versão mais sofisticada desse algoritmo seria imitar todas as ações que parecem *deliberadas* (sejam bobas ou não), mas não se incomodar em imitar comportamentos claramente supérfluos que não são destinados a nos ajudar a aprender algo útil (por exemplo, coçar o nariz ou respirar fundo). Há evidências experimentais de que até mesmo bebês são sensíveis a essa distinção. Em um estudo, por exemplo, bebês de 14 meses assistem a um vídeo no qual a demonstradora acende um interruptor na mesa usando a cabeça em vez das mãos. Os bebês são divididos em dois grupos, cada um experimentando uma versão diferente da demonstração. Em uma condição, a demonstradora está envolta em um cobertor que prende seus braços, dificultando o uso das mãos. Na outra condição, as mãos da demonstradora estão livres. Quando os bebês observam a demonstradora na condição de mãos livres, eles têm mais probabilidade de imitar o método estranho de usar a cabeça para acender o interruptor. A presunção é de que, quando os braços da mulher estão presos, as crianças concluem que ela não teve escolha senão usar a cabeça para acender a luz — o comportamento não é uma escolha ativa e, portanto, não vale a pena imitar. Mas, se o adulto com as mãos livres age da mesma forma, isso significa que foi uma ação *deliberada* — e, portanto, vale a pena imitar.[17]

Uma explicação para a evolução da superimitação, então, é que ela proporciona uma maneira eficiente e única de transmitir habilidades úteis de especialistas proficientes para aprendizes em potencial. Mas eu sempre me perguntei se há uma segunda explicação para a superimitação — que nós imitamos os outros não apenas para aprender habilidades úteis, mas para fazer parte de um grupo. Afinal, as pessoas costumam imitar comportamentos que não têm nenhum valor instrumental, apenas pelo desejo de pertencimento. Um exemplo disso é o uso de gravatas — uma prática que envolve o domínio da elaboração do nó e seu cuidadoso posicionamento sobre o botão superior de uma camisa. Crianças podem passar meses tentando aprender a técnica intrincada e específica para dar o nó em gravatas — para algumas (infelizmente, eu fui uma delas), pode levar anos para aperfeiçoar essa habilidade ao nível de satisfação dos adultos com um olhar mais apurado. E ainda assim, sejamos sinceros, não há motivo instrumental para usar uma gravata. Ela é muito estreita para mantê-lo aquecido como um cachecol e, visto que há um botão na parte superior da camisa, nem é necessária para manter o colarinho ajustado. É uma peça de vestuário sem propósito. Mas, por outro lado, esse é exatamente seu sentido. Neste caso, estamos adotando a postura ritualística. Estamos imitando uns aos outros não para adquirir habilidades de indivíduos de prestígio, mas para nos afiliar aos outros no grupo.

Isso não é um caso de viés de prestígio, mas algo completamente diferente — os psicólogos se referem a isso como viés de *conformidade*. E parece ser uma das forças mais poderosas que impulsionam o comportamento humano. Mas também apresenta um enigma evolutivo. Se os seres humanos de fato imitam o comportamento uns dos outros como meio para a conformidade — além de apenas para aprender novas habilidades —, isso levanta uma questão simples: qual é o benefício adaptativo? A conformidade poderia muito bem atrapalhar a aprendizagem de habilidades tecnicamente úteis — na verdade, isso acontece com frequência. Se fazemos o que outras pessoas fazem apenas porque queremos nos integrar, acabamos imitando todo tipo de comportamentos inúteis do ponto de vista instrumental. Muitas vezes, isso dá origem a modas que anos depois olhamos com espanto (ainda me envergonho um pouco ao ver fotos minhas com mangas de blazer dobradas e colarinhos levantados nos anos 1980).

O filósofo norte-americano Erik Hoffer observou certa vez: "Quando as pessoas são livres para fazer o que quiserem, em geral imitam umas às outras".[18] Mas a explicação evolutiva para isso ainda não está clara. É bastante possível que a imitação enraizada na aprendizagem de novas habilidades tenha origens mais antigas do que a imitação baseada na conformidade. Talvez a princípio nos tornamos imitadores para nos ajudar a usar ferramentas novas e melhores, mas com o tempo isso levou ao surgimento de práticas culturais mais ritualísticas. Mas seja qual for o motivo, uma vez que as pessoas começaram a imitar o comportamento umas das outras para se afiliar em vez de aprender habilidades úteis, o cenário estava pronto para a proliferação de grupos culturais distintos — comunidades que se definem por seus costumes, crenças e práticas únicas. Não haveria sentido em aprender essas formas de vida únicas a menos que você quisesse fazer parte do grupo que as exibe de maneira única, e assim os rituais se tornaram a base para novas identidades de grupo, abrindo caminho para novos tipos de pensamento "nós e eles".

Se esse for o caso, então o ritual envolve mais do que apenas aprender novas habilidades — trata-se de forjar identidades e aderir a grupos. Foi uma tentativa de investigar essa ideia com mais profundidade que me levou àquele laboratório em Austin, Texas, para explorar o mecanismo da conformidade na primeira infância.

O mecanismo da conformidade

Ao longo deste capítulo, tenho argumentado que imitamos outras pessoas por duas razões muito diferentes. A primeira é porque queremos adquirir uma habilidade útil que nos ajudará a executar várias tarefas de forma mais eficiente ou eficaz. Para a imitação instrumental desse tipo, devemos estar atentos a indivíduos competentes como modelos adequados: somos guiados pelo *viés de prestígio*. A segunda razão principal para a imitação é querermos ser como elas para nos integrar a um grupo. Na imitação desse tipo, estaríamos mais interessados em observar o que outras pessoas do grupo estão fazendo, independentemente de seu prestígio: somos guiados pelo *viés de conformidade*. Mas qual desses vieses impulsiona quais tipos de imitação — e como poderíamos determinar isso?

Em alguns casos, deve ser relativamente fácil determinar se a imitação é motivada pelo desejo de aprender uma habilidade técnica ou apenas para se encaixar. Por exemplo, se o comportamento em questão tem um objetivo final muito atraente que desejamos emular — e se o modelo demonstra habilidade em alcançá-lo por meio de uma série de passos causalmente transparentes —, então é mais provável que adotemos uma postura instrumental motivada pelo viés de prestígio. Muitas pessoas da minha idade no Reino Unido se lembram do programa de televisão infantil *Blue Peter*, cujos apresentadores demonstravam como fazer objetos supostamente úteis a partir de itens cotidianos, que nós (os telespectadores infantis) então procurávamos replicar em casa, em geral para o desespero dos outros membros da família. Minha pobre mãe se chateava o tempo todo com o desaparecimento misterioso das tampas de garrafa de leite e dos frascos de detergente necessários para a criação de mais um porta-lápis ou adorno inútil.

Mas alguns comportamentos demonstrados por modelos confiáveis são mais ambíguos. A receita de Sylvia, discutida anteriormente, é um bom exemplo. A mãe dela estava praticando um costume tradicional de sua tribo ao cortar as extremidades da carne ou apenas aparando a carne para caber na assadeira? E qual dessas interpretações levou Sylvia a imitar a mãe? Isso pode parecer um cenário incomum, mas o processo de aprendizado para se tornar membro do grupo apresenta uma infinidade de desafios desse tipo.

É fácil esquecer o quão difícil foi aprender as convenções de nosso grupo cultural quando elas eram novas para nós. Consigo lembrar alguns exemplos da minha própria infância. Um deles foi o meu primeiro período no jardim de infância. Ao final de cada dia, as crianças eram solicitadas a colocar as cadeiras em cima das mesas. Mais tarde, percebi que isso era para facilitar o trabalho de limpeza depois que o prédio estivesse vazio. Mas, quando estava me acostumando com esse novo costume, o aspecto mais notável era que todos na minha classe faziam isso ao mesmo tempo, muitas vezes de repente quando o dia escolar estava chegando ao fim. Como a maioria de nós estava ansiosa para nos integrar, participamos com todo entusiasmo. Um dia, em minha ânsia de me conformar a este ritual coletivo, puxei uma das cadeiras no exato momento em que a professora estava se sentando. Qualquer dano físico que isso causou (ainda me lembro dela fazendo careta de dor) com certeza foi menor do que meu sentimento de vergonha, que persistiu por muito tempo depois — e que é evocado a cada gafe social que cometi desde então. A emoção dominante em torno desse episódio não foi empatia e tristeza por ter causado dor, ou mesmo medo de punição por ter machucado uma figura de autoridade. Muito mais angustiante, foi um intenso medo de ostracismo da tribo por não ter executado um dos rituais mais importantes do dia da forma correta. Meu medo de uma repreensão foi ofuscado pelo pavor muito mais poderoso de ser ridicularizado e rejeitado pelos meus pares.

Nesse caso, a imitação do comportamento dos outros parece ser motivada não pelo desejo de aprender, mas pelo desejo de conformidade. E, se minha experiência servir como exemplo, falhar em realizar o ritual de forma adequada era muito mais assustador do que deixar de aprender uma habilidade instrumental. Esse medo se instala cedo e nunca nos abandona. Com isso em mente, sempre me perguntei se o viés de conformidade — enraizado em nosso medo de rejeição pelo grupo — é o principal motivador da superimitação entre crianças; mais forte até do que a necessidade de aprender novas habilidades.

Mas como poderíamos testar essa hipótese? Bem, se a principal motivação para realizar rituais é o desejo de conformidade, esperaríamos que as crianças fossem mais propensas a executá-los quando houver fortes sinais sociais ao redor indicando que outros no grupo estão fazendo o mesmo. Se virmos apenas uma pessoa amarrando um nó em uma faixa fina de tecido e ajeitando-a sob o colarinho da camisa, é provável que achássemos muito estranho e seria improvável que imitássemos o comportamento. Mas, se todas as crianças da escola estiverem fazendo a mesma coisa, a situação é completamente diferente. Em outras palavras, ver várias pessoas se comportando de maneiras que de outra forma pareceriam insanas deve servir como um forte sinal de que devemos seguir o exemplo.

Para explorar essa ideia, elaboramos uma série de experimentos nos quais atores em um vídeo realizavam um comportamento não familiar usando uma placa perfurada com alavancas de cores diferentes ao lado — pressionar qualquer uma das alavancas fazia com que pinos da cor correspondente saltassem.[19] Os atores no vídeo pressionavam as alavancas em uma sequência distinta. No entanto, havia quatro versões, e cada criança participante do experimento teve a oportunidade de assistir a uma (e apenas uma) delas. Cada um dos cenários modelava um tipo diferente de sinal social, relevante para a conformidade.

Em um dos vídeos, dois modelos adultos realizaram a estranha sequência de ações com a placa perfurada em precisa sincronia, uma única vez. Isso deixou bem claro para a criança que a sequência das ações estava sendo feita de maneira deliberada e exatamente da mesma forma por dois adultos, sugerindo que era um comportamento governado por regras. O elemento de sincronia foi incluído porque é reconhecido que o movimento em sincronia é uma característica muito difundida em rituais coletivos em diversas culturas: pense em danças de grupo, cantos, coral, marchas, desfiles ou tambores. Em outra versão deste cenário, a criança viu os dois modelos executando o comportamento de forma sincronizada duas vezes seguidas — uma espécie de "duplo incentivo" para imitar. Em uma versão um pouco mais "fraca", a criança viu dois modelos diferentes executarem a ação em sucessão, mas não em sincronia. E, por fim, na condição mais fraca, a criança viu um único modelo executar a ação duas vezes seguidas, enfatizando a deliberalidade, mas diluindo qualquer impressão de que as ações poderiam ser consideradas como parte de um roteiro conhecido.

Além de serem expostas apenas a um dos quatro tipos de vídeos mencionados, cada criança recebeu um dos dois tipos de instruções verbais: uma orientação instrumental, focada em metas, ou uma orientação convencional, ritualística. Para criar uma orientação instrumental, a experimentadora exclamava: "Ela consegue levantar os pinos! Vamos observar com muita atenção. Ela consegue levantar os pinos". O foco aqui estava no resultado pretendido: levantar os pinos. Para a orientação ritualística, por outro lado, ela exclamava: "Ela sempre faz assim! Vamos observar com muita atenção. Ela sempre faz assim". Desta vez, o foco estava na conformidade — na ideia de que é assim que sempre deve ser feito. Após essa configuração, cada criança recebeu a placa perfurada para brincar, sem instrução explícita para imitar. A maioria das crianças, é claro, acabou imitando grande parte do comportamento que observou no vídeo. A questão era: qual dessas condições produziria os comportamentos de imitação mais precisos?

Os resultados foram fascinantes. Demonstraram que as crianças eram mais propensas a reproduzir com exatidão os comportamentos que foram apresentados após receberem a sugestão verbal ritualística — ou seja, as sugestões que enfatizavam a necessidade de conformidade em vez da necessidade de aprender uma habilidade. As crianças que receberam as sugestões de conformidade também eram mais propensas a descrever o comportamento como algo socialmente prescrito (por exemplo, "eu tinha que fazer do jeito que eles fizeram"). Por outro lado, as crianças na condição instrumental — ou seja, quando o foco era o resultado material — prestaram menos atenção na sequência de ações executadas na placa perfurada. Elas também eram mais inclinadas a explicar o que estavam fazendo em termos de escolha independente, em vez de obrigação social (por exemplo, "eu posso fazer o que eu quiser"). O foco na aprendizagem de habilidades parecia fazer com que as crianças fossem imitadoras menos meticulosas do que o foco na convenção social.

Se o desejo de pertencer — de integrar a tribo — nos faz querer copiar os outros com mais precisão, então também poderíamos esperar que formas ritualísticas de imitação se intensificassem sempre que as crianças estivessem preocupadas em serem excluídas do grupo. Ou seja, quanto maior o desejo de pertencimento, mais ritualísticos nos tornamos e mais fielmente seguimos o roteiro. Para investigar essas hipóteses, realizamos uma série de experimentos inovadores projetados para desencadear insegurança sobre a posição de alguém no grupo, a fim de explorar os efeitos disso no pensamento e no comportamento ritualísticos.

Para fazer isso, no entanto, precisávamos desenvolver um método ético e compassivo para despertar o medo do ostracismo em crianças pequenas. Claro que a simples ideia de ser excluído é perturbadora. Mas o tema muitas vezes é abordado em histórias infantis, como a do "patinho feio" que foi rejeitado por outros membros de sua espécie. Em nossos primeiros experimentos explorando como o medo do ostracismo afetava o comportamento de imitação, optamos por uma maneira ainda mais simples de fazer as crianças refletirem sobre o tema de ser excluído. Mostramos aos nossos participantes de 3 a 6 anos um padrão de formas que se moviam na tela como um grupo unido, que fugia sempre que uma forma solitária, que parecia querer se juntar ao grupo, se aproximava.[20] Para comparar os efeitos disso com uma condição em que não havia tema de ostracismo, um segundo grupo de crianças assistiu a um vídeo no qual as formas na tela se agrupavam e seguiam seu caminho. Após assistir a um desses vídeos, todas as crianças assistiram a um vídeo em que adultos brincavam com os objetos: como antes, eles eram movidos, tocados e girados em uma demonstração, antes de as crianças receberem os objetos para brincar. E, como antes, as crianças foram designadas para uma condição ritualística (todos os objetos voltando a sua posição inicial) ou uma condição instrumental (todos os objetos manuseados exatamente da mesma forma, exceto que um objeto acabou em uma caixa, proporcionando um objetivo final óbvio).

A precisão com que as crianças imitaram os comportamentos observados, ao manipular os objetos, foi medida. Os resultados confirmaram nossas descobertas anteriores: as crianças imitaram com mais fidelidade quando os objetos voltaram a sua posição inicial — tornando a ação mais provável de ser encarada como um ritual, sem um efeito causal claro no mundo. Mas o que nos interessava mais aqui era se o medo do ostracismo poderia afetar a maneira como as crianças interagiam com os objetos. Será que as crianças que foram pré-ativadas para temerem a exclusão do grupo imitariam mais quando o comportamento que haviam testemunhado fosse mais semelhante a um ritual? E foi isso que descobrimos. As crianças que foram pré-ativadas a pensar sobre o ostracismo — usando nosso vídeo triste sobre a forma rejeitada — eram mais propensas a copiar fielmente o comportamento ritualístico "sem sentido". Em outras palavras, o medo de exclusão social as tornava mais ávidas a imitar no contexto ritualístico. Além disso, quando questionadas sobre o exercício posteriormente, as crianças na condição ritual que também foram pré-ativadas com a ameaça do ostracismo eram mais propensas a justificar suas ações em termos de prescrição social ("porque tenho que fazer o que ela faz" ou "é assim que se faz") em comparação com aquelas designadas para outras condições. Concluímos que a imitação ritualística é adotada como uma maneira de se integrar diante da ameaça de exclusão.

Apesar de a movimentação de formas geométricas em uma tela ter sido capaz de preparar o terreno para o medo do ostracismo, é claro que essa é uma abordagem bastante leve. Em estudos posteriores, passamos a explorar métodos mais emocionais para induzir o medo do ostracismo. Por exemplo, projetamos um estudo no qual crianças de 5 a 6 anos foram designadas para o grupo "Amarelos" e receberam bonés e braçadeiras amarelos.[21] Após descreverem seus brinquedos, animais e comidas favoritos, os participantes foram informados de que outros membros dos Amarelos compartilhavam exatamente essas mesmas preferências. Em seguida, eles participaram de um jogo de computador chamado "cyberball".[22] As crianças foram designadas para um avatar amarelo e tiveram a oportunidade de jogar com outros avatares amarelos ou com avatares de um tipo diferente, os "Verdes". Durante o jogo, algumas crianças perceberam que, após serem tratadas de forma justa no início, os avatares com quem estavam jogando de repente pararam de passar a bola, criando uma sensação emocional de exclusão — a pré-ativação do ostracismo. Para outras crianças, a bola continuou sendo passada de maneira justa. Em seguida, todas as crianças no experimento observaram uma sequência de comportamentos ritualizados demonstrados em um vídeo, que lhes foram apresentados como comportamentos convencionais entre os Amarelos. Descobrimos, como previsto, que as crianças designadas para a condição em que os Amarelos não passaram a bola de forma justa — pré-ativando emocionalmente o medo do ostracismo — imitaram os comportamentos ritualísticos dos Amarelos de maneira mais fiel depois. Ser excluído pelos Verdes não teve esse efeito. O que importava era a exclusão pelo grupo com o qual você se identifica.

Todas essas descobertas apontaram para a importância do ritual como uma forma distintamente humana de se afiliar aos outros, de estabelecer que nós "pertencemos" à tribo. Uma vez que começamos a investigar mais a fundo o motivo pelo qual as crianças superimitam comportamentos que parecem sem sentido, ficou cada vez mais claro que elas não estavam fazendo isso apenas para aprender novas habilidades de indivíduos mais experientes e considerados confiáveis para não ensinar coisas inúteis. Estávamos começando a entender que uma força ainda mais poderosa está em ação quando as crianças superimitam: o desejo de se afiliar por meio da conformidade.

Há, é claro, um lado sombrio na conformidade. Em um dos experimentos mais famosos da história da psicologia, Stanley Milgram mostrou que, quando os sujeitos em um experimento são instruídos a administrar choques elétricos que acreditam ser cada vez mais dolorosos a um outro participante, eles continuarão a fazê-lo em obediência às instruções do experimentador.[23] Desde então, a palavra "conformidade" passou a ser associada a seguir ordens sem questionamento. A partir disso, é apenas um pequeno passo pensar em oficiais nazistas executando atrocidades sob as ordens de comandantes sádicos. Assim, associamos conformidade com obediência cega, perda de autonomia e a defesa de que estávamos apenas seguindo ordens — a proverbial "engrenagem na máquina".

Mas os experimentos realizados por minha equipe e eu sugerem uma interpretação mais matizada da conformidade. Com base no que descobrimos sobre o impulso de imitar rituais, parece plausível que nossos ancestrais caçadores-coletores fossem ávidos adeptos da conformidade — aprendendo e transmitindo danças, cânticos, ditos e costumes de seus antepassados. À medida que bandos de caçadores-coletores se deslocavam pela paisagem, agrupando-se ou dividindo-se, tradições culturais localmente distintas teriam se formado e mutado, deixando para trás uma diversidade de estilos de pintura, esculturas e outras formas de arte. E, conforme os primeiros agricultores construíam túmulos cada vez mais elaborados, as diferenças nas práticas funerárias de uma região para outra se tornavam mais pronunciadas.

Por exemplo, cerca de 5 mil a 6 mil anos atrás, a oeste de onde vivo em Oxford, os mortos estavam sendo enterrados em câmaras de pedra sob montes em forma de cunha, em locais elevados com vista para a paisagem circundante. A sudoeste, eles eram mais propensos a cobrir montes funerários com pedra, e ainda mais a oeste, na Irlanda, eram construídos túmulos circulares ou ovais antes que formas mais retangulares se tornassem moda. Esses povos antigos se reconheceriam como portadores de tradições culturais distintas. Não apenas tinham práticas mortuárias localmente distintas, mas também maneiras diversas de decorar seus corpos, comportar-se, falar e marcar diferentes estágios da vida. E tudo isso era possível devido ao viés de conformidade — a disposição de imitar comportamentos demonstrados por pessoas confiáveis sem nenhum propósito além do desejo de se afiliar.

Isso sugere uma interpretação menos sinistra da tendência humana à conformidade. Embora as pessoas às vezes obedeçam ordens por respeito à autoridade ou medo de punição, há também uma causa mais difundida, mas às vezes subestimada, para a conformidade: o simples desejo de pertencer. Somos todos adeptos da conformidade em certa medida; de fato, ela é parte do que nos torna humanos. Como explicarei mais adiante, compreender a natureza da conformidade é vital para evitar seus resultados mais destrutivos e aproveitar seu potencial mais valioso para o florescimento humano.

Capítulo 2

Religião Selvagem

Estou sentado sozinho no canto do templo há quase uma hora, atento aos sinais de que os ancestrais vieram comer nossas oferendas. O banquete tinha sido preparado pelas mulheres da aldeia e disposto sobre mesas por equipes de homens e meninos em uma atmosfera de grande solenidade. Fui instruído a prestar atenção aos sinais da presença ancestral e, em especial, aos fragmentos de conversas fantasmagóricas que poderiam ser ouvidas se me concentrasse o suficiente. As pessoas que construíram este templo eram membros do Kivung — uma grande organização em Papua-Nova Guiné cujos membros se preparavam para o retorno de seus ancestrais.[1]

Através das brechas nas paredes de bambu do templo, vislumbrei corpos seminus movendo-se aparentemente ao acaso. Mulheres sibilavam para crianças malcomportadas, por vezes levantando a mão, gesto que era recebido com sorrisos travessos ou protestos. Eu me perguntava como seria ouvir as vozes dos mortos, como seria possível distingui-las do burburinho baixo e respeitoso das pessoas lá fora. Alguém deve ter jogado folhas secas em uma fogueira próxima e a fumaça agora entrava no templo, fazendo meus olhos arderem. Também me perguntava como seria uma aparição fantasmagórica no templo. De repente, enquanto piscava para me livrar das lágrimas, avistei um movimento na minha visão periférica. Seria um ancestral? Não, era apenas uma aranha subindo lentamente por um pilar de madeira, até as vigas.

Eu deveria saber. As pessoas já haviam me avisado que os ancestrais eram invisíveis. Só era possível perceber sinais de sua presença após o fato — por exemplo, um pedaço da oferenda que desapareceu misteriosamente. Você nunca os flagraria comendo. Mas um dia eles apareceriam de repente na aldeia. Alguns diziam que seria muito em breve. Para garantir que eu entendesse, meus informantes beliscavam minha pele para dar ênfase, rindo quando eu recuava, surpreso.

Os ancestrais, segundo me disseram, eram os criadores da floresta tropical ao nosso redor. Mas, quando retornassem, substituiriam as árvores por edifícios altos, semelhantes às impressionantes cidades dos Estados Unidos que todos haviam visto em fotos de recortes de jornais. Somente os jovens conseguiam ler o texto, ainda assim com dificuldade, já que aqueles que buscavam educação em geral desistiam. Poucos podiam bancar os estudos com os parcos trocados ganhos com a agricultura comercial, e muitos me disseram que os métodos de ensino nas escolas primárias eram brutais. Mas as páginas de jornais eram muito valorizadas para fazer cigarros; queimavam com mais facilidade do que folhas de bananeira como envoltório para o tabaco cultivado em casa. No entanto, antes de enrolar o papel e queimá-lo, os fumantes admiravam as fotos nos artigos, em especial aquelas que retratavam a vida na cidade. Sua visão de paraíso envolvia um lugar onde tais arranha-céus surgiriam como mágica da noite para o dia, proporcionando formas de opulência e conforto inimagináveis, presumidos como parte do estilo de vida urbano. Então, haveria um dia de julgamento em que os ímpios seriam lançados no inferno e os fiéis embarcariam em uma nova vida de conforto e se libertariam do sofrimento por toda a eternidade.

Enquanto isso, eu me sentava pacientemente em meu posto, atento aos sons da presença fantasmagórica. Logo me vi contemplando outro enigma. Por que pessoas em todo o mundo cultivam a ideia de vida após a morte, de que estamos cercados por espíritos invisíveis e que seres sobrenaturais criaram o mundo ao nosso redor ou que eles podem ser agradados por orações ou oferendas? Mesmo naquela época, início de meus esforços para aprender sobre a natureza da religião, começava a me dar conta de que havia uma base comum de crenças e práticas compartilhadas pela humanidade em geral. Mas por quê?

Décadas depois, passei a compreender que os blocos fundamentais do pensamento e do comportamento religioso são encontrados em todas as sociedades humanas ao redor do mundo — desde pequenas comunidades nativas até conurbações industriais e centros urbanos. Por exemplo, pessoas de todos os lugares imaginam que corpos e mentes podem ser separados, que elementos do mundo natural têm essências e propósitos ocultos e que devemos agradar e apaziguar os espíritos dos mortos. Pessoas de todos os lugares tendem a disseminar histórias sobre eventos milagrosos e seres especiais que contradizem nossas expectativas intuitivas sobre o funcionamento do mundo, dando origem a uma infinidade de crenças em seres e forças sobrenaturais de vários tipos. Pessoas de todos os lugares — até mesmo bebês que ainda não aprenderam a falar — experimentam sentimentos de admiração e reverência ao se deparar com aqueles capazes de canalizar poderes de outro mundo.

A recorrência de tais crenças aponta para um "viés de religiosidade" generalizado e pan-humano. Como veremos mais adiante, esse viés não apenas molda o que consideramos "fé", "superstições" e "contos de fadas", mas também várias formas contemporâneas de publicidade e comportamento do consumidor. Mas, por enquanto, vamos nos concentrar em por que nosso viés de religiosidade pode ser considerado um aspecto fundamental da natureza humana.

Missionários, espíritos e ancestrais

Comecei a pensar sobre nosso viés para a crença durante meu tempo como jovem pesquisador de doutorado vivendo entre o povo mali baining[2] — um dos muitos grupos linguísticos que se juntaram à organização Kivung à medida que ela se disseminava pela floresta tropical a partir de meados da década de 1960 e que os uniu como uma nova força política na região.[3] Pode ser tentador presumir que todas as ideias que encontrei no Kivung tiveram suas origens na influência europeia — sobretudo nos ensinamentos de padres e catequistas católicos. Esses missionários começaram suas missões entre o povo baining muito antes da minha chegada. Lá, nas aldeias dispersas da floresta tropical da Nova Bretanha Oriental, construíram igrejas, contaram histórias da Bíblia, realizaram batismos e ouviram confissões. E é verdade que muitas ideias do Kivung foram influenciadas por padres estrangeiros — em especial aquelas que falam de céu e inferno, pecado e salvação. Mas parte do meu trabalho como antropólogo vivendo com os baining era documentar os detalhes de um sistema cultural muito mais antigo, que precedia a chegada dos europeus e de suas crenças estrangeiras. Portanto, passei muitos dos meus dias em longas conversas com os anciãos que recordavam de um tempo antes de os ensinamentos dos missionários serem amplamente conhecidos e quando as crenças e práticas religiosas nativas ainda eram reverenciadas e observadas com rigor.

Nos tempos ancestrais, a idade adulta não era alcançada apenas deixando que a natureza seguisse seu curso, mas exigia que meninos e meninas passassem por um processo de iniciação muito elaborado e desafiador. Envolvia longos períodos de reclusão em lugares sagrados na floresta. Esses períodos eram pontuados por provações traumáticas tão secretas que divulgá-las poderia resultar em morte.[4] Acreditava-se que, por meio desses rituais, todo o cosmos era regenerado. Eles eram considerados necessários não apenas para possibilitar que as crianças crescessem e amadurecessem, mas também para garantir a abundância de criaturas e plantas na floresta, vitais para a sobrevivência, a reprodução e a prosperidade humana.

Para me ajudar a entender esse elaborado sistema de crenças, fui levado para as profundezas da floresta tropical para descobrir por mim mesmo os segredos do culto masculino. Como parte da minha iniciação nos ritos de masculinidade, os anciãos me ensinaram os aspectos cotidianos do mundo sobrenatural ao nosso redor. Explicaram que a floresta estava repleta de espíritos invisíveis, que poderiam ser persuadidos a ajudar em várias atividades humanas, desde a caça até a cura.[5] Mas os mesmos espíritos que poderiam ser instigados e persuadidos a nos ajudar também eram caprichosos e se ofendiam com facilidade. Precisavam ser continuamente apaziguados e agradados com oferendas e sacrifícios. Em uma ocasião, enquanto eu caminhava, desajeitado, pela selva com meu facão, fui informado de que havia perturbado o jardim de um espírito arbóreo, confundindo-o com vegetação selvagem. Como resultado, fui incentivado a realizar vários feitiços mágicos para evitar punições e restaurar relações cordiais com o mundo espiritual.

As pessoas se referiam a esses seres como *sega*, que significa "espíritos da floresta". Embora invisíveis ao olho humano, os *sega* costumam ser vistos em sonhos — em especial dos médiuns espirituais conhecidos como *agungaraga*, indivíduos especiais que não apenas se comunicavam com os *sega* durante o sono, mas que, como resultado, descobriam as causas ocultas dos infortúnios das pessoas, como o inesperado fracasso de uma colheita ou uma doença súbita. O conhecimento dos *agungaraga* era muito estimado: eles forneciam soluções práticas para problemas cotidianos, em grande parte por meio da realização de rituais mágicos. Em raras ocasiões, porém, as pessoas encontravam os *sega* na vida desperta — uma experiência sempre descrita como misteriosa e, em alguns casos, aterrorizante. Esses encontros quase sempre eram acompanhados de alguma característica inexplicável que desafiava as conhecidas leis da física. Por exemplo, a aproximação do *sega* poderia ser silenciosa e, portanto, indetectável ao ouvido humano. Ou a aparição poderia desaparecer no instante em que se desviasse o olhar.

Essas ideias podem parecer estranhas aos ouvidos ocidentais. Mas, na verdade, as crenças tradicionais dos baining são muito semelhantes às encontradas em todos os sistemas culturais do mundo — desde histórias e canções infantis até os ensinamentos mais sagrados das religiões mundiais. Se você é adepto de alguma forma de cristianismo, islamismo, hinduísmo, budismo, taoísmo, zoroastrismo ou qualquer outra das principais formas de religião organizada, é muito provável que aceite algum tipo de crença no sobrenatural, na vida após a morte, nos poderes ocultos do ritual, no design inteligente da natureza ou do cosmos. Essas ideias têm raízes em intuições profundas e são expressas não apenas em sistemas doutrinários pregados por monges, padres, gurus e outros especialistas religiosos, mas também em variedades mais informais da vida religiosa — desde o espiritualismo e as crenças da Nova Era até o xamanismo e os cultos de possessão.[6]

Dadas essas semelhanças, pode ser surpreendente descobrir que os missionários católicos que rondavam a floresta tropical dos baining tinham uma visão negativa dos *sega*. Não era apenas porque os *sega* não se encaixavam no arcabouço cosmológico da igreja e poderiam ser desprezados como fantasia infantil equivalente, por exemplo, a crenças em fadas ou Papai Noel. Pelo contrário, sucessivos padres e catequistas que visitavam a aldeia declararam os *sega* como sendo reais, mas malignos — emissários de Satanás. Por quê?

A resposta a essa pergunta é sem dúvida complexa e multifacetada, mas se divide em dois aspectos principais. Primeiro, a religião católica romana é um sistema de crenças e práticas que os adeptos devem adotar como um pacote completo e um tanto exclusivo. Idealmente, você não deveria ser "um pouco" católico — por exemplo, apenas aos domingos — e ser animista pelo resto da semana. Portanto, era comum os padres integrarem crenças locais ao pacote do Vaticano, mas de uma maneira que desencorajasse o envolvimento com elas. Segundo, os agentes sobrenaturais aprovados pelos missionários — a Santíssima Trindade de Pai, Filho e Espírito Santo — eram seres com preocupações morais. O Deus das missões se preocupava com os assuntos humanos de maneiras que os *sega* não se importavam. De modo paradoxal, a melhor maneira de excluir os *sega* do pacote de crenças católicas era integrá-los ao seu quadro moralizante; assim os *sega* poderiam ser condenados em vez de venerados, invocados ou adorados ao lado dos sacramentos legados por Roma.

Por outro lado, desde a sua fundação em 1964, o movimento indígena liderado pelo Kivung incentivou os seguidores a se orgulharem de suas crenças e práticas tradicionais e a manterem relacionamentos harmoniosos com os *sega*, em vez de rejeitá-los como satânicos. Como consequência, sempre que eu, sem querer, ofendia os *sega*, as pessoas me encorajavam a reparar o dano. Em geral, a causa da ofensa era eu ter invadido o território deles ou danificado sua propriedade. Nunca provoquei a ira dos *sega* por meu comportamento em relação a outras pessoas da minha comunidade. Elas me asseguraram que os *sega* não se importavam se eu prejudicasse meu vizinho roubando suas plantações, fugindo com sua esposa ou até mesmo matando seu irmão (embora, é claro, eu não tenha feito nada tão terrível!). O que de fato irritava os *sega* era a interferência direta em suas vidas. Contanto que eu evitasse isso, poderia fazer o que quisesse, para eles era indiferente. Da mesma forma, não era possível persuadir os *sega* a fazer algo por você, como ajudar na caça ou se recuperar de uma doença, apenas agindo de forma moral em sua comunidade.

Isso só poderia ser alcançado ao fazer algo em benefício direto dos *sega* — como oferecer um presente sacrificial ou suborno — ou proferindo feitiços que os compelissem a obedecer a seu comando. Mesmo assim, nunca era possível ter certeza de que funcionaria; você poderia errar no feitiço ou apenas pegar os *sega* em um dia ruim. Mas a única certeza era que os espíritos da floresta só estavam interessados neles mesmos e no que você poderia fazer por eles, não se você era uma boa pessoa.

É nesse ponto que o Deus Abraâmico das missões introduziu uma ideia radicalmente nova na floresta tropical dos baining. O ensinamento missionário de que Deus se importa com o que você faz às pessoas em sua comunidade — punindo pecados e recompensando a compaixão — veio como uma revelação. Ainda mais surpreendente foi a ideia de que Deus conhece sua alma e punirá suas más intenções, antes mesmo de serem colocadas em prática. Essas ideias se tornaram fundamentais para o Kivung, mas apenas após extensas discussões. Nos capítulos seguintes, veremos que as crenças na punição sobrenatural moralizante surgiram bastante tarde na evolução das sociedades complexas. Isso ocorre porque os seres sobrenaturais não são, em termos intuitivos, vistos como agentes da moralidade nos assuntos humanos. Temos uma propensão natural em pensar neles como seres poderosos que é melhor mantermos do nosso lado, como os *sega*. Como consequência, em sociedades de pequena escala, os espíritos e os deuses são basicamente um panteão de ególatras — como nos comportamos é problema nosso desde que não atrapalhe nossa capacidade de apaziguá-los, suborná-los e bajulá-los.

Assim, a resposta à pergunta sobre se o Kivung era um sistema de crenças nativo ou emprestado dos missionários cristãos é que era ambos. O Kivung adotou muitas das ideias da missão católica romana relacionadas ao pecado e à salvação, atribuindo tais preocupações morais aos ancestrais locais. Mas também encorajou as pessoas a manterem suas crenças tradicionais nos caprichosos *sega*, com os quais era necessário manter relações cordiais. Esse tipo de abordagem "misture e combine" em relação às crenças nativas e cristãs é comum em regiões colonizadas em que há a presença de missionários.

Como jovem estudante de doutorado, achei fascinante o processo de combinação dessas crenças. Parecia estranho para mim que ideias de uma teologia estrangeira — o Catolicismo — pudessem ser tão prontamente integradas às crenças nativas para criar a visão de mundo do Kivung. Isso me fez pensar se facetas de ambos os conjuntos de crenças religiosas eram de alguma forma *intuitivas*. E se houvesse algum atrativo intrínseco tanto nas ideias cristãs quanto nas nativas — aspectos do pensamento e do comportamento religioso compartilhados por pessoas em todos os lugares, os quais surgem e se espalham de maneira espontânea em quase qualquer grupo?

Religião na natureza

Os ateus gostam de apontar o absurdo de se declarar que um único sistema de crenças incorpora a verdade suprema enquanto todos os outros são falsos. Afinal, o motivo usual para tal alegação é você ter sido criado nessa tradição (em vez de comparar todas as religiões existentes e encontrar apenas uma correta). Com base nisso, as convicções religiosas podem não parecer tão absurdas se, de alguma forma, pudéssemos eliminar todos os elementos que tornam uma religião diferente da outra. Se pudéssemos descobrir um núcleo comum a todas as religiões, aderir a essas crenças básicas implicaria concordar com todas as pessoas que seguem algum tipo de religião. Embora isso não torne necessariamente tais crenças mais válidas, reduziria o absurdo de adotar uma variante em preferência a outra somente com base na educação recebida.

Meu tempo com o Kivung me lançou em uma jornada em busca dessas características comuns. Elas têm sido descritas coletivamente como "religião selvagem"[7] porque constituem um conjunto de crenças enraizadas em predisposições universais a pensar de certas maneiras. Essas crenças são diferentes das doutrinas mais elaboradas e distintivas das religiões organizadas. Estas últimas costumam ser referidas como os aspectos "doutrinais" da religião, exigindo ensinamentos explícitos e treinamento, consulta a textos sagrados ou repetição frequente de dogmas e narrativas.[8] A religião doutrinal é como um jardim bem arrumado, que precisa ser cuidado e mantido por especialistas. Mas a religião selvagem se espalha de maneira natural por toda parte, como ervas daninhas que brotam sem ajuda. Isso pode explicar por que os elementos universais que compõem a religião selvagem em geral são considerados um incômodo, ao menos pelas autoridades religiosas.

Ainda assim, é difícil imaginar qualquer religião — doutrinal ou não — sem esses aspectos selvagens profundamente incorporados em sua estrutura. Por exemplo, embora uma religião organizada, como a Igreja Católica Romana, sempre seja obrigada a repelir ideias "selvagens" sobre bruxaria, possessão espiritual, fantasmas e magia das sombras, ela também tolera e até encoraja variantes autorizadas dessas crenças como parte da prática cotidiana: daí a existência de estátuas que choram e relíquias curativas. Em outras palavras, embora as doutrinas centrais possam ser bastante artificiais e difíceis de aprender — desde o mistério da Santíssima Trindade até as Nobres Verdades do budismo —, os adeptos leigos das religiões organizadas têm bastante espaço para se envolver em tradições "populares" e cultos que incorporam elementos "mais selvagens" e naturalmente intuitivos.

Afirmar que a religião selvagem surge de maneira natural não é o mesmo que dizer que nascemos com um conjunto completo de crenças religiosas — assim como dizer que os pelos das axilas são naturais não significa que todos nascemos com pelos nas axilas. Em vez disso, a ideia é que os bebês têm propensões enraizadas para adquirir crenças religiosas selvagens ao longo de sua infância, desde que o ambiente ao seu redor forneça material relevante o suficiente e condições adequadas para absorvê-lo.

As noções europeias sobre bruxas também estão enraizadas em intuições evoluídas. No entanto, com o condicionamento cultural correto, essas intuições podem ser sobrepujadas. Se você foi criado em uma comunidade ateísta — que desencoraje de forma sistemática a propensão padrão de acreditar em seres sobrenaturais —, então é provável que será cético em relação à existência de bruxas. Por esse motivo, é importante enfatizar que descrever a religião selvagem como algo "natural" — um de nossos vieses humanos evoluídos — não significa que nascemos com ela, nem que ela inevitavelmente encontrará expressão em nossas crenças culturais. Essas crenças intuitivas, no entanto, são incomuns porque não precisam ser ensinadas de forma explícita; elas surgem naturalmente da maneira como nosso cérebro se desenvolve em ambientes padrão.

Para entender como isso ocorre, vale a pena refletir sobre o desenvolvimento do cérebro humano. O cérebro não é apenas uma tela em branco na qual as experiências de vida são gravadas de maneira misteriosa. Uma visão é que ele é um dispositivo computacional altamente especializado — ou melhor, uma vasta gama desses dispositivos. Assim como os morcegos têm aparatos dedicados para mapear sua localização no ambiente físico usando um sonar, os humanos têm arquitetura cognitiva dedicada para interpretar os estados mentais de outras pessoas, antecipar as trajetórias de objetos em movimento e raciocinar sobre as diferenças essenciais entre espécies. Em outras palavras, não precisamos ser ensinados de forma explícita que as pessoas podem ser ludibriadas ou que existem diferentes variedades de animais — acreditamos nisso em parte devido à maneira como nosso cérebro evoluiu para processar informações sobre o tipo de mundo em que nós e nossos ancestrais sempre vivemos. De acordo com essa visão, o cérebro humano é parecido com um canivete suíço, com muitas lâminas diferentes projetadas para aplicações distintas (não apenas cortar, mas também abrir garrafas de vinho ou retirar pedras dos cascos de cavalos).

Outra visão é que o cérebro é mais parecido com uma ferramenta de propósito geral — não um canivete suíço composto de diferentes lâminas com funções distintas, mas, sim, uma única lâmina que pode ser usada de muitas maneiras diferentes conforme a necessidade surge. Segundo essa visão, as muitas tarefas especializadas que o cérebro é capaz de realizar são em grande parte um produto de distintivas técnicas aprendidas para manipular uma lâmina. Para dar um exemplo óbvio, o cérebro não possui circuitos evoluídos dedicados para ler e escrever. A alfabetização é um dispositivo cognitivo que precisa ser aprendido a cada geração sucessiva de leitores e escritores. Claro, a alfabetização é muito recente para ter evoluído por seleção natural e não surge a menos que você cresça em um grupo no qual ela seja praticada. A questão é até que ponto outros dispositivos semelhantes, candidatos mais plausíveis para capacidades evoluídas especializadas — tal como um conjunto de princípios gramaticais universais —, podem de fato ser consequência do aprendizado em vez de serem inatos.[9]

Ambas as perspectivas sobre como o cérebro funciona são bastante plausíveis e podem ser reconciliadas. Em ambos os casos, o cérebro possui um potencial inato para certos tipos de tarefas, mas também pode ser utilizado de forma flexível em uma série de novas situações — que eram inimagináveis em nosso passado evolutivo. Se enfatizamos o papel das ferramentas psicológicas especializadas inatas ou dos dispositivos cognitivos aprendidos, nossa psicologia evoluída combina ambas essas capacidades — e o faz de maneiras que influenciam os tipos de crenças culturais que tendemos a absorver e transmitir.

Na medida em que certas características do viés de religiosidade são universais hoje, é provável que muitas dessas características também fossem universais no passado humano. Embora seja impossível reconstruir em detalhes o conteúdo dos sistemas de crenças na pré-história antiga, a arqueologia fornece evidências diretas para pelo menos algumas características da religiosidade pan-humana. Por exemplo, a presença de bens funerários em tantos túmulos pré-históricos sugere fortemente que os humanos modernos (e talvez outras espécies relacionadas, como os Neandertais) sempre nutriram esperanças de uma vida após a morte, e pinturas em paredes de cavernas reforçam a ideia de crenças na presença de seres sobrenaturais de vários tipos. Além disso, o fato de tantas intuições religiosas surgirem cedo na infância sugere não apenas que os humanos sempre acreditaram nessas coisas, mas também que provavelmente estarão inclinados a fazê-lo no futuro. Assim, pelo menos alguns aspectos da religião surgem de maneira natural. Psicólogos descrevem esses aspectos naturais como "intuitivos".

Os fundamentos intuitivos da religião selvagem

Quando retornei à King's College, na Universidade de Cambridge, após viver por dois anos na Papua-Nova Guiné, imerso no mundo do Kivung e dos *sega*, achei difícil me reintegrar. As normas e as convenções da minha tribo agora pareciam estranhas para mim, após serem enfatizadas pela vivência em outro lugar. Mas quando conheci Pascal Boyer senti que ele era parecido comigo nesse aspecto. Era pesquisador em minha faculdade. Morava em um apartamento invejável no arco do Edifício Gibbs, com vista para o jardim dos fundos e o rio Cam ao longe. Em contraste, eu ainda era apenas um estudante de pesquisa, escrevendo minha tese de doutorado, andando pela biblioteca com jeans amassados e cheirando a cigarros enrolados à mão. Mas acredito que nos vimos como espíritos afins, ambos retornando de trabalhos de campo em culturas distantes e igualmente impressionados tanto pelas semelhanças dos seres humanos em todos os lugares quanto pelas diferenças.

Sentados nos jantares da faculdade, vestindo becas e ternos, trocávamos sorrisos irônicos diante da insistência em passar o vinho do Porto em uma direção específica, compartilhando anedotas sobre a semelhança entre o que havíamos observado na capela da faculdade e as práticas mágicas que havíamos estudado em terras distantes. Boyer havia realizado trabalhos de campo na África Subsaariana, entre os fangs de Camarões, do outro lado do mundo em relação ao povo com quem vivi na Nova Guiné. Mas concordamos que nossas experiências de vida em vilarejos não ingleses, cercados por crenças em bruxas vingativas e ancestrais vorazes, estavam enraizadas na mesma psicologia que as disputas na comunidade acadêmica e a deferência à tradição na mesa principal da Universidade de Cambridge.

Boyer logo me apresentou alguns de seus amigos norte-americanos e em pouco tempo passamos a nos encontrar regularmente em ambos os lados do Atlântico, acompanhados por um crescente grupo de acadêmicos jovens e brilhantes.[10] Embora as ideias desse grupo fossem diversas, com frequência resultando em discussões que se estendiam até altas horas da noite, eram sempre bem-humoradas, divertidas e, talvez ainda mais importante, baseadas em pelo menos dois princípios explicitamente acordados.

O primeiro princípio era que a religião poderia ser explicada em termos científicos. O segundo era que o potencial explicativo das teorias científicas importava mais do que quem as concebia. Ambos os princípios eram bastante radicais nas disciplinas em que a maioria de nós trabalhava. Naquela época, muitos de nossos colegas nos departamentos de religião, antropologia e outras disciplinas humanísticas eram céticos ou até mesmo hostis em relação aos métodos científicos, aos quais aludiam, com repulsa, como "reducionismo". E os expoentes dos quadros dominantes nessas disciplinas muitas vezes eram possessivos e defensivos sobre suas teorias. Fazer parte de um grupo com uma abordagem mais científica e colaborativa foi mais do que revigorante — foi transformador. Nosso grupo encontrou um nome cativante para essa nova vertente de pesquisa acadêmica. A "Ciência Cognitiva da Religião" — ou CCR, como passou a ser conhecida — foi uma tentativa de explicar a recorrência e a variação nas crenças e nos comportamentos religiosos ao redor do mundo, com base em um entendimento crescente de nossa arquitetura cognitiva.

Explicar esses padrões "selvagens" de pensamento e comportamento religioso que surgem e se espalham naturalmente em todas as sociedades humanas logo se tornou o principal objetivo do novo campo da CCR.[11] E, ao longo das últimas décadas, seus praticantes têm desvendado os processos psicológicos que dão origem à religião na natureza. Essa pesquisa sugere que muitas características amplamente difundidas do pensamento e do comportamento religioso são mais bem compreendidas como *subprodutos* da evolução. Embora a maioria das crenças religiosas "selvagens" não tenham sido selecionadas ao longo da jornada evolutiva humana, elas surgiram como um efeito colateral de outras características psicológicas mais adaptativas: por exemplo, nossa psicologia intuitiva (incluindo a forma como antecipamos o comportamento dos outros), nossa biologia intuitiva (como criamos taxonomias do mundo natural), nosso cérebro hábil em criar ferramentas (que nos faz pensar que tudo tem um propósito) e nossa tendência excessiva a detectar agentes no ambiente (em especial nossos sistemas de alerta para detectar predadores). Essas intuições ajudaram nossos ancestrais a sobreviver e transmitir seus genes, mas também nos tornam naturalmente suscetíveis a acreditar em vida após a morte; nos fazem tratar certos objetos ou lugares como sagrados; nos levam a pensar que o mundo natural foi projetado de modo inteligente; e nos convencem de que espíritos invisíveis e perigosos espreitam em cavernas e florestas.

Por exemplo, parece que várias características recorrentes da religião na natureza são um subproduto da capacidade humana de inferir estados mentais dos outros. Psicólogos experimentais chamam isso de "leitura mental".[12] Eles não querem dizer que praticamos telepatia — apenas que temos uma tendência natural de imaginar as coisas a partir da perspectiva de outras pessoas e prever seu comportamento com base no que pensamos que elas sabem ou não sabem. Crianças pequenas não apresentam sequer uma versão rudimentar dessa capacidade; elas presumem que, se alguém lhes mostra onde um objeto foi escondido, todo mundo sabe o que elas sabem. No entanto, aos 5 anos, as crianças percebem que, se não mostrarem ou contarem onde um objeto está escondido, você não saberá que ele existe ou onde procurá-lo. Por volta dos 5 anos, algumas crianças são bastante astutas e, para o bem ou para o mal, obtêm grande satisfação ao testar sua nova habilidade de contar mentiras. Elas adquiriram o que os psicólogos chamam de "teoria da mente".[13]

Essa capacidade de inferir estados mentais de outras pessoas tem profundas consequências para nossas ideias sobre espíritos e vida após a morte. Um bom exemplo disso é a chamada "hipótese da restrição simulacional" — uma tentativa de explicar as crenças na vida após a morte como um efeito colateral da forma como tendemos a raciocinar sobre a mente. De acordo com essa hipótese, a ideia de um fantasma ou espírito resulta da impossibilidade de imaginar a eliminação de certos estados mentais. Claro, podemos imaginar como seria não ter certas capacidades perceptivas, como visão e audição, apenas tapando os órgãos relevantes (olhos e ouvidos) com as mãos. Mas é muito mais difícil simular a falta de capacidades cognitivas de ordem superior, como a capacidade de lembrar, emocionar-se ou raciocinar. No momento em que tentamos imaginar essas capacidades sendo desligadas, percebemos o quão difícil isso é. Muito mais natural, segundo o argumento, é imaginar que esses elementos perdurem após a morte.[14]

Em outras palavras, imaginamos que os espíritos dos mortos se lembram das coisas que aconteceram durante suas vidas, têm sentimentos e fazem julgamentos, mesmo sabendo que seus corpos (incluindo seus olhos e ouvidos) não funcionam mais e podem ter sido cremados ou estar em decomposição. Essa teoria é consistente com o desenvolvimento muito precoce de tais pressuposições em crianças. Por exemplo, crianças em idade pré-escolar acreditam que as funções cognitivas de ordem superior de um rato marionete perduram após ele ter sido devorado por um jacaré marionete.[15] O rato pode não precisar mais ir ao banheiro ou comer, mas as crianças presumem que ele ainda é capaz de se lembrar da mãe e dos amigos, mesmo que seu corpo não exista mais.

Outro fundamento intuitivo da religião selvagem deriva da maneira como raciocinamos sobre a transmissão de doenças. Muito antes de os cientistas conhecerem os micróbios, as pessoas se preocupavam com os riscos de contágio. Isso ocorria não apenas porque observavam como os sintomas se espalhavam pelo contato, mas também porque pensavam intuitivamente que havia essências invisíveis presentes no mundo. Há benefícios evolutivos óbvios para essa intuição: se você teme o contágio por meio do contato com contaminantes, é menos provável que contraia uma doença virulenta e mortal que se espalha pela comunidade. Isso pode explicar por que certas rotinas de precaução contra riscos são observadas em todas as populações humanas, como limpar, organizar e separar certos objetos. De modo curioso, essas são também as mesmas rotinas de precaução que se tornam exacerbadas entre pessoas com transtorno obsessivo-compulsivo (TOC).[16] No entanto, embora tais preocupações possam se tornar patológicas, todos nós temos um certo grau de preocupações semelhantes ao TOC em relação à higiene e ao contágio.[17]

Mas essa intuição também tem efeitos religiosos. Medos de contaminação por essências ocultas costumam ser expressos não apenas em rituais, mas também no temor em relação a feitiçaria e magia das sombras. Em muitos grupos culturais diferentes da Papua-Nova Guiné, por exemplo, encontrei a ideia de que se deve ter cuidado para não deixar vestígios pessoais, como roupas, cabelos ou unhas, ao interagir com pessoas em quem não se confia. Esses itens contêm sua essência e, portanto, poderiam ser usados por seus inimigos para lançar feitiços malignos contra você, mesmo que o resto do seu corpo esteja bem longe dali. Em muitas culturas, a ideia de que nossa essência oculta deixa vestígios nos objetos que tocamos tem um nome. Em muitos grupos oceânicos, por exemplo, a palavra para isso é *mana*, em Madagascar é *hasina*, em Objibway é *manitou*, entre os iroqueses é *orenda*, e assim por diante.[18] Como resultado, a ideia de contágio mágico tem fascinado estudiosos há gerações, dando origem a uma profusão de teorias diferentes.[19]

Relacionada a isso está a ideia de que as características positivas e negativas das pessoas são inerentemente contagiosas. Por exemplo, se uma pessoa é reverenciada ou adorada, tocar ou beijar um objeto que ela usou ou que foi feito à sua semelhança pode nos proporcionar benefícios, como saúde ou boa sorte. Mas o contrário é uma ideia ainda mais comum: pessoas de baixo status social, em especial aquelas excluídas ou ostracizadas por falhas morais ou transgressões, devem ser evitadas como a peste. Literalmente. Na Papua-Nova Guiné, os corpos de inimigos odiados muitas vezes eram jogados em rios para serem levados para longe. Na maioria dos Estados contemporâneos, criminosos condenados são mantidos isolados, de modo que cidadãos respeitadores da lei não precisem vê-los ou conviver com eles. Quanto mais extremos forem os crimes de uma pessoa, mais tentamos apagar todos seus vestígios. No Reino Unido, casas de assassinos em série desvalorizam rápido e com frequência são demolidas. Em um caso extremo, os escombros da casa ocupada por Fred e Rosemary West, que estupraram, torturaram e assassinaram jovens, foram triturados e depois descartados em um aterro longe de áreas habitadas. Pessoas de todos os lugares parecem sentir uma aversão espontânea ao contato físico com objetos associados a malfeitores — até o ponto de relutarem em usar o suéter de um assassino em experimentos psicológicos.[20] Medos de contaminação pelas forças das trevas tendem a ser mais difundidos em populações em que doenças contagiosas são prevalentes, o que sustenta ainda mais a hipótese de que esse aspecto de nosso viés para acreditar em essências malignas é um subproduto de nossas defesas psicológicas evoluídas contra contágios.[21]

Outro fundamento intuitivo para a religião selvagem é um viés pan-humano conhecido como "teleologia promíscua".[22] O raciocínio teleológico é a tendência de enxergar a mão de um criador em tudo — concluir que tudo, desde árvores até rochas, foi deliberadamente projetado daquela maneira. Os seres humanos tendem a aplicar o raciocínio teleológico de forma indiscriminada a quase tudo, incluindo o mundo natural. Essa aplicação promíscua do raciocínio teleológico é outra característica da psicologia humana que emerge muito cedo no desenvolvimento. Por exemplo, quando perguntadas se as rochas são pontiagudas devido à erosão prolongada ou para impedir que elefantes se sentem nelas, crianças pré-escolares preferem a explicação teleológica — aquela que atribui um design funcional à forma das rochas.[23] A tendência humana natural de raciocinar em termos teleológicos é altamente adaptativa, claro, porque possibilitou aos humanos desenvolverem ferramentas que lhes permitiram matar animais à distância, cortar suas peles, acender fogueiras para cozinhar a carne e fazer inúmeras outras coisas que teriam sido impossíveis se dependessem apenas de seus corpos frágeis. No entanto, um subproduto dessa mentalidade teleológica foi a tendência de ver seres criadores em toda parte. Como tal, esse viés pode ajudar a explicar a recorrência generalizada de mitos de criação nas religiões do mundo, desde os heróis do Tempo dos Sonhos dos aborígenes da Austrália até as histórias de Gênesis das religiões abraâmicas. Ao tentar explicar o mundo ao nosso redor, nossa tendência natural é sempre imaginar que alguma divindade ou ancestral o fez dessa maneira e inventar e espalhar histórias sobre como isso aconteceu.

Mas, para mim, a crença intuitiva mais intrigante de todas não se relaciona com a vida após a morte, criacionismo ou contágio — e sim com nossa tendência de ver agentes espreitando ao nosso redor, mesmo quando estamos sozinhos. Essa tendência se intensifica sempre que estamos em um ambiente potencialmente perigoso ou desconhecido. Dado que temos a tendência natural a considerar ideias sobre espíritos que vivem após a morte e seres invisíveis poderosos que habitam árvores, montanhas e rios, não é surpreendente que certos lugares nos deixem um pouco nervosos. Considere como é estar perdido em uma floresta escura ou em um cemitério ao anoitecer. Uma queda repentina de folhas ou o pio de uma coruja não apenas nos faz pular, mas também semeia a ideia em nossa mente de que existem agentes semelhantes a humanos ao nosso redor. Na medida em que nossa cultura nos fornece um panteão de seres malévolos além dos benevolentes, tais experiências podem ser bastante assustadoras. Quando ouvimos barulhos à noite, nossa mente naturalmente imagina fantasmas, vampiros, bruxas e demônios.

O psicólogo Justin Barrett argumentou que tais aparições são geradas por um Dispositivo Hipersensível de Detecção de Agência, ou "HADD", na sigla em inglês, enterrado nas profundezas de nosso cérebro.[24] Ter um dispositivo desse tipo com gatilho sensível teria sido útil para nossos ancestrais quando cercados por poderosos predadores noturnos. Era melhor detectar erroneamente a presença de um leão faminto rondando o acampamento em meio à escuridão e correr sem necessidade para as árvores após um alarme falso do que ignorá-lo e ser devorado vivo. O conceito de HADD explica não apenas o nosso medo do escuro, mas em específico a tendência de interpretar eventos misteriosos como sinais de agência. Considerando que os predadores mais ameaçadores na pré-história humana não eram leões, mas outros humanos, isso também pode reforçar nossa tendência universal de ver figuras humanas em formas aleatórias. Ouvir um galho estalar na floresta escura, por exemplo, não envolve apenas a detecção exagerada de agência, mas, em específico, a detecção exagerada de agência *semelhante à humana* — um traço que costuma ser descrito como "antropomorfismo". Isso pode explicar em certa medida por que os humanos de toda parte são tão propensos a identificar forças sobrenaturais espreitando em árvores, rios e rochas; há um benefício evolutivo significativo em atribuir caraterísticas humanas ao nosso ambiente.[25]

Em suma, certas ideias sobre o sobrenatural parecem surgir de maneira natural porque estão enraizadas em nossas intuições evoluídas, por exemplo, sobre como o mundo ao nosso redor surgiu e o que fazer quando ouvimos um som estranho no meio da noite. Mas esta não é a única forma que as crenças religiosas "selvagens" assumem. Há evidências de que algumas crenças sobre o sobrenatural se espalham não porque são intuitivas, mas porque são o oposto. Esse é o intrigante domínio das crenças minimamente contraintuitivas.

Contraintuições atrativas e suas consequências sociais

O apartamento dos meus pais estava agitado com os convidados. Um dos colegas do meu pai tinha vindo para o almoço de domingo com sua nova esposa, que havia acabado de chegar de Hyderabad. O filho dele, Sanjay, estava junto, e eu tinha sido autorizado a convidar meus dois melhores amigos da escola fundamental na esperança de mantê-lo entretido. Eu desconfiava que Sanjay considerava minha família inferior à dele na escala social porque éramos muito mais pobres. Por outro lado, ouvi comentários de que o pai dele temia que o julgássemos, pelos padrões ingleses, por concordar com um casamento arranjado depois que sua última esposa morreu. Eu me perguntava se Sanjay ainda estaria de luto. O clima ficou mais leve quando o colega do meu pai bateu palmas e nos contou sobre uma técnica de levitação que ele aprendeu com seu tio na Índia.

A técnica era simples. Um de nós sentava-se em uma cadeira enquanto o resto se reunia ao redor e postava as mãos acima da cabeça da pessoa sentada. Nossas mãos deveriam ser mantidas a apenas alguns centímetros de distância uma da outra, sem se tocar, de maneira coordenada, semelhante a uma sessão espírita. E então, com grande solenidade, o dedo indicador de cada um deveria ser colocado sob a dobra dos joelhos e sob as axilas da pessoa sentada. Lentamente, esses dedos deveriam então subir, levantando a pessoa sentada para que flutuasse sem esforço acima da cadeira.

Em retrospecto, meus amigos e eu experienciamos essa demonstração com uma mistura de admiração e ceticismo. Por um lado, concordamos que o corpo da pessoa sentada parecia leve demais. Apesar de não parecer sem peso. Mas, por outro lado, não era tão pesado quanto esperávamos. Nenhum de nós poderia imaginar que nossos dedos seriam fortes o suficiente para levantar uma pessoa. Tentamos comparar os efeitos de levantar alguém sem primeiro realizar o preâmbulo ritualístico. Um dos meus colegas insistiu que o efeito de levitação só parecia funcionar se seguíssemos à risca a sequência mágica estipulada. No entanto, não pude deixar de me perguntar se ele dedicou o mesmo esforço para levantar a pessoa quando tentamos realizar a levitação sem o preâmbulo mágico. Mesmo para minha mente infantil, isso não parecia ser um experimento controlado. Participei porque o que importava em termos sociais era a emoção compartilhada, a sensação de que nos tornamos canais para algo poderoso, mas inexplicável.

Ideias sobre corpos levitando ou flutuando aparecem em muitas culturas diferentes. Mas por quê? Uma resposta convincente é que tais ideias contradizem nossas intuições naturais sobre como o mundo funciona — nesse caso, nossa suposição desenvolvida desde a infância de que objetos sem apoio caem em direção à terra — e isso torna essas ideias "atrativas".[26] Os pressupostos humanos sobre a gravidade são detectáveis desde tenra idade. Psicólogos do desenvolvimento mostraram que, no início da infância, os bebês esperam que os objetos caiam no chão se forem soltos e expressam surpresa se um objeto flutua para cima ou fica suspenso no espaço sem suporte algum.[27] Esses pressupostos sobre como a gravidade deveria funcionar parecem estar incorporados na arquitetura cognitiva dos bebês. Um psicólogo diria que essas presunções são "subespecificadas pela experiência" — o que significa que os bebês não tiveram exposição suficiente ao mundo para preverem os efeitos da gravidade com base apenas na observação. Parece que há uma predisposição natural a antecipar que os objetos se comportarão dessa maneira e a considerar objetos que flutuam, como balões de hélio, como contraintuitivos.

Mas, você pode perguntar, como poderíamos saber o que os bebês esperam que os objetos façam? Claro que não podemos apenas perguntar a eles porque são muito novos para falar. Mas o que os psicólogos do desenvolvimento *podem* fazer é estabelecer quais cenários, apresentados em um ambiente de laboratório controlado, os bebês consideram mais ou menos surpreendentes. Existem duas maneiras pelas quais a surpresa costuma ser medida nessas situações. Uma delas é o tempo do olhar: bebês olham por mais tempo para um evento que não estavam esperando, indicando curiosidade. Outra é a sucção:

bebês sugam um objeto em sua boca com mais força quando estão surpresos e, portanto, interessados no evento observado. Em inúmeros experimentos, demonstrou-se que os bebês exibem expressões de surpresa quando os objetos se comportam de maneiras fisicamente contraintuitivas (como flutuar para cima, aparecer do nada ou atravessar outro objeto, como um fantasma).[28]

Esse fascínio precoce por eventos contraintuitivos explica por que as histórias infantis estão cheias deles. Desde muito jovens as crianças são naturalmente atraídas por histórias em que o Super-Homem consegue voar e o Papai Noel passa por chaminés estreitas demais. Mas a atratividade das crenças contraintuitivas continua na idade adulta. Isso pode explicar não só por que os contos de fadas são tão disseminados e são lembrados e apreciados ao longo das gerações, mas também por que ideias sobre agentes sobrenaturais se espalham e perduram no folclore.[29] Na vida adulta, essas crenças tendem a permanecer contraintuitivas sem necessariamente ser algo *surpreendente*. Mesmo depois de nos familiarizarmos com a ideia de objetos voadores — de aviões e planadores a pássaros e balões —, desafiar a gravidade já não é mais inesperado, mas ainda é atrativo e contraintuitivo. Nossas intuições tácitas ainda nos informam que o avião a jato de fato deveria despencar do céu, o que explica por que muitos de nós ainda acham que voar é algo quase milagroso, e alguns preferem nem arriscar.

O apelo das crenças contraintuitivas ajuda a explicar a prevalência de seres sobrenaturais em textos religiosos e ciclos mitológicos. Muitos dos seres sobrenaturais — como fantasmas, espíritos, deuses e ancestrais — são contraintuitivos da mesma maneira que aviões e balões de ar quente. Na verdade, se você quiser criar um conceito simples de fantasma, basta imaginar alguém que morreu em sua casa há muitos anos, mas que retorna de vez em quando no meio da noite, aparecendo do nada no sótão ou flutuando pelas janelas como bem deseja. A aparição que você acabou de evocar é como qualquer outro ser humano, exceto que é capaz de se teleportar e desafiar a gravidade (e voltar dos mortos — mas chegaremos a isso mais adiante). Basta um ou alguns atributos contraintuitivos para transformar uma concepção normal de uma pessoa em um fantasma, espírito, ancestral ou divindade.

Argumenta-se que a maioria dos seres sobrenaturais encontrados nas muitas culturas do mundo pode ser prevista com base em um número limitado de ajustes contraintuitivos em agentes naturais.[30] Segundo Pascal Boyer, dois tipos de "ajustes" comuns subjacentes aos conceitos do sobrenatural são construídos a partir de nossa psicologia evoluída.[31] O primeiro é apenas determinar que uma propriedade intuitiva associada a um domínio específico não se aplica. No exemplo anterior, um conceito simples de fantasma poderia envolver a quebra de expectativas relacionadas a todos os objetos físicos, descrevendo cenários nos quais uma pessoa é capaz de se teleportar, voar ou atravessar paredes. Tais cenários desafiam a física intuitiva — em particular, nossas expectativas naturalmente desenvolvidas de que todos os objetos devem se mover pelo espaço em trajetórias contínuas (e não surgir do nada), cair em direção à terra se não tiverem um apoio (e não flutuar para cima ou voar) e deslocar ou quebrar outros objetos ao colidirem com eles (e não atravessar objetos sólidos). Boyer se refere a esses cenários contraintuitivos como "violações" do conhecimento intuitivo. O segundo tipo de "ajuste contraintuitivo" seria aquele que aplica a propriedade de um domínio em outro. Por exemplo, uma estátua que chora ou sangra transfere expectativas do domínio da biologia intuitiva para o domínio dos artefatos.

O que é crucial, no entanto, é que esses fenômenos sobrenaturais sejam apenas *levemente* contraintuitivos. Podemos acreditar em uma estátua que chora; tendemos a não acreditar em uma estátua que só existe às quartas-feiras. Boyer se refere às versões mais brandas como "minimamente contraintuitivas" — um termo referido na literatura como "MCI". Existe agora uma verdadeira indústria de pesquisa sobre as causas e consequências dos conceitos MCI, grande parte focada em descobrir se eles são mais difundidos culturalmente porque são mais "atrativos" do que ideias intuitivas.[32]

Essa atratividade explicaria por que tipos de construtos religiosos são continuamente reinventados em sistemas culturais remotos — desde os seres primordiais dos mitos antigos até os super-heróis dos quadrinhos da Marvel, e desde os relatos de milagres no Novo Testamento até contos de fadas infantis. Uma ideia central aqui é que, embora os seres sobrenaturais que tratamos com solenidade e respeito em locais de culto possam provocar reações muito diferentes daqueles retratados em histórias infantis, ambos têm raízes na mesma psicologia básica. Afirmar que o Papai Noel sabe quem foi bonzinho ou malcriado pode provocar risos, enquanto negar a infalibilidade do Papa poderia, em certos períodos históricos, condená-lo à morte na fogueira. Mas a psicologia necessária para acatar ambas as ideias não é tão diferente.[33] Isso ajudaria a explicar como esses dois conceitos ganharam aceitação ao longo da história, apesar das consequências sociais contrastantes.

Até o início dos anos 2000, a pesquisa sobre conceitos MCI se expandia com rapidez. Cada vez mais perguntas estavam sendo levantadas não apenas sobre a atratividade cognitiva das crenças sobrenaturais, mas também sobre suas consequências sociais. Essas crenças ajudam ou prejudicam a cooperação? Apoiam ou minam a ordem social? E, acima de tudo, somos naturalmente inclinados a reverenciar os deuses e seus emissários terrenos — e como podemos descobrir isso?

Os deuses estão no comando

Uma das consequências sociais mais difundidas da religião em geral é que, para o bem ou para o mal, ela nos diz o que fazer. Ao redor do mundo, ancestrais, deuses e seres sobrenaturais de todos os tipos não são nossos pares, mas normalmente são vistos como seres aos quais devemos deferência. Se os ofendemos, devemos reparar o erro. Se queremos seu perdão, devemos suplicar diante deles. Se precisamos de sua ajuda, devemos bajulá-los ou presenteá-los. Seja no papel de intimidador ou benevolente provedor, os deuses estão sempre em uma posição de domínio, não de servidão. Os deuses nos comandam. Nosso papel é implorar por misericórdia ou tentar agradá-los.

Meus colegas e eu temos tentado explicar por que isso ocorre. Será que temos uma expectativa *natural* de que seres MCI (por exemplo, deuses, espíritos, ancestrais) ou seus emissários terrenos (profetas, sacerdotes, gurus e messias) exijam deferência, obrigando-nos a nos curvar a eles tanto no sentido literal quanto metafórico?

Parece que sim. Temos evidências de que até mesmo bebês bem pequenos esperam que seres sobrenaturais sejam socialmente dominantes. No entanto, explicar como chegamos a essa conclusão requer um pouco de análise detalhada. Começa com uma observação sobre as atitudes dos bebês em relação à autoridade. Além de sua predileção por conceitos contraintuitivos, bebês pré-verbais mostram uma sensibilidade notável às informações sobre quem é o chefe. Por exemplo, ao assistir a desenhos animados, eles esperam que personagens com tamanho corporal avantajado, que têm mais aliados ou que estão em uma posição elevada (por exemplo, em cima de uma colina) prevaleçam em situações de conflito. Eles também demonstram surpresa quando um indivíduo que presumiam ser o chefe não consegue o que deseja em um impasse. Essas expectativas parecem surgir de modo natural nos estágios iniciais de desenvolvimento do cérebro humano e também influenciam o amadurecimento de nossa mente, adaptando-se aos ambientes culturais nos quais somos criados. Por exemplo, quando encontramos celebridades da televisão em pessoa, muitas vezes nos surpreendemos ao constatar que elas não são tão altas quanto imaginamos; talvez isso se explique pela expectativa de que o alto status (associado à fama e à fortuna) esteja correlacionado com a estatura física e a imponência.

Uma questão fundamental é se os bebês atribuem autoridade a seres sobrenaturais da mesma forma. Após muita discussão sobre essa questão, me juntei a psicólogos da Universidade de Kyushu, no Japão, para aproveitar suas instalações especializadas na realização de estudos com bebês pré-verbais.[34] Nós nos propusemos a desenhar um experimento para estabelecer se essas intuições precoces sobre dominância social podem estar diretamente relacionadas à forma como pensamos na autoridade religiosa. Por exemplo, será que os bebês esperam que indivíduos que exibem habilidades sobrenaturais — como a capacidade de desafiar a gravidade ou surgir do nada — sejam socialmente dominantes, da mesma forma que um personagem maior ou mais forte? Em caso afirmativo, isso poderia explicar por que, ao longo das sociedades humanas, líderes que acreditamos deter poderes sobrenaturais — desde xamãs e feiticeiros até padres e papas — costumam receber um status social mais alto?

Para investigar essas questões, nossa equipe de pesquisa convidou pais a levarem seus bebês ao laboratório para assistir a uma série de vídeos animados nos quais dois personagens competiam por uma recompensa. Em cada cenário, um personagem se movia pela tela de maneira contraintuitiva — voando ou se teleportando na direção da recompensa. Em contraste, o outro personagem se movia de maneira mais intuitiva, mantendo-se no chão e percorrendo um trajeto contínuo da esquerda para a direita. O primeiro personagem, portanto, tinha poderes sobrenaturais; o segundo não. Em seguida, os dois personagens se encontravam em um impasse. Entre o agente sobrenatural (aquele capaz de levitar ou se teleportar) e o agente natural (que não podia fazer nada disso) havia um cubo verde. Não era bem a recompensa mais desejável, você poderia pensar. Mas, pela forma como cada um dos agentes na tela se aproximava do objeto verde em passos incrementais, emitindo grunhidos que indicavam esforço e vontade, ficava claro que cada um deles desejava se apossar do objeto. No entanto, só poderia haver um vencedor. E queríamos descobrir qual resultado os bebês achavam mais surpreendente. Como esperado, resolvido o impasse final, os bebês olharam por mais tempo — indicando surpresa — quando o agente *natural* ganhou a recompensa. Ao que parece, os bebês esperavam que o agente sobrenatural exercesse dominância social ao tomar posse do pequeno cubo verde. E ficaram perplexos quando isso não aconteceu.

Esse foi o primeiro estudo a mostrar que até bebês pré-verbais esperam que seres com poderes sobrenaturais sejam socialmente dominantes. Foi uma descoberta empolgante porque sugeriu que, mesmo antes de aprendermos sobre as crenças religiosas de nosso grupo, esperamos que os deuses (ou seus intercessores terrenos) estejam no comando, e não o contrário.

Religião e moralidade

Há outro aspecto crucial da natureza humana que ressurge de maneiras bastante similares entre diferentes culturas: nossa bússola moral. Embora não tenha muito a ver com estátuas chorando ou super-heróis que capturam cubos, muitas pessoas conectam essas ideias às crenças em poderes superiores nos dias de hoje. Se perguntadas quais as consequências sociais mais importantes da religião, muitas pessoas diriam que é o fato de que as crenças religiosas nos fazem agir de maneira mais moral. Uma pesquisa conduzida pelo Pew Research Center em 2007 mostrou que, em resposta à pergunta "É necessário acreditar em Deus para ser moral?", a esmagadora maioria das pessoas em países fora da Europa respondeu que sim.[35]

Mas, talvez, para surpresa de muitos, os cientistas permanecem divididos sobre a questão.[36] Parte da razão é que existem muitos deuses e muitos sistemas morais, e nem sempre fica claro o que queremos dizer quando nos referimos tanto à religião quanto à moralidade. No entanto, ainda podemos perguntar se a moralidade é de alguma forma integrada ao viés de religiosidade. Nossas ideias intuitivas sobre a vida após a morte, contágio, design inteligente ou mesmo propriedades minimamente contraintuitivas alteram nosso comportamento moral de forma fundamental? Sócrates colocou uma questão semelhante ao perguntar se a bondade é amada pelos deuses porque é boa, ou se a bondade é boa porque é amada pelos deuses.[37]

Hoje, algumas das melhores respostas a essa pergunta não vêm da filosofia grega, mas da pesquisa científica. Estudos liderados pelo meu colega Oliver

Scott Curry demonstraram que grande parte da moralidade humana está enraizada em uma única preocupação: cooperação. Para ser mais específico, sete princípios de cooperação são considerados moralmente bons em todos os lugares e formam a base de uma bússola moral universal. São eles: ajudar os parentes, ser leal ao seu grupo, retribuir favores, ser corajoso, demonstrar deferência aos superiores, compartilhar coisas de maneira justa e respeitar a propriedade alheia.[38]

Essa nova ideia foi bastante significativa porque, até então, parecia bastante razoável afirmar — como os relativistas culturais sempre fizeram — que não há universais morais, e cada sociedade teve que criar sua própria bússola moral única. Como explicarei, não é o caso. Além disso, os mesmos sete princípios de cooperação nos quais essas ideias morais se baseiam são encontrados em uma ampla gama de espécies sociais e não são exclusivos dos seres humanos.[39] Essas intuições morais evoluíram devido aos seus benefícios para a sobrevivência e a reprodução. Mutações genéticas favorecendo comportamentos cooperativos nos ancestrais de espécies sociais, como humanos, conferiram uma vantagem reprodutiva aos organismos que os adotaram, resultando em mais cópias desses genes sobrevivendo e se espalhando nas gerações subsequentes. Por exemplo, é provável que o princípio de que devemos cuidar dos membros de nossa família (e evitar prejudicá-los) tenha evoluído por meio do mecanismo de "seleção de parentesco", garantindo que nos comportemos de maneira a aumentar as chances de nossos genes serem passados adiante ao ajudar parentes genéticos próximos a permanecerem vivos e produzirem descendentes. Lealdade ao grupo, por outro lado, evolui em espécies sociais que se saem melhor ao agir de maneira coordenada do que de forma independente. Reciprocidade (a ideia de que "se você coçar minhas costas, eu coço as suas") leva a benefícios que ações egoístas por si só não conseguem realizar. E a deferência aos superiores é outra forma de sobrevivência, nesse caso, ao alocar posições de dominância ou submissão de maneira coordenada, em vez de ambas as partes lutarem até a morte.

A teoria da "moralidade como cooperação" propõe que, juntos, esses sete princípios de cooperação compõem a essência do pensamento moral em todos os lugares.[40] No final das contas, toda ação humana que provoca um julgamento moral pode ser diretamente atribuída a uma transgressão contra um ou mais desses princípios cooperativos. Pelo menos, essa era a teoria. Mas como é possível estabelecer que esses sete princípios são de fato universais?

A resposta está em um estudo sem precedentes sobre o raciocínio moral dos seres humanos ao redor do mundo.[41] Eu e meus colaboradores reunimos uma amostra de sessenta sociedades que foram objeto de extenso estudo por antropólogos e, portanto, forneciam dados ricos sobre as normas morais predominantes nesses grupos culturais. Para se qualificar para inclusão, cada sociedade deveria ter sido objeto de pelo menos 1.200 páginas de dados descritivos relacionados ao seu sistema cultural. Além disso, ela deveria ter sido estudada por pelo menos um antropólogo profissional treinado com base em pelo menos um ano de trabalho de campo imersivo, utilizando um conhecimento prático do idioma local. A amostra de sociedades foi selecionada para maximizar a diversidade e minimizar a probabilidade de que grupos culturais tivessem adotado as crenças morais uns dos outros. Essas sociedades foram selecionadas a partir de seis grandes regiões do mundo: África Subsaariana, Circum-Mediterrâneo, Leste da Eurásia, Pacífico Insular, América do Norte e América do Sul.[42]

O objetivo era analisar quatrocentos documentos descrevendo as culturas dessas sessenta sociedades para estabelecer se os sete princípios de cooperação eram considerados moralmente bons ou não, sempre que fossem mencionados como salientes. Encontramos 3.460 parágrafos de texto que abordavam esses princípios cooperativos. Em cada caso, queríamos saber se o tipo de cooperação descrito era caracterizado usando palavras como bom, ético, moral, correto, virtuoso, obrigatório, respeitoso, normativo, ou qualquer outra linguagem moralmente saliente. Isso resultou na observação de 962 julgamentos morais relacionados aos sete tipos de comportamento cooperativo. Em 961 desses casos (99,9% do total), o comportamento cooperativo foi considerado moralmente bom. A única exceção ocorreu em uma ilha remota na Micronésia, onde roubar de forma explícita (em vez de escondido) era algo moralmente aceito. Nesse caso excepcional, no entanto, o motivo parecia decorrer do fato de que esse tipo de roubo envolvia a afirmação (corajosa) de dominância social. Assim, mesmo que esse único caso parecesse contradizer a regra de respeitar a propriedade alheia, ele o fazia por priorizar o princípio cooperativo alternativo da coragem. A principal conclusão aqui é que os sete princípios cooperativos parecem ser considerados moralmente bons *em todos os lugares*.

No entanto, isso necessariamente tem algo a ver com religiosidade? Afinal, não há razão óbvia para pensar que precisamos de deuses para acreditar nos sete princípios morais. Mas, considerando que tantas pessoas no mundo parecem acreditar que há uma ligação entre ser religioso e ser bom, essa questão merecia uma atenção especial.

A resposta acabou sendo um pouco complicada. Um elemento do repertório moral universal parece estar intuitivamente ligado aos nossos instintos religiosos: aquele que nos remete à expectativa desenvolvida desde tenra idade de que agentes sobrenaturais serão socialmente dominantes. Na seção anterior, descrevi nossa pesquisa com bebês, mostrando que, mesmo antes de saber falar, eles esperavam que agentes com poderes sobrenaturais prevalecessem em uma disputa de poder com um agente sem tais poderes. Isso sugere que nossa relação com o mundo espiritual é fundamentada por uma preocupação *moral* com a deferência à autoridade. Os deuses e os ancestrais tendem a ser nossos mestres e nós tendemos a ser seus servos: nós nos curvamos a eles e não o contrário.

Mas e quanto aos outros domínios morais — eles também poderiam estar ligados às nossas crenças e aos nossos comportamentos religiosos? Nossas intuições religiosas — por exemplo, relacionadas a seres e forças sobrenaturais, vida após a morte ou design inteligente na natureza — estão ligadas aos sete princípios morais que também descobrimos ser universais?

A resposta é sim — mas de maneiras que são menos naturais e intuitivas. Ou seja, o vínculo entre a maioria dos aspectos da religiosidade intuitiva e o repertório moral universal não é natural em si, mas um produto da forma como as religiões, na qualidade de sistemas culturais, evoluíram como parte de nossa história não natural da civilização. Como tal, os vínculos entre a moralidade e a religião intuitivas mudaram drasticamente ao longo da história humana. Por exemplo, como descobriremos nos capítulos seguintes, nosso imperativo moral natural de cuidar dos parentes se transformou, em muitas das religiões do mundo, em uma obrigação de cuidar de nossos ancestrais, cumprindo de forma diligente uma variedade de comportamentos que expressam devoção filial. A regra moral de que devemos retribuir favores também figura de forma proeminente na lógica de nossas interações com o mundo espiritual — e assumiu um rumo sombrio durante a fase da história religiosa em que o sacrifício humano se tornou desenfreado. Muito mais tarde na história das religiões, observamos o surgimento de crenças em deuses que exigem que os humanos em todos os lugares obedeçam a mandamentos semelhantes a leis. Embora tanto a religião quanto a moralidade estejam enraizadas na natureza humana, nossas intuições sobre ambas nem sempre estão ligadas. Às vezes, nosso raciocínio moral se infiltra em nossas crenças religiosas; outras vezes, isso não acontece. Depende da tradição cultural em que você vive.

Portanto, temos pelo menos uma resposta provisória para a pergunta: precisamos de religião para sermos morais? A resposta é não. Nossas crenças religiosas intuitivas, assim como os muitos conceitos MCI adotados pelas pessoas, parecem não ter uma conexão obrigatória com nossas intuições morais — exceto talvez pelo caso especial da deferência aos seres sobrenaturais. Parece que podemos enfim responder a Sócrates. A bondade não é boa porque é amada pelos deuses — pelo contrário, é boa a despeito de ser reconhecida ou relevante para os deuses. Infelizmente, isso também sugere que a maioria das pessoas pesquisadas pelo Pew sobre esse tema foi ludibriada, ainda que de forma involuntária, pelos líderes religiosos do mundo.

Minha esposa e eu temos um barco no rio Tâmisa, ancorado no interior de Oxfordshire. Sempre gostei de fotografar a vida selvagem da janela do nosso refúgio flutuante. Ao longo dos anos, testemunhei muitas cenas belas — desde a chegada das aves migratórias ao amanhecer, os mergulhos rápidos dos martins-pescadores até o voo fantasmagórico da coruja-das-torres em uma nebulosa noite de outono. Mas, de todas as belas criaturas do rio, havia uma espécie icônica que sempre escapava de minha teleobjetiva: a lontra-europeia. Eu costumava perguntar aos operadores de eclusa sobre visitas de lontras e então assumia posição nos locais que consideravam mais propícios para avistamentos. Mas sem sucesso.

Depois de uma noite decepcionante sentado à beira da represa enquanto a escuridão caía, fiz a caminhada rio acima até nossa embarcação e passei uma noite inquieta, sonhando com lontras. Acordei de repente por volta das 5h. Não saberia dizer o que me acordou. Mas, por algum motivo, saí da cama em silêncio e abri uma escotilha na lateral do barco. No rio, olhando para mim, estavam um par de olhos leitosos em uma cabeça de pelos espetados, literalmente a um braço de distância. A lontra mergulhou sob o barco e emergiu com um peixe. Depois sumiu de novo, nadando em direção à popa. Peguei minha câmera na bancada da cabine e saí de mansinho para o convés. Em questão de segundos, estava capturando fotos em close da lontra posando para mim na névoa matinal.

Mas por que mencionar isso em um capítulo sobre religião? A resposta está na forma como reagi a essa boa sorte. Acabei me perguntando por que acordei de repente. E, depois de acordar, por que decidi abrir a escotilha e olhar para fora? E por que naquele momento muito específico? Se tivesse sido um minuto antes ou depois, não teria havido nada para ver. Por que a câmera estava pronta para fotografar? Normalmente, eu teria removido minha lente teleobjetiva e guardado tudo após a tentativa fracassada na noite anterior. Todas essas coincidências pareciam carregadas de significado. Pessoas em alguns grupos culturais poderiam dizer que um espírito me invocou de meu sono, e pode haver uma infinidade de interpretações culturais distintas sobre o significado disso — talvez algum ancestral, ou talvez o espírito do rio, quisesse se comunicar comigo. Por ter sido criado em uma cultura de influência cristã, talvez houvesse uma intuição vaga, mas persistente, de que Deus tivesse tido pena de mim por todos os meus esforços fracassados para ver lontras no passado e decidido me recompensar. De qualquer forma, experienciei um sentimento inexplicável de gratidão, mas sem uma ideia clara de a quem agradecer: a Deus, aos ancestrais ou talvez ao lendário Pai Tâmisa? Essas intuições incipientes ecoavam no fundo de minha mente, mesmo que eu as ignorasse quando elas emergiam na consciência.

O que esses pensamentos intuitivos — em parte implícitos e até um tanto incoerentes — revelam são intuições sobre agência sobrenatural e raciocínio moral, ingredientes básicos da religião na natureza. O mistério não estava no fato de haver uma lontra no rio, mas, sim, de eu estar no lugar certo na hora certa, com a câmera pronta para fazer fotos. Isso parecia requerer uma explicação e meus pensamentos imediatos apelaram para uma agência desencarnada — um agente sobrenatural que deveria ser reconhecido e agradecido. Uma reação semelhante é evidente no rosto de todo jogador profissional de futebol cujo olhar se volta para o céu em agradecimento após acertar um pênalti.

A mesma lógica é invocada, é claro, quando as coisas dão errado. O famoso antropólogo Sir Edward Evans-Pritchard observou que os azande do Sudão do Sul atribuem todos os infortúnios (incluindo quase todas as mortes humanas) à feitiçaria.[43] Mesmo o que parece ser um acidente costuma ser explicado em termos sobrenaturais. Por exemplo, se as pessoas estiverem sentadas à sombra de um celeiro e ele desabar, causando suas mortes prematuras, todos culparão a feitiçaria. Isso não contradiz explicações naturais para a tragédia. Como Evans-Pritchard foi rápido em apontar, os azande são os primeiros a admitir que os pilares do celeiro foram fragilizados pela infestação de cupins, e é por isso que a estrutura cedeu. Mas por que isso aconteceu no exato momento em que as pessoas estavam sentadas embaixo dele, resultando em suas mortes? Para os azande, a única explicação possível é a feitiçaria. Embora diferentes grupos culturais mantenham uma ampla variedade de explicações sobrenaturais para a boa e a má sorte, somos semelhantes ao buscar de forma espontânea algo mais do que uma explicação monótona e prosaica para eventos que nos são importantes.

Minha experiência com a lontra me fez refletir sobre o quão profunda e enraizada é nossa tendência à religião. Como vimos neste capítulo, há uma infinidade de crenças implícitas subjacentes à religião em todo lugar, derivadas de intuições pan-humanas sobre dualismo mente-corpo, essencialismo, teleologia promíscua, entre outros, bem como conceitos que violam conhecimentos básicos de maneiras que chamam nossa atenção. Os antropólogos descreveram os conjuntos de crenças que se baseiam nesses fundamentos intuitivos pan-humanos como "religião selvagem", porque se espalham de maneira natural sem necessidade de cultivo especial ou apoio institucional.[44] O estudo das religiões selvagens levou a novos insights sobre por que os seres humanos agem com deferência em relação às autoridades religiosas, tal qual evidências de que até mesmo bebês pré-verbais esperam que detentores de poderes sobrenaturais, desafiando princípios da física intuitiva, sejam socialmente dominantes. E sentimos um senso natural de obrigação com os outros, enraizado em intuições morais universais sobre família, lealdade, reciprocidade, coragem, deferência, justiça e propriedade. Juntos, os vieses descritos neste capítulo são fundamentais para entender por que as pessoas ao redor do mundo tendem a adotar sistemas de crenças irrefutáveis e aparentemente improváveis e também por que cooperam.

Mas há outro aspecto da natureza humana que com frequência se confunde com a religião, e com uma ampla gama de outros tipos de sistemas de crenças humanas. É um aspecto responsável por algumas de nossas conquistas cooperativas mais impressionantes, mas também por nossas formas mais cruéis de opressão e violência intergrupal: o tribalismo.

Capítulo 3
Cola Social

A Primavera Árabe estava se transformando em inverno. Era o final de 2011 e Muammar Gaddafi, o ditador da Líbia, havia sido capturado e morto. Tiros ainda eram ouvidos, mas agora disparados para o céu em comemoração, e não para mutilar ou matar. Durante a revolução, muitos daqueles que abriram fogo contra as forças de Gaddafi não tinham experiência militar. A maioria nem sequer havia segurado uma arma antes, muito menos se engajado em um combate sangrento com um exército moderno e bem equipado. E, no entanto, todos esses civis que se tornaram combatentes arriscaram suas vidas na luta, e muitos foram mortos. O que motivou seus atos de autossacrifício?

Essa é uma pergunta que eu vinha fazendo desde que vivi em Papua-Nova Guiné e aprendi sobre os ousados ataques realizados por guerreiros tribais antes da colonização e do surgimento do Kivung. O que faltava era uma oportunidade de estudar o autossacrifício extremo de forma direta. Então, a Primavera Árabe chegou e grande parte do Norte da África e do Oriente Médio foi abalada por guerras civis. Um dos meus alunos, Brian McQuinn, havia passado a maior parte da revolução líbia em Misrata — uma cidade que ficou muitos meses sitiada — e as evidências que ele vinha acumulando eram bastante detalhadas e reveladoras.[1] Depois de muita burocracia e jogo de cintura, consegui uma passagem só de ida em um quiosque no aeroporto de Istambul para enfim me juntar a ele.

Quando pisei na pista de pouso em meio a uma multidão de passageiros e animais, notei que o prédio do terminal estava crivado de buracos de bala e as folhas das palmeiras, despedaçadas. Meus companheiros de viagem se amontoavam para pegar suas bagagens. McQuinn me resgatou da confusão e me conduziu até seu carro. Notei um buraco na porta do passageiro e encontrei um cartucho vazio ao lado dos meus pés durante o trajeto.

McQuinn evitava cafeína, pois sabia que tendia a falar rápido demais. Mas, a julgar pelo modo que me apressava para entrar no carro, falando sem parar, deduzi que ele havia bebido várias xícaras de café naquela manhã. Ele havia marcado uma reunião com Salim Juha, um ex-coronel do exército de Gaddafi que desertou no primeiro dia da revolução. Era a maneira perfeita de começar nosso trabalho, disse McQuinn com entusiasmo. Sua voz foi ficando distante enquanto eu observava edifícios danificados pelo fogo e filas intermináveis de tanques queimados. Após pegarmos nosso tradutor, Mohammed, em uma esquina, seguimos para uma grande mansão com barreiras no portão. McQuinn falou brevemente com os guardas, cada um equipado com um cinto de munição e uma arma automática. Eles removeram os bloqueios da estrada. Enquanto passávamos pelos muros, McQuinn se virou para mim: “O Sr. Juha é muito poderoso”, disse ele. “Por favor, não o insulte ou estaremos em grandes apuros.”

A mansão já foi uma corporação de investimentos em petróleo, mas agora servia como base para as forças revolucionárias de Misrata. Jovens com rifles estavam espalhados em sofás, fumando em meio a risadas ocasionais. Quando passamos, eles ficaram em silêncio, nos seguindo com os olhos. Encontramos o Sr. Juha na sala de reuniões, sentado a uma longa mesa, capaz de acomodar cerca de vinte pessoas. À sua esquerda e à sua direita estavam líderes das brigadas revolucionárias, envoltos em fumaça de cigarro. McQuinn, Mohammed e eu fomos conduzidos aos nossos lugares do outro lado da mesa. O Sr. Juha fixou o olhar em mim e fez um discurso formal em árabe. “Gostaríamos de agradecer por nos enviar seu filho, Brian”, traduziu Mohammed.

McQuinn não era meu filho. Ele era meu aluno de doutorado e havia apenas alguns anos de diferença entre nós. Mas decidi que era melhor não discutir. De qualquer forma, pensei, a psicologia do parentesco era uma das coisas que estávamos lá para estudar. Antes que eu pudesse fazer quaisquer anotações, no entanto, o discurso do Sr. Juha terminou, e era minha vez. Murmurei algo sobre minha gratidão pela hospitalidade demonstrada ao meu filho e então perguntei se ele e seus colegas fariam a gentileza de responder algumas perguntas de interesse antropológico. O olhar do Sr. Juha se intensificou. "Primeiro", disse ele, "tenho uma pergunta para você. Quando as notícias sobre a revolução na Líbia se espalharam pelo mundo, você já tinha ouvido falar de... Misrata?"

Parecia um teste. Lembrei-me do que McQuinn disse sobre não irritá-lo. Então, recordei um dos meus mais ilustres predecessores como chefe do departamento de antropologia na Universidade de Oxford. Ninguém menos que Sir Edward Evans-Pritchard — o antropólogo que mencionei no capítulo anterior, interessado nas crenças de feitiçaria entre os azande. Durante a Segunda Guerra Mundial, E-P — como era conhecido por seus colegas — serviu como oficial da inteligência militar britânica na Líbia, e, por meio de seus extensos escritos, conheci um herói de guerra de Misrata. Descobri que aquele homem era o avô do Sr. Juha. A atmosfera ficou um pouco mais leve com essa descoberta.

O Sr. Juha me permitiu explicar com mais detalhes o propósito da minha visita e as perguntas que pretendia fazer. Expliquei que estava ali porque queria saber o que motivou tantos civis comuns a pegar em armas em uma revolta popular em que a morte era muito mais provável que a vitória. Ressaltei que a grande maioria dos líbios que se juntaram à insurgência em 2011 não tinha treinamento ou preparação militar. O que lhes deu esperança de que poderiam derrotar um exército moderno e bem equipado?

O Sr. Juha começou sua resposta com uma comparação com sua época no exército de Gaddafi. Quando era coronel militar, explicou, levava três meses para treinar novos recrutas a usar uma arma. Mas as pessoas que ele treinou em Misrata foram ensinadas em três horas. Elas aprendiam não apenas a usar uma arma, mas também a consertá-la quando quebrava e a modificá-la para se adequar a novas situações. Precisavam se virar sozinhas porque não havia oficinas de manutenção. As pessoas tinham iniciativa porque o foco era vencer, não ganhar um salário.

Essa motivação fazia toda a diferença. O segredo do sucesso dos revolucionários, me disse o Sr. Juha, era a vontade de lutar. "Quando a revolução começou, não havia obrigatoriedade de se alistar. Apenas chamávamos nossos amigos e perguntávamos: você quer morrer ou não? Se quer morrer, venha conosco. Se não, vá para casa e fique fora de perigo. Não é um momento para reflexão e discussão. Quem tem o desejo de morrer é capaz de qualquer coisa. Quem não tem, deve ser deixado em paz." Segundo ele, como resultado desse processo de seleção, qualquer um dos civis que se tornaram combatentes nos *kata'ib* (batalhões) de Misrata equivalia a dez soldados profissionais de qualquer exército convencional.

Embora alguns dos detalhes do contexto líbio fossem únicos, a disposição dos revolucionários para lutar e morrer uns pelos outros não era. Por milhares de anos, guerreiros se dispuseram a atos de autossacrifício surpreendentes no campo de batalha, que não são fáceis de explicar do ponto de vista evolutivo. Afinal, não há maneira mais certeira de acabar com a própria linhagem do que morrer antes de se reproduzir. Do ponto de vista evolutivo, organismos deveriam priorizar a própria sobrevivência em detrimento da de outros indivíduos. Mas há, pelo menos, alguns cenários nos quais faria sentido que o comportamento autossacrificial evoluísse. Alguns desses cenários ajudam a explicar a disposição tanto dos guerreiros da Nova Guiné quanto dos revolucionários líbios para lutar e morrer uns pelos outros.

A evolução do comportamento autossacrificial

Uma das explicações evolutivas mais óbvias para o comportamento autossacrificial seria aumentar o sucesso reprodutivo de parentes próximos, mesmo que possa pôr em risco a sobrevivência de um indivíduo em particular.[2] Por exemplo, aves que nidificam no chão são muito vulneráveis a ataques de predadores aéreos. Para proteger os preciosos ovos e seus filhotes fofos, é comum terem que distrair os agressores. Uma estratégia comum é fingir uma asa quebrada, arrastando o membro inerte enquanto se afastam do ninho, permitindo que seus filhotes corram para se esconder. Algumas espécies optam por um método mais simples — gritar e piar para atrair atenção. As mais astutas fingem ser de outra espécie, de preferência uma que seja saborosa para os predadores. Meu exemplo favorito disso é a exibição de distração de um pequeno pássaro australasiano conhecido como fadinha-soberba. Fiel ao seu nome, o macho da espécie tem uma esplêndida coroa azul iridescente, bochecha e parte superior das costas pintadas sobre um fundo preto-azulado; é fácil imaginar por que os colonos europeus os comparavam a fadas. Quando seus filhotes estão ameaçados, essas aves adotam um comportamento estranho no chão, rastejando em movimentos peculiares e piando de uma maneira que — para um predador faminto — parecem um suculento rato.[3] Alguns mamíferos sociais realizam atos de heroísmo igualmente impressionantes por seus irmãos e irmãs, bem como por sua própria prole. Por exemplo, em alcateias de lobos e de leões, os indivíduos também lutam para proteger seus irmãos.

Todos esses comportamentos evoluíram porque aumentam as chances de que os genes do herói sejam transmitidos, se não pelos seus próprios esforços reprodutivos, então por meio do sucesso reprodutivo de seus parentes mais próximos. No entanto, de acordo com Sergey Gavrilets, um físico russo naturalizado norte-americano que se tornou biólogo teórico, existe outra forma pela qual o comportamento autossacrificial poderia evoluir — uma que não requer laços genéticos tão estreitos. Em 2014, Gavrilets fez uma palestra no meu departamento na Universidade de Oxford, na qual descreveu a evolução de uma tendência genética à cooperação em situações de conflito, tanto intra quanto intergrupo. Sua ideia central era que a cooperação entre indivíduos não parentes poderia ser condicionada por *experiências* passadas compartilhadas, em vez de parentesco genético.

Essa ideia me empolgou porque eu já havia desenvolvido uma teoria de que experiências compartilhadas desempenhavam um papel central na psicologia do autossacrifício violento, baseada em minhas observações na Nova Guiné, na Líbia e em outras regiões do mundo — uma teoria que abordaremos em breve. Mas a peça que faltava no quebra-cabeça era como essa psicologia evoluiu. Após a palestra, Gavrilets e eu continuamos conversando, e essa conversa se estendeu pelo meses seguintes. Isso levou ao desenvolvimento de um "modelo baseado em agentes" que poderia ajudar a explicar a evolução do autossacrifício extremo entre tribos guerreiras enfrentando ameaças à sua sobrevivência.[4]

Os modelos baseados em agentes são simulações computacionais de como vários "agentes" — nesse caso, humanos — podem se comportar em um mundo em que diversos parâmetros — como disponibilidade de recursos, competição ou até mesmo condições climáticas — podem variar. Tais modelos podem nos ajudar a explorar como diferentes variáveis e suas interações levam a uma infinidade de resultados observáveis.[5] Nosso modelo foi configurado em um espaço virtual, equivalente a uma região da floresta tropical da Papua-Nova Guiné, povoado por muitos grupos distintos, cada um composto por uma população que poderia gerar descendentes e, assim, aumentar de tamanho, ou sofrer perdas que resultariam na redução do grupo. Nesse cenário, cada grupo enfrentava dois tipos de ameaças externas: grupos inimigos (por exemplo, incursões de vizinhos hostis) e desafios ambientais, como desastres naturais (tais como terremotos, pestes, malária). Ambas as ameaças poderiam resultar na morte prematura dos membros, reduzindo a população e talvez até causando a extinção do grupo como um todo. No entanto, o ponto crucial era que os dois tipos de ameaças não eram idênticos do ponto de vista evolutivo. Qualquer perda na guerra contava como um ganho para os grupos rivais no cenário imaginário, pois aumentava sua força relativa. Por outro lado, as perdas causadas por desastres naturais não beneficiavam de forma automática os grupos rivais (ou pelo menos não na mesma medida).

A todos os indivíduos nesse modelo foi atribuída uma maneira específica de se comportar nessas condições. O primeiro grupo recebeu um par de "genes" que os tornava mais propensos a cooperar quando as coisas estavam indo bem (sucesso na guerra ou um ambiente favorável). O segundo grupo recebeu genes que os tornavam mais propensos a cooperar após uma experiência negativa (derrota na guerra ou um desastre natural). Gavrilets executou muitas simulações desse modelo para ver quais grupos se tornaram mais cooperativos e quais não, diante de mudanças aleatórias na sorte. Os resultados foram impressionantes. Alguns grupos sofreram mais eventos que reduziram o seu sucesso reprodutivo — experiências que impactaram de forma negativa sua capacidade de sobreviver e transmitir seus genes. E foram esses grupos que acabaram sendo mais cooperativos. Além disso, os efeitos positivos na cooperação foram mais intensos quando o sofrimento compartilhado resultou de conflitos entre grupos do que de desastres naturais. Em resumo, o mau desempenho fez o grupo se unir mais.

Esse modelo ajudou a explicar por que o heroísmo em batalha — apesar de suas consequências fatais para o herói — pode ter se incorporado à nossa psicologia evoluída. Demonstrou como o sofrimento compartilhado se tornou um poderoso agente aglutinador, aumentando nossa disposição para defender o grupo, não importa o custo.

Ritual de provação e sofrimento compartilhado

Desvendar os mecanismos psicológicos envolvidos nesse processo levou muitos anos e começou bem antes de eu conhecer Sergey Gavrilets. Na verdade, meu fascínio por esse problema começou na década de 1980, quando fui iniciado na tribo baining, no coração da floresta tropical da Papua-Nova Guiné.

Entre os baining, um indivíduo só é considerado adulto após ser iniciado. Do contrário, entre outros aspectos, ele não teria permissão para usar os trajes sagrados usados nas danças. Portanto, foi um momento de grande orgulho para mim quando dancei pela primeira vez como um homem iniciado, envolto em folhagem e com uma máscara feita de casca de árvore que teriam me deixado irreconhecível se não fosse a pele branca no dorso das minhas mãos. Esse traje era tradicionalmente usado ao realizar atos de violência homicida em um estado de transe, sob o manto do anonimato. No passado, o direito de usar tais trajes era adquirido ao passar por procedimentos angustiantes, que incluíam a inserção de ossos afiados na pele na base da coluna, que então eram usados como ponto de ancoragem para suportar o peso de uma pesada máscara durante horas de dança. Enquanto isso, as cores vivas dos ornamentos de cabeça eram feitas com o sangue de seus usuários, que tinham suas línguas raspadas com uma folha afiada e cuspiam repetidamente até que os trajes reluzissem em vermelho-carmesim.

Embora eu tenha dançado e cantado com orgulho ao lado de meus colegas iniciados, nos dias de hoje, jovens como eu são poupados dos elementos mais dolorosos da iniciação devido à proibição de matar ou ferir imposta pelos líderes do Kivung. Felizmente, isso significou que nunca fui mutilado nos rituais ou obrigado a participar de uma expedição contra os inimigos do grupo. No entanto, no processo de iniciação aos segredos do culto masculino, ouvi descrições vívidas das provações enfrentadas pelos homens mais velhos e não tive dúvidas sobre a natureza traumática do processo. Homens que haviam sofrido juntos dessa maneira tornavam-se guerreiros. E verdadeiros guerreiros podiam contar uns com os outros para se protegerem, não apenas durante incursões audaciosas, mas quando suas comunidades eram atacadas.

Os seres humanos há muito compreendem que o sofrimento compartilhado cria poderosos laços capazes de motivar atos de heroísmo em batalha. Por milênios, grupos de guerreiros exploraram esse fato exigindo que seus recrutas passassem por iniciações traumáticas. Na região do rio Sepik, na Papua-Nova

Guiné, os homens kanigara suportam extensos cortes em sua pele, resultando em cicatrizes permanentes.[6] Em outras partes da Papua-Nova Guiné, meninos e homens solteiros são obrigados a suportar provações igualmente horrendas, que vão desde a perfuração do septo nasal até a inserção de matéria vegetal espinhosa na uretra, devendo criar um arco de sangue ao ser arrancada do pênis.[7] E isso não é exclusivo da Melanésia. Do outro lado do Mar de Arafura e do Mar de Coral, no território australiano, grupos indígenas desenvolveram formas de circuncisão extremamente dolorosas que deformam a aparência do pênis. No entanto, nem todos esses rituais focam a mutilação genital. Mais distante, do outro lado do Oceano Pacífico, os povos das planícies da América do Norte realizavam Danças do Sol com cordas presas aos seus corpos por ganchos espetados sob a pele. Enquanto isso, iniciados amazônicos ainda hoje vestem luvas cheias de furiosas formigas-bala, assim chamadas porque a picada de uma única formiga é tão dolorosa quanto um ferimento de bala e dura horas. E há muitos outros exemplos como esses.[8]

Os antropólogos mostraram que as sociedades mais belicosas do mundo também têm as iniciações mais dolorosas, que costumam deixar cicatrizes permanentes como testemunho de seus sofrimentos.[9] Uma função comum dessas provações agonizantes parece ser proporcionar coesão militar. Os vínculos criados por meio do compartilhamento de rituais dolorosos tornam os participantes mais propensos a apoiar uns aos outros quando estão em apuros e a lutar e morrer por seus companheiros iniciados, se necessário. Encontramos evidências disso ao redor do mundo. Por exemplo, a partir dos meus estudos de iniciação na Papua-Nova Guiné, meus colaboradores e eu voltamos nossa atenção para os efeitos de rituais semelhantes na África Ocidental, onde confrontos violentos pela posse de terras se tornaram uma característica cada vez mais comum nas interações entre pastores e agricultores. Pressões populacionais estão criando uma competição intensa pelo acesso à terra e à água, e as tensões resultantes são exacerbadas pelas mudanças climáticas. Em algumas partes da África (em especial em países como Mali e Nigéria), essas cisões costumam ser exploradas por grupos islâmicos militantes. Mas o que leva os conflitos locais a saírem do controle parece ser menos as condições materiais de uma região específica e mais os tipos de laços que conectam as pessoas às suas identidades tribais e terras ancestrais — e, em particular, o papel dos ritos de iniciação no vínculo grupal.

Essa foi, pelo menos, a descoberta de um estudo realizado por mim e meus colaboradores com 398 participantes da região de Adamawa, em Camarões, próxima à fronteira com a Nigéria — uma região onde milhares foram mortos nesse tipo de confrontos, e muitos mais foram expulsos da área.[10] Nossa pesquisa descobriu que a disposição dos agricultores de lutar e morrer uns pelos outros quando conflitos como esse eclodem estava fortemente relacionada às experiências compartilhadas em aterrorizantes ritos de iniciação na infância. Quando meninos, eles foram levados para um recinto sagrado perto da casa do chefe da tribo e ameaçados por uma figura mascarada que emergia das sombras. Os meninos tentavam fugir em terror, mas seus iniciadores bloqueavam a saída. Quase histéricos de medo, a experiência jamais era esquecida. Embora não sofressem ferimentos físicos (exceto por eventuais feridas autoinfligidas em seus esforços para escapar do recinto), o impacto psicológico era permanente.

No entanto, ritos de iniciação extremos não são exclusivos de guerreiros em sociedades indígenas ou de pequena escala. Por exemplo, entre 1997 e 2006, o grupo de tráfico de drogas de extrema direita conhecido como AUC na Colômbia costumava exigir que novos recrutas realizassem atos ritualizados de tortura, desmembramento e assassinato de prisioneiros, e carregassem as partes decepadas dos corpos consigo o tempo todo.[11] Táticas similares foram usadas pela Frente Revolucionária Unida em Serra Leoa, que exigia que novos recrutas participassem de assassinatos ritualizados, muitas vezes de familiares ou membros da comunidade.[12] Até exércitos convencionais podem infligir torturas físicas e psicológicas a novos recrutas como parte de seu treinamento. Por exemplo, soldados que se alistam na Unidade de Reconhecimento Anfíbio de Taiwan devem passar por uma série de provações extremas, como ser obrigado a rastejar seminu por cinquenta metros sobre corais afiados, realizando exercícios obrigatórios ao longo do caminho que maximizam a dor infligida.[13] Água salgada é jogada nas feridas abertas para intensificar a dor. Participantes que cometem erros ou tentam atalhos são enviados de volta ao ponto de partida para recomeçar o tormento agonizante.

Graças a todas essas diferentes fontes de evidência e muitas outras, a ligação entre rituais envolvendo sofrimento compartilhado, vínculo grupal e heroísmo em batalha está bem estabelecida. Mas como exatamente ela funciona em termos psicológicos? O que há nas provações dolorosas que cria vínculos tão poderosos a ponto de as pessoas estarem dispostas a lutar e morrer umas pelas outras? A resposta parece estar em uma forma notável de alinhamento grupal conhecida como fusão de identidade.

Essência compartilhada e fusão

A fusão de identidade é uma sensação visceral de união com o grupo.[14] Ela ocorre quando a identidade pessoal se "funde" com a identidade de grupo. Se você é um torcedor fanático de futebol, sabe o que isso significa. Pense no estádio do time que você ama. Agora, imagine torcedores bêbados de um time rival vandalizando-o (imagine que esse ato seja tanto maldoso quanto gratuito). Você levaria isso para o lado pessoal? Seria como se alguém tivesse profanado sua própria casa? Se sim, você provavelmente está fusionado ao seu time.

Obviamente, nem todo mundo se funde a um time de futebol. Alguns se fundem a um grupo religioso. Outros à nação. Outros ainda a um grupo étnico. Algumas pessoas se fundem ao coral em que cantam ou ao grupo com o qual saem para baladas. Mas, mesmo que não se fusione a nenhum desses tipos de grupos, você pode ao menos se fundir à sua família. Mais uma vez, imagine que um membro de sua família fosse insultado, ferido ou sequestrado. Até onde você iria para defendê-lo ou resgatá-lo? Nada o deteria? Se sim, então você provavelmente está fusionado à sua família.

Indivíduos fusionados são defensores apaixonados do grupo — não apenas dispostos a cooperar mais com outros membros, mas a fazer o sacrifício máximo para proteger o grupo quando este está sob ameaça.[15] Claro, esse é exatamente o tipo de atitude que você desejaria em um grupo militar — em especial em tempos de guerra. De fato, a fusão é explorada por uma ampla gama de grupos violentos, de gangues de rua a células terroristas e de exércitos convencionais a terroristas suicidas.

O construto de fusão foi inicialmente desenvolvido por uma equipe de psicólogos sociais do Texas e de Madrid, liderada por William B. Swann e Ángel Gómez, respectivamente.[16] Eles basearam o construto em uma medida de "inclusão do outro em si mesmo", usando círculos para representar o "eu" e o "outro" e o grau de sobreposição entre eles para indicar o quanto você considera que o outro está incluído em seu conceito de "eu". O que Swann e Gómez perceberam foi que uma medida pictórica semelhante poderia ser usada para determinar até que ponto as pessoas consideram que sua identidade pessoal está abrangida pela do grupo. Eles criaram uma série de imagens mostrando graus de sobreposição entre um círculo pequeno e um círculo grande. E disseram aos participantes da pesquisa que o círculo pequeno é "você" e o círculo grande é "seu grupo". Qual das seguintes imagens, eles perguntaram, melhor representa a sua relação com o grupo? Aqueles que escolheram a imagem à direita da sequência, na qual o círculo pequeno está completamente abrangido pelo círculo grande, eram considerados fusionados.

Fusionado

Adaptado de: Swann, W. B., Jr, Gómez, Á., Seyle, D. C., Morales, J. F., & Huici, C., "Identity Fusion: The Interplay of Personal and Social Identities in Extreme Group Behaviour", *Journal of Personality and Social Psychology*, v. 96, n. 5, pp. 995—1011 (2009).

Quando me deparei pela primeira vez com essa medida de fusão, ela chamou minha atenção de imediato. Durante anos, eu vinha tentando entender por que as iniciações dolorosas na Papua-Nova Guiné criavam laços tão fortes entre aqueles que as experienciavam juntos. Tinha certeza de que isso estava ligado à forma como as memórias dessas experiências moldavam a identidade pessoal e também como tais memórias influenciavam a maneira como pensamos sobre os grupos envolvidos.[17] Mas o que me faltava era uma forma de medir os efeitos desses processos no vínculo grupal. O construto de fusão de Swann-Gómez parecia ser exatamente o que eu estava procurando.

Depois de muita pesquisa usando o novo construto de fusão, meus colaboradores e eu chegamos a uma teoria testável de como o mecanismo funciona. De acordo com essa teoria, existem pelo menos dois caminhos para a fusão.[18] O primeiro envolve o compartilhamento da essência biológica com outros membros do grupo. Em uma infinidade de sociedades humanas, é comum imaginar que os membros da mesma família compartilham essências hereditárias — concebidas de diversas maneiras tais como compartilhamento de sangue, ossos, essência espiritual e similares. Acreditar que compartilhamos traços biológicos essencializados nos torna mais "fusionados"? Uma das primeiras maneiras que encontramos para testar essa hipótese foi realizando um estudo com gêmeos. Recrutamos 246 gêmeos não idênticos e 260 gêmeos idênticos e perguntamos a cada par o quão "fusionados" eles se sentiam um com o outro. Talvez não seja surpresa que os gêmeos idênticos declararam ser significativamente mais fusionados do que os gêmeos não idênticos.

Mas, mesmo quando não há uma base biológica real para a fusão, os humanos têm uma tendência intrigante de invocar a biologia para explicar seus vínculos grupais. De fato, até mesmo a *percepção* de uma biologia compartilhada pode, em alguns casos, servir de base para a fusão a grandes grupos que compartilham traços físicos relevantes para categorizações raciais — como cor da pele, tipo de cabelo ou características faciais. O poder que atribuímos aos laços biológicos também ajuda a explicar por que pessoas fusionadas costumam se referir a outros membros do grupo usando a linguagem de parentesco. Um nacionalista descrevendo seu país como pátria-mãe ou pátria-pai, homens do mesmo grupo étnico se referindo uns aos outros como irmãos, feministas concebendo a humanidade feminina como uma sororidade, e assim por diante.

É plausível que nossa disposição para fazer sacrifícios pelo grupo tenha evoluído por meio do parentesco biológico, assim como o comportamento heroico da fadinha-soberba. Mas também estávamos interessados em como a fusão ocorria entre pessoas que não compartilhavam laços biológicos — por exemplo, os soldados "fusionados" a uma unidade militar. De acordo com isso, nosso estudo com gêmeos mostrou que, seja qual for a relação biológica (que há muito tempo se sabe impulsionar o heroísmo por meio da seleção de parentesco), a disposição para se sacrificar por um irmão era impulsionada por *experiências* compartilhadas. Isso apoiou nossa intuição de que existiam pelo menos dois caminhos para a fusão — não apenas laços biológicos compartilhados, mas também o sentimento de ter enfrentado em conjunto algo pessoalmente transformador.

É aqui que entram esses laços não genéticos — o time de futebol, a igreja, a pátria. Seus vínculos com esses grupos são em grande parte forjados não por laços sanguíneos (reais ou percebidos), mas por memórias e momentos específicos. Talvez você se lembre de ter ido a um show de rock com seus melhores amigos na adolescência, em que todos se sentiram tocados pelas letras das músicas e conectados uns aos outros de uma maneira que nunca esquecerá. Talvez vocês tenham arriscado serem presos em uma marcha de protesto. Ou talvez tenham sofrido juntos em um evento esportivo quando o time que amavam experienciou uma derrota humilhante em uma final crucial. Se você e seus amigos já passaram por uma experiência desse tipo, é provável que reconheça o caminho das experiências compartilhadas para a fusão. São esses tipos de experiências que nos conectam com tanta intensidade a um time, uma banda ou um grupo de amigos, a ponto de sentirmos que os seguiríamos fielmente até os confins da Terra.

Denominei esse processo para o vínculo grupal de "caminho imagístico", porque gira em torno de imagens mentais associadas a eventos passados que têm uma característica especialmente marcante e significativa.[19] Vínculos nascidos não de laços sanguíneos, mas de imagens poderosas gravadas indelevelmente em nossas memórias.

As origens da fusão

O que está acontecendo em nossas mentes quando nos fusionamos a um grupo? Parte da resposta está na forma como lembramos experiências de vida particularmente transformadoras e refletimos sobre seus significados e consequências. No caso de nossas memórias de eventos de vida muito emocionais, somos inclinados a investir muito esforço refletindo sobre por que as coisas aconteceram de determinada maneira, qual significado elas podem ter naquele momento e mais tarde, como as coisas poderiam ter sido diferentes se esses eventos nunca tivessem ocorrido, e assim por diante. Há muito tempo se reconhece que esses processos desempenham um papel proeminente na maneira como as pessoas pensam sobre provações rituais. Por exemplo, o famoso antropólogo norueguês Fredrik Barth argumentou que as dolorosas iniciações do interior da Nova Guiné faziam com que os participantes não apenas se lembrassem de suas experiências por muitos anos, mas também se envolvessem em prolongadas reflexões sobre o simbolismo e o significado desses eventos, criando o que ele chamou de "redes de conotações" que ligam as memórias e as emoções e exploram as analogias entre várias imagens que elas evocam.

Desenvolvendo essa ideia, passei a me referir a esse processo como o "modo imagístico de religiosidade" — principalmente devido ao foco em imagens poderosas e sua interpretação. Encontrei evidências para isso não apenas nos cultos de iniciação da Nova Guiné, mas em muitos outros tipos de grupos que realizam rituais transformadores ao redor do mundo e ao longo do tempo — desde as visões do Tempo do Sonho dos aborígenes australianos até as jornadas espirituais dos xamãs amazônicos. Em geral, no cerne desse processo imagístico estava uma experiência emocionalmente intensa que perdurava na memória e exigia interpretação. Passei a considerar isso a base para a fusão a membros do grupo não relacionados. Mas, para entender como funcionava, precisávamos desenhar alguns experimentos.

Nosso primeiro objetivo era verificar se de fato havia uma ligação entre a intensidade emocional dos rituais de grupo e a atribuição de significado a essas experiências. Com base nisso, nosso próximo objetivo era estabelecer se esses tipos de experiências imagísticas de fato levavam à fusão de identidade — e, em caso afirmativo, como esse processo funcionava.

Em geral, experimentos psicológicos são conduzidos em laboratórios — salas em campi universitários reservadas para esse fim. No entanto, meus colegas e eu queríamos realizar experimentos controlados sobre os efeitos da participação em rituais que se assemelhassem mais às dolorosas iniciações de grupos guerreiros. Os primeiros rituais artificiais que criamos foram realizados ao ar livre, em um campo arborizado perto da Queen's University, em Belfast, onde eu trabalhava na época. Nós nos propusemos a identificar o efeito do comportamento ritualístico na maneira como os participantes do estudo processavam suas memórias.

Projetamos os rituais com base naqueles que estudei na Papua-Nova Guiné, mesmo que os objetos específicos e os ambientes fossem bastante diferentes daqueles que eu experienciei na floresta tropical.[20] Os estudantes que participaram desses rituais foram divididos em grupos de cerca de quinze participantes — o tamanho aproximado de um grupo típico de iniciação em algumas tribos da Nova Guiné. Ao chegar, eles foram informados de que realizaríamos um ritual de propagação aprendido de um grupo tribal distante. O objetivo do ritual, explicamos, era promover a fertilidade do mundo natural, por exemplo, favorecendo a abundância de animais e alimentos silvestres dos quais o grupo dependia. Além disso, no entanto, dissemos que pouco se sabia sobre o significado do ritual ou se ele era de fato eficaz na promoção da fertilidade. Os participantes foram então conduzidos em uma procissão solene pelo campo, até um local na mata circundante onde alguns tocos de árvores haviam sido dispostos em círculo, e no centro dele algumas folhas secas foram empilhadas. Os estudantes foram instruídos a "lavar" as mãos nas folhas secas. Em seguida, receberam mantos e foram conduzidos a outro local, onde cada um recebeu um longo bastão. Pedimos que quebrassem a ponta do bastão e a jogassem para trás. Depois, eles receberam uma pedra e foram instruídos a triturá-la no chão. Então, o experimentador pediu para que "plantassem suas lanças" (indicando o que restava dos bastões) na terra entre seus pés. Por fim, um por um, cada participante foi conduzido a um buraco no chão, marcado por uma tocha acesa.

À medida que cada participante se aproximava do buraco, um tambor marcava o ritmo. Então, quando eles se ajoelhavam no local do buraco, a batida do tambor parava, e o participante era instruído a colocar a mão dentro do buraco enquanto uma série de encantamentos mágicos era proferida na língua do povo com quem convivi na Papua-Nova Guiné (e que tínhamos certeza de que nenhum dos participantes entenderia). Se já lhe pediram para colocar a mão dentro de um buraco sem saber o que há dentro, então sabe que isso não é uma tarefa fácil. Muitos fizeram careta, puxando a mão com medo antes de tentar de novo. Após completar esse ritual, todos os participantes foram instruídos a atirar seus bastões na mata com o máximo de força que conseguissem e depois retornar ao ponto de saída do campo em fila única.

Todos no estudo seguiram os mesmos procedimentos descritos acima. Mas, como estávamos interessados nos efeitos da intensidade emocional, atribuímos cada estudante a uma das duas condições contrastantes: uma condição de "baixa excitação" e uma condição de "alta excitação". Na condição de baixa excitação, o ritual foi realizado no meio do dia, de maneira descontraída e discreta, minimizando qualquer dramaticidade ou emoção. Na condição de alta excitação, por outro lado, o ritual foi realizado no fim de tarde, ao anoitecer. Além disso, durante a fase em que os participantes se aproximavam do buraco no chão ao som de batidas de tambor, aqueles designados para a condição de alta excitação eram obrigados a usar vendas nos olhos.

Após realizar o ritual, medimos a intensidade emocional da experiência usando uma escala de autorrelato. Em particular, estávamos interessados em saber se diferentes níveis de medo durante o ritual afetariam o quanto os participantes refletiriam sobre o significado da experiência nas semanas seguintes. Medimos isso por meio de questionários em pontos sucessivos no tempo, até dois meses depois da experiência do ritual. Cada participante foi solicitado a relembrar a sequência do ritual e a dizer o que achava que cada etapa significava. Mais tarde, analisamos suas declarações para capturar dois aspectos de riqueza interpretativa. Um focava apenas quanta reflexão era evidenciada em suas respostas — uma simples contagem do número de ações atribuídas a significados. O outro focava o que chamamos de "profundidade analógica" — ou seja, a atribuição de um significado específico à ação, como "triturar a pedra na terra simbolizava o plantio de uma semente".

Em seguida, dividimos os participantes entre os que acharam os rituais emocionalmente intensos e os que não acharam. Para investigar os efeitos disso, pedimos aos participantes que descrevessem o que aconteceu durante o ritual e listassem os pensamentos que tiveram sobre o que cada elemento significava. Então, contabilizamos quantos significados eles haviam extraído (atribuindo pontos extras para profundidade analógica). Descobrimos algo impressionante: aqueles que experimentaram o ritual como mais assustador refletiram com mais profundidade sobre o que havia acontecido, produzindo interpretações simbólicas mais ricas. Esse experimento forneceu as primeiras evidências claras em apoio à nossa hipótese de que refletimos mais sobre experiências rituais compartilhadas com outros e, portanto, as achamos mais significativas se forem emocionalmente intensas. Isso mais tarde se tornaria a pedra fundamental de nossa teoria do caminho imagístico para a fusão — nossa ideia de que é por meio de tais experiências que os participantes de rituais extremos se tornam tão unidos que não hesitam em defender uns aos outros.

No entanto, as teorias na ciência não podem ser consideradas definitivas com base em um único estudo. Descobertas experimentais precisam ser replicadas. E, cada vez que uma replicação é tentada, em geral se aprende algo novo no processo. Em nosso experimento seguinte, queríamos introduzir uma medida mais direta de intensidade emocional baseada em evidências fisiológicas objetivas. Em nosso primeiro estudo, a precisão e a consistência com que os participantes avaliaram a experiência emocional não haviam ficado claras. É possível que alguns estivessem distorcendo a intensidade, seja ao superestimá-la ou subestimá-la. Também queríamos criar uma experiência mais emocionalmente intensa para os participantes. O processo ritual que criamos foi muito mais brando do que os rituais de iniciação reais enfrentados pelos jovens na Papua-Nova Guiné. Assim, embora tenhamos conseguido alcançar diferenças mensuráveis em quão emocionalmente intensa foi a experiência, o extremo superior da escala ainda era muito baixo em comparação com o "real" em uma cultura tradicional. De fato, é provável que andar em uma montanha-russa ou assistir a um bom filme de terror fosse muito mais assustador do que passar por nosso ritual fictício.

Dedicamos muito tempo pensando em como poderíamos melhorar nossas medidas de excitação fisiológica durante as performances rituais, de modo que pudéssemos avaliar a precisão e a consistência de nossas medidas de intensidade emocional autorrelatadas. No final, decidimos que precisávamos medir uma combinação de frequência cardíaca durante a participação, bem como a condutividade elétrica da pele (a chamada "resposta galvânica da pele" ou GSR, na sigla em inglês, usada em experimentos como medida objetiva de excitação emocional — em especial o medo). Picos nessas duas medidas fisiológicas em relação aos dados basais coletados antes do início do ritual nos forneceriam medidas mais objetivas de quão assustados os participantes de fato estavam durante a experiência. O único problema era que isso envolvia o uso de equipamentos que, por volta do ano 2000, época desses estudos, eram bastante grandes e pesados. Eles exigiam que os participantes tivessem fios conectados. Isso não era uma configuração ideal para realizar rituais no campo.

Por fim, voltamos à prancheta e começamos a trabalhar em um novo desenho para nosso ritual fictício. Precisávamos de um ambiente evocativo, capaz de estimular os sentidos de maneiras emocionalmente impactantes — mas que também pudesse acomodar um volumoso equipamento de GSR. Após muito quebrar a cabeça, chegamos a uma solução engenhosa: cavernas. Nas sociedades antigas de caçadores-coletores, nossos ancestrais produziram belas obras de arte nas paredes de cavernas subterrâneas. Arqueólogos argumentam que algumas das imagens foram deliberadamente pintadas em superfícies que só podiam ser vistas da forma pretendida ao rastejar até espaços apertados e contorcer o corpo em posições desconfortáveis. Instrumentos musicais e pegadas espalhadas no chão de cavernas antigas sugerem a realização de rituais em meio às obras de arte, talvez conduzidos à luz de tochas acesas.[21] Combine isso com as estranhas condições de iluminação e acústica desses espaços sinistros e você tem os elementos de um conjunto primitivo, mas bastante eficaz, de efeitos especiais. Nosso objetivo era tentar algo semelhante em um campus universitário moderno. Mas como?

A solução chegou na forma de uma instalação que meus colegas no departamento de musicologia da Queen's University haviam acabado de criar. Eles a chamaram de Centro de Pesquisa em Artes Sonoras (ou SARC, na sigla em inglês).[22] Foi projetada não apenas como um espaço de performance reservável, mas também como um lugar para conduzir experimentos sobre os efeitos da música em nossa psicologia e comportamento. Havia alto-falantes potentes por toda parte, inclusive sob o piso, permitindo que o som fosse projetado de todas as direções. E as paredes eram construídas de materiais que podiam ser movidos para criar diversas alterações na acústica do espaço de performance. Iluminação de palco sofisticada permitia aos usuários criar uma diversidade de efeitos visuais e cores. Isso era o mais próximo que poderíamos chegar de um sistema de cavernas paleolíticas sem de fato entrar em uma.

A questão seguinte foi como criar um ritual adequado nessas amplas instalações cavernosas. Uma restrição que ficou evidente desde o início foi que, para nos permitir conectar os participantes a equipamentos pesados, precisávamos que o ritual fosse realizado de forma individual, em vez de em grupo. Também precisávamos que os participantes tivessem uma das mãos livres para que pudéssemos prender sensores nas pontas dos dedos indicador e médio, conectados ao monitor de GSR. Isso significava que o ritual precisava ser realizado em um ponto fixo e quaisquer ações seriam limitadas ao uso de apenas uma das mãos.

Essas restrições pareciam desafiadoras, mas com o tempo elaboramos um plano de ação razoavelmente semelhante aos rituais do mundo real. Em nossa nova iteração, os participantes sentavam-se em uma cadeira no centro do espaço de performance do SARC. Diante deles havia uma mesa coberta por um tecido de juta, que descrevemos como um "altar". O altar estava decorado com vários itens para serem usados na performance do ritual: uma tigela de óleo, um pequeno pedaço de argila e um colar. Além do altar, havia uma tela na qual as instruções poderiam ser projetadas. Todos os participantes do estudo foram instruídos (por meio das informações projetadas na tela) a realizar certas ações em sequência. Para começar, eles tinham que mergulhar um dedo no óleo e esfregá-lo na testa e no pescoço. Depois, tinham que recitar um cântico enquanto desenhavam um triângulo imaginário em torno do colar antes de vesti-lo. Uma música foi tocada e os participantes foram solicitados a se concentrar em um ponto na tela. Enquanto isso, um homem em um casaco de pele, parecendo um grande animal, entrou na sala carregando uma pequena caixa. Ele caminhou até o altar e colocou a caixa sobre ele. A música parou. Então, o homem sacudiu um chocalho e saiu. Após sua partida, o som de tambores ecoou pelos alto-falantes. Os participantes foram solicitados a retirar uma pedra preta lisa da caixa e, em seguida, envolver a argila ao redor da pedra e colocar o embrulho de volta na caixa. Depois, foram solicitados a remover o colar do pescoço e guardá-lo na caixa.

Assim como no "ritual de propagação" anterior, o objetivo desse novo "ritual do altar" era medir os efeitos da intensidade emocional na quantidade de reflexão posterior sobre o significado da experiência. Nesse sentido, fomos ajudados pelo fato de que a maioria dos estudantes participantes desse experimento deve ter achado o ambiente de alta tecnologia do espaço de performance de artes sonoras um tanto bizarro desde o início. Acrescente a isso a estranheza de estar conectado a máquinas e a presença de um estranho coberto de peles, sacudindo um chocalho, e poderíamos ter confiança de que as experiências seriam pelo menos um tanto imagísticas. No entanto, para de fato causar uma impressão, queríamos ir muito além disso. Dessa vez, na versão emocionalmente intensa de "alta excitação" do ritual, começamos substituindo as luzes do ambiente por uma iluminação vermelha mais ameaçadora. Para aumentar a dramaticidade em torno da chegada do homem de casaco de pele, fizemos com que ele passasse por trás de cada participante enquanto sacudia seu chocalho; eles saberiam que ele estava lá, mas não conseguiriam vê-lo. Além disso, a caixa contendo a pedra foi lacrada para que os participantes não pudessem ver seu interior e tivessem que enfiar a mão por um buraco na lateral sem saber o que seus dedos poderiam encontrar. E, para ter certeza absoluta de que o impacto emocional seria maior nessa condição, os tambores tocados durante o procedimento eram muito altos e aumentavam de compasso de forma gradual, aproveitando ao máximo os efeitos acústicos que o SARC poderia proporcionar, projetando som de todas as direções. Todos esses elementos foram removidos ou bastante reduzidos na condição de "baixa excitação": por exemplo, as luzes foram apenas amenizadas, em vez de apagadas, a música foi tocada em um volume mais baixo, o homem de casaco de pele permaneceu visível e a caixa estava aberta para que os participantes pudessem ver o que ela continha.

Descobrimos que essas diferenças entre as condições de alta e baixa excitação tiveram o efeito desejado nos níveis autorrelatados de intensidade emocional. O mais importante, porém, agora tínhamos medidas fisiológicas mais objetivas que confirmaram essas autoavaliações, mostrando que a frequência cardíaca e a GSR de fato aumentaram de maneiras que se correlacionavam com as descrições de como as pessoas se sentiam em vários momentos do ritual. Como antes, classificamos as pessoas em grupos exibindo alta e baixa excitação — e então perguntamos a elas o quanto refletiram sobre o significado de suas experiências no mês seguinte. E usamos os mesmos métodos de antes para medir os efeitos da experiência na reflexão subsequente e na criação de significado. Mais uma vez, os resultados foram bastante claros: aqueles cujas experiências no ritual do altar foram mais emocionalmente intensas também refletiram mais e com mais profundidade depois.

Essas descobertas constituíram um grande avanço no entendimento dos efeitos da participação em rituais imagísticos. Mas, por mais interessantes que fossem, esses resultados não eram, por si só, o assunto que mais me interessava estudar. Lembre-se, meu modelo sugeria que a intensidade emocional não era importante em si mesma — mas por contribuir para o *vínculo grupal*. Tendo mostrado que experiências emocionalmente intensas levaram a mais autorreflexão, agora precisávamos estabelecer se essa autorreflexão estava associada a níveis mais altos de coesão no grupo e à disposição para lutar e morrer por outros membros quando ameaçados. Nesse contexto, a ideia de fusão de identidade foi um divisor de águas.

Assim que o construto de fusão foi desenvolvido, começamos a projetar uma infinidade de novos estudos que nos permitiriam medir o impacto da emoção compartilhada e da criação de significado na coesão e no autossacrifício pelo grupo. Um dos nossos primeiros estudos usando as novas medidas de fusão avaliou uma amostra de duzentas pessoas de ambos os lados da divisão sectária na Irlanda do Norte — que haviam enfrentado experiências negativas compartilhadas como resultado dos conflitos que dividiram católicos e protestantes na região.[23] Primeiro, pedimos aos participantes que considerassem uma lista dos tipos mais comuns de ofensas sectárias (ser insultado verbalmente, humilhado em público, ter sua propriedade danificada etc.) e perguntamos quais eles haviam experienciado, além de com que frequência e gravidade sentiam que haviam sofrido — seja física ou emocionalmente — como resultado. Assim como nos experimentos anteriores com rituais fictícios, queríamos saber sobre os efeitos das experiências angustiantes na reflexão subsequente. Então, perguntamos aos participantes com que frequência haviam pensado nessas experiências em uma escala de um a seis, com respostas como "Pensei um pouco sobre elas" em uma extremidade e "Passei muitos anos refletindo sobre elas" na outra. Por fim, perguntamos a cada participante o quanto se sentia fusionado ao seu "lado" do conflito, seja dos católicos republicanos ou dos unionistas protestantes.

O que descobrimos foi que tanto protestantes quanto católicos que afirmaram ter passado por episódios mais angustiantes como resultado dos conflitos acabaram refletindo mais sobre suas experiências negativas, conforme medido pelo questionário mencionado. O mesmo ocorreu com aqueles cujo sofrimento foi mais intenso. Em outras palavras, *todas* as nossas medidas de sofrimento compartilhado resultante da violência sectária estavam associadas a níveis mais elevados de reflexão. Isso se alinhava com nossas pesquisas anteriores. A questão crucial, no entanto, era como esses resultados se relacionavam com a fusão de identidade. E aqui também nossa hipótese foi confirmada. Descobrimos que quanto mais os participantes de nossa pesquisa refletiam sobre suas experiências de sofrimento compartilhado durante os conflitos sectários, mais fusionados eles estavam ao seu "lado". O processo de reflexão parecia desempenhar um papel crucial na jornada rumo à fusão de identidade.

Em conjunto, esses experimentos representaram uma descoberta impactante. Sugeriram que experiências emocionalmente intensas podem nos transformar como pessoas e, ao compartilhar essas experiências de autodefinição com outros, nossas identidades pessoais e de grupo se fundem. As evidências estavam se acumulando: memórias de experiências compartilhadas e emocionalmente intensas de fato levam a uma forma muito poderosa de vínculo grupal.

No entanto, sabíamos que essas evidências por si só não eram suficientes para provar nossa teoria sobre o "caminho imagístico" para a fusão com base em memórias compartilhadas. Percebemos que seriam necessários muitos estudos replicando essas descobertas em uma variedade de populações antes de nos sentirmos confiantes de que tínhamos acertado. Nosso grupo de pesquisa, portanto, prosseguiu explorando a relação entre sofrimento compartilhado, reflexão e fusão de identidade com muitos grupos diferentes — desde soldados na linha de frente,[24] torcedores de futebol cujos times perdem jogos cruciais,[25] muçulmanos radicalizados por atrocidades mostradas na mídia[26] até amantes dos animais chocados com a crueldade da caça esportiva.[27] Em um estudo, Tara Tasuji, uma de minhas alunas de doutorado, propôs explorar os efeitos de uma das experiências mais intensas de todas: o parto. Em uma pesquisa com 164 mães, demonstramos que a fusão a outras mães aumentou significativamente após o parto.[28] A ruminação subsequente sobre as experiências de parto (assim como a reflexão sobre os conflitos sectários na Irlanda do Norte) levou a níveis mais altos de fusão a outras pessoas que também haviam sofrido de maneira semelhante.

Como resultado, agora temos um entendimento muito melhor de como as pessoas se fundem a seus grupos. Tudo se resume a sentimentos de essência compartilhada. Essa essência pode estar embasada em uma substância biológica percebida — por exemplo, sangue, ossos ou (hoje em dia) genes compartilhados entre pessoas com um ancestral comum. Mas, o mais intrigante, pode estar enraizada em uma memória poderosa que é essencial para nossas identidades grupais — como uma experiência traumática que mudou nossa vida e passou a definir "nós" como grupo.

Lutar e morrer pelo grupo

Tendo alcançado um entendimento mais completo de como as pessoas se fundem a grupos, a questão seguinte foi como isso afeta seu comportamento —

em particular, sua disposição para arriscar a vida e a integridade física para proteger o grupo. A princípio, nossas ideias sobre as consequências da fusão de identidade eram baseadas em cenários hipotéticos nos quais medíamos a disposição das pessoas para endossar comportamentos autossacrificiais. Basicamente, estávamos perguntando às pessoas o que fariam se algum dia se deparassem com um cenário extremo no qual a maneira mais eficaz de defender os outros no grupo fosse sacrificar a própria vida. Mas o que as pessoas dizem que fariam e o que de fato fariam quando confrontadas com tais dilemas não são necessariamente a mesma coisa. Precisávamos encontrar uma situação em que os riscos fossem reais. Foi isso que me levou ao Sr. Juha, líder rebelde líbio, em Misrata em 2011.

Depois de convencer o Sr. Juha de que eu conhecia Misrata antes do início da Primavera Árabe, pedi a ele um exemplo de heroísmo. Em uma sala cheia de pessoas que haviam perdido dezenas de seus amigos mais próximos em combate na linha de frente, com certeza essa era uma pergunta perigosa. Mas ele não hesitou. O Sr. Juha me encarou com seus penetrantes olhos azuis através de uma espessa nuvem de fumaça de cigarro e perguntou se eu tinha ouvido falar do menino na rua Tripoli. Eu não tinha. Ao que parece, quase ninguém fora de Misrata conhecia essa história — nem mesmo muitos dos ávidos jornalistas da Al Jazeera.

"Os tanques estavam avançando pela rua Tripoli e havia uma bandeira na parte de trás de um tanque. Um garoto, talvez com 14 ou 15 anos, subiu nesse tanque enquanto estava em movimento", disse. "Por quê? Apenas para remover a bandeira verde e colocar outra. A bandeira revolucionária."

"Apenas uma bandeira?", perguntei.

"Sim, apenas a bandeira."

O menino esperava ser morto, explicou o Sr. Juha. E foi.

É muito provável que o menino estivesse fusionado a seus companheiros revolucionários. Desde que o conceito de fusão foi desenvolvido pela primeira vez, inúmeros estudos mostraram que fundir-se a outros prediz a disposição para lutar e morrer pelo grupo mais do que quaisquer medidas previamente estabelecidas de coesão grupal, em especial quando a atenção das pessoas está focada em suas identidades pessoais ou grupais.[29] Estudos também demonstraram que aumentar a ação dos participantes, ao fazê-los se envolver em formas de exercício que elevam a frequência cardíaca e outras funções autonômicas, amplifica ainda mais os efeitos da fusão na disposição para lutar e morrer pelo grupo.[30] Isso faz sentido teórico porque a fusão das identidades pessoal e grupal implica que amplificar a saliência de qualquer uma delas deveria aumentar os efeitos da fusão no comportamento. Uma limitação óbvia de tais medidas, no entanto, é que é relativamente fácil optar pelas pontuações mais altas em uma escala que expressa a intensidade dos sentimentos ou a disposição para se engajar em comportamentos autossacrificiais de forma abstrata. Talvez nos sentiríamos de maneira diferente se confrontados com decisões de vida ou morte mais concretas.

Para tornar tais decisões um pouco mais realistas, os pesquisadores recorreram a versões intergrupais do famoso "problema do bonde", experimentos mentais nos quais os participantes são instruídos a imaginar um veículo em uma via (o "bonde") em direção a uma situação desastrosa, em geral uma na qual pessoas inocentes morrerão a menos que o participante esteja disposto a tomar alguma ação para evitá-la. No entanto, geralmente há um dilema ético. Por exemplo, ao agir para salvar a vida de algumas pessoas, outras inevitavelmente serão mortas.[31] Pesquisadores sobre fusão de identidade logo perceberam que tais questões ofereciam uma maneira simples de explorar até que ponto as pessoas estariam dispostas a defender o grupo. Por exemplo, alguns estudos mostraram que quanto mais fusionado o participante está, mais disposto estaria a se jogar para a morte para evitar que um bonde desgovernado matasse membros do grupo. Ainda mais impressionante, participantes do estudo com alto grau de fusão eram mais propensos a evitar que um membro do grupo realizasse um ato de autossacrifício para salvar os outros. Estavam preparados para morrer de forma heroica em seu lugar, salvando, assim, a vida de ainda mais membros do grupo.

Para alguns de nós, no entanto, esses experimentos ainda pareciam um pouco abstratos demais. De fato, uma limitação de muitos estudos sobre fusão é que não conseguimos saber se a *aceitação* do autossacrifício, mesmo em relação a problemas concretos como o dilema do bonde, se traduziria em comportamentos *reais* de luta e morte no mundo real. Isso não significa que os participantes desses estudos não sejam sinceros; apenas reconhece que sentir que você estaria disposto a se jogar na frente de um bonde em alta velocidade na teoria é muito diferente de fazê-lo na prática. É claro, não é fácil conduzir estudos empíricos sobre esse tema. Além do mais, as pessoas que demonstraram de forma mais convincente sua disposição para se sacrificar pelo grupo já estão mortas e, portanto, não podem ser entrevistadas.

Foi assim que acabei em Misrata, Líbia, em 2011. Lá foi possível recrutar um grande número de participantes de pesquisa que já haviam demonstrado sua disposição para morrer uns pelos outros de maneiras incontestáveis. O propósito da minha visita não era apenas conversar com os líderes da revolução, mas obter sua permissão para conduzir uma pesquisa com os combatentes sob seu comando. Nosso objetivo era medir os níveis de fusão e tentar entender o que motivava os insurgentes a sacrificar suas vidas uns pelos outros.

O resultado foi uma pesquisa na qual medimos os níveis de fusão com a família, com os companheiros do próprio batalhão, com combatentes de outros batalhões e com apoiadores da revolução que não participaram de forma direta do combate.[32] Os resultados foram mais impressionantes do que os de qualquer estudo de fusão que tínhamos realizado até então. Para começar, encontramos os níveis mais altos de fusão registrados até o momento — tanto com a família quanto com os companheiros combatentes, os escores de fusão estavam no máximo em todos os aspectos. Em contrapartida, os combatentes não estavam fusionados com meros apoiadores da revolução — aqueles que estavam do mesmo lado ideológico, mas que não vivenciaram as experiências compartilhadas de sofrimento que os combatentes e suas famílias haviam enfrentado nos meses anteriores à pesquisa. Apenas apoiar o mesmo lado ou compartilhar as mesmas crenças não era suficiente para promover a fusão. O que uniu os líbios em 2011 foi a experiência compartilhada de ser alvo de ataques e lutar juntos para reagir.

Mas havia mais. Queríamos descobrir se as formas mais intensas de sofrimento experimentadas durante a revolução prediziam os níveis mais elevados de fusão e autossacrifício. Essa parte era difícil, pois todos os 179 revolucionários entrevistados haviam enfrentado intenso sofrimento, assim como suas famílias, e todos estavam tão fusionados quanto é possível, de acordo com nossa medida pictórica padrão. Assim, adicionamos uma inovação à nossa abordagem: uma pergunta de escolha forçada. Perguntamos aos combatentes qual dos grupos com os quais estavam mais fusionados escolheriam se só pudessem nomear um. Será que esses combatentes eram mais fusionados a suas famílias ou a seus camaradas revolucionários?

Essa pergunta revelou uma diferença marcante entre duas categorias de revolucionários. Os provedores de suporte logístico dentro dos batalhões eram mais propensos a escolher seus irmãos de sangue em vez de seus camaradas de armas. Em contraste, os membros dos batalhões revolucionários — aqueles que lutaram na linha de frente — eram mais propensos a escolher seus camaradas. Sentiam-se mais fusionados com seus companheiros combatentes do que com o próprio sangue.

Foi um resultado notável. Descobrimos que a fusão "imagística" — aquela enraizada em experiências compartilhadas — não é apenas mais uma maneira de se sentir *como* família. Na verdade, em períodos de violência intensa, pode ser até *mais forte* do que laços de parentesco biológico. E, nos anos que se seguiram, as evidências só aumentaram. Como resultado dessas pesquisas, agora sabemos que a fusão ajuda a motivar formas extremas de autossacrifício ao redor do mundo — não apenas por membros de nossa família, mas também por aqueles que compartilham nossas experiências mais definidoras. Meus colaboradores e eu encontramos os mesmos padrões repetidos não apenas entre revolucionários na Líbia, mas também entre homens em vilarejos da África Ocidental que passaram por iniciações aterrorizantes, soldados norte-americanos que experimentaram os horrores do combate no Vietnã e no Iraque, e até mesmo torcedores de futebol que compartilharam os reveses da derrota em estádios.[33] Agora sabemos também que os laços de irmandade estão ligados à disposição de lutar e morrer por outros,[34] e que sentimentos de fusão e parentesco juntos nos tornam mais dispostos a fazer sacrifícios por membros do grupo sem parentesco.[35]

Avançamos muito desde os primeiros indícios de que experiências desagradáveis podem fundamentar o vínculo grupal. De fato, descobrimos que não apenas a biologia, mas também experiências compartilhadas podem contribuir para a fusão de identidade e, por sua vez, motivar uma disposição para engajar-se em formas extremas de ação pró-grupo. Visto sob essa perspectiva, não é surpreendente descobrir que os grupos militares sempre exploraram ambos os conceitos. Eles criam uma forte sensação de que seus guerreiros estão de alguma forma geneticamente relacionados, enfatizando suas semelhanças físicas — fazendo com que pareçam o mais similar possível e os fazendo marchar e desfilar em sincronia. Mas também criam um senso de "irmandade" ao submeter seus guerreiros a formas extremas de experiências compartilhadas — não apenas no campo de batalha, mas por meio das agonias da iniciação, dos campos de treinamento e de várias formas de humilhação ritualizada. Nesse processo, eles canalizam uma das forças mais poderosas do mundo para fins militares. O caminho imagístico para a fusão: criando laços mais fortes do que o sangue.

Um exemplo significativo de autossacrifício é a história do tenente John Fox da 92ª Divisão de Infantaria dos EUA. Nos últimos meses da Segunda Guerra Mundial, em dezembro de 1944, Fox se voluntariou para ficar para trás como observador em uma vila italiana depois que as tropas norte-americanas foram forçadas a recuar diante do avanço das forças alemãs. Do seu ponto de observação no segundo andar de uma casa, Fox transmitiu por rádio detalhes sobre a localização das tropas alemãs no solo, ordenando fogo de artilharia em alvos estratégicos. Um desses alvos era a própria posição. Do outro lado dessa ordem estava seu amigo próximo, o tenente Otis Zachary, que pensou que Fox deveria ter dado a ordem por engano. Mas Fox insistiu que seguissem adiante. As últimas palavras de Fox antes de ser morto no bombardeio foram: "Disparem! Eles estão em maior número. Mandem todos pro inferno!"[36]

Embora possamos nos admirar com uma fadinha-soberba fingindo ser um delicioso rato para distrair um predador, é provável que muitos de nós fariam algo semelhante para defender a prole. Isso pode ser facilmente explicado do ponto de vista evolutivo. O que é mais difícil de explicar é por que arriscaríamos a vida por indivíduos sem vínculos genéticos. No entanto, assim como John Fox, os humanos fazem isso repetidamente em situações extremas. As pessoas costumam associar atos de extremo autossacrifício a mártires islâmicos no Oriente Médio, Paquistão e Sudeste Asiático. Mas o fenômeno é na verdade muito mais antigo e disseminado. Ao longo da história registrada, as pessoas lutaram por seus grupos sabendo que corriam o risco de morrer no processo e, em alguns casos, com a certeza de que morreriam de maneira violenta. Sentimentos de parentesco muitas vezes desempenham um papel, incluindo a linguagem de "irmandade" que todos no fundo sabem ser apenas ficção. Mas há outra explicação: um sentimento de que aquilo que faz você ser você e aquilo que faz eu ser eu são a mesma coisa. A sensação de que temos uma essência compartilhada — enraizada em experiências que nos definem pessoalmente, mas que também são essenciais para o grupo. Dessa forma, nos tornamos mais do que apenas vizinhos — nos tornamos uma *tribo.*

Neste capítulo, vimos como as formas mais extremas de tribalismo, incluindo a disposição para lutar e morrer para proteger outros membros do grupo, estão associadas a uma forma especialmente intensa de vínculo grupal

— na qual identidades pessoais e grupais se fundem. Nossa pesquisa sobre fusão nos levou a entrevistar não apenas guerreiros empedernidos pelo combate, mas também mães que passaram por partos traumáticos e torcedores de times de futebol que enfrentam dolorosas derrotas. Como resultado, agora podemos explicar com alguma confiança quando e por que as pessoas se fundem ao grupo, e até que ponto elas iriam para proteger os interesses de seu grupo.

Assim, chegamos a um ponto muito interessante no estudo da natureza humana. Ao longo dos três primeiros capítulos, apresentei evidências de três vieses naturais que sustentam grande parte do comportamento social humano: a tendência de copiar nossos pares, a crença em forças sobrenaturais e o vínculo grupal. Mas tudo isso levanta uma questão. Se esses vieses são um traço universal da experiência humana, que impacto tiveram em nossa história coletiva? É no papel desses vieses naturais na formação do mundo não natural que habitamos — desde a religião organizada até o Estado-nação — em que vamos nos concentrar agora.

Parte Dois

Natureza Estendida

Capítulo 4

Exacerbando a Conformidade

Göbekli Tepe, situado no sudeste da Anatólia, na Turquia, é uma série de aglomerados de monólitos em forma de T, semelhantes a Stonehenge — cada um em formato de um gigante sem cabeça. Mas, enquanto Stonehenge foi construído por volta de 2000 a 3000 A.E.C., essas pedras foram esculpidas muito, muito antes — cerca de 12 mil anos atrás. O esforço humano envolvido é impressionante. Ninguém sabe como foi feito sem retroescavadeiras, guinchos, guindastes ou mesmo ferramentas de aço. E ninguém sabe por quê. O que inspirou antigos coletores a levar sua tecnologia da Idade da Pedra ao limite, cortando pedras de vinte toneladas da encosta e esculpindo belas imagens?

Quando cheguei pela primeira vez a Göbekli Tepe, encontrei os monumentos parcialmente escavados no topo de uma colina, com vista para uma paisagem árida e plana, exceto no horizonte, onde as colinas se erguiam majestosas através da névoa. Tentei imaginar como seria 12 mil anos antes. Conseguia visualizar campos de trigo selvagem até onde a vista alcançava, árvores carregadas de nozes e frutas silvestres, e rebanhos de gazelas selvagens. No entanto, naquele momento, eu estava cercado por cientistas com chapéus de abas largas e lenços na cabeça, perambulando ou espiando as escavações. Alguns faziam fotos, outros discutiam ruidosamente sobre algum ponto de discordância acadêmica, e outros se agrupavam em torno de um dos arqueólogos que trabalhavam no local, fazendo palestras improvisadas.

Perambulei pela multidão, ouvindo as conversas. Um dos arqueólogos havia pegado um pedaço de rocha do tamanho de um charuto e estava dizendo a um pequeno grupo de ouvintes atentos que se tratava de uma lâmina naviforme PPNB (Neolítico Pré-Cerâmica B), indicando que tinha o formato aproximado de um barco e havia sido feita durante uma fase do Neolítico antes da invenção da cerâmica. Objetos inestimáveis como esse estavam espalhados aos nossos pés, em meio aos escombros. Continuei andando e passei por dois arqueólogos proeminentes que discutiam se a estela se assemelhava aos totens do Noroeste do Pacífico. E então avistei Klaus Schmidt, líder das escavações, usando uma boina e um lenço de algodão leve que esvoaçava ao sabor da brisa. Ele estava cercado por uma multidão de ouvintes ávidos. Fui me juntar a eles.

Schmidt estava apontando para um dos grandes monólitos em forma de T. Estávamos rodeados por monumentos semelhantes, cada um com a forma aproximada de uma pessoa gigante, com braços dobrados na altura dos cotovelos. Schmidt estava chamando a atenção das pessoas para a parte da estela onde estariam os genitais, não fosse pelo fato de que havia um objeto semelhante a um cinto esculpido nela. Embora não possamos ver um pênis, anunciou ele, podemos inferir pelo cinto — um adorno corporal masculino — que a figura era masculina. Ao me aproximar, pude ver que o monumento estava ricamente decorado com relevos de raposas, touros, abutres, aranhas e inúmeras outras espécies de fauna conhecidas por terem vagado, rastejado e voado na paisagem do final do Pleistoceno ou início do Holoceno. Igualmente impressionantes, no entanto, eram as imagens *não* gravadas nas pedras. Embora esses complexos povos coletores estivessem apenas começando a cultivar, não havia plantas representadas em Göbekli. E, com exceção de uma escultura de um esqueleto sem cabeça e a estranha antropomorfização de cada monólito como um todo, figuras humanas eram raras. Esses mestres escultores eram muito interessados em animais.

Apesar da controvérsia sobre o significado de Göbekli, estava surgindo um consenso entre os arqueólogos de que aquele era um centro ritual de enorme importância. No entanto, por que os povos antigos precisavam dele e o que ele significava continuam sendo um mistério. Eu estava lá como parte de uma equipe diversificada de cientistas que havia sido convidada a ajudar a resolvê-lo. Minha melhor suposição remetia ao cerne da mentalidade ritual, uma força nas questões humanas que parece tão vasta, arcaica e obscura quanto as pedras de Göbekli Tepe. Então, vamos escavar.

A arqueologia em Göbekli Tepe representa os primeiros indícios de uma revolução na escala das sociedades humanas há cerca de 10 mil a 12 mil anos. Naquela época, havia apenas cerca de 5 milhões de seres humanos em todo o planeta — uma fração do número de pessoas que vivem em muitas grandes cidades hoje. Não apenas a população total da humanidade era minúscula em comparação com os bilhões de pessoas que hoje povoam a Terra, mas os grupos aos quais nossos ancestrais pertenciam eram insignificantes comparados aos Estados modernos. Até cerca de 12 mil anos atrás, todos os humanos viviam forrageando alimentos silvestres — coletando plantas comestíveis, frutas, nozes e sementes e recolhendo ou caçando animais selvagens. Isso significava estar em constante movimento, mudando de acampamento em busca de novos recursos. Em muitos ambientes, é provável que esse modo de subsistência sustentasse bandos de caçadores-coletores que contavam com algumas dezenas de indivíduos, no máximo.

Ao contrário de muitos outros primatas que forrageiam em pequenos grupos, os bandos humanos de caçadores-coletores com frequência interagiam de forma cooperativa com outros, trocando bens e talvez unindo forças em determinados métodos de caça ou para expulsar intrusos indesejados. Uma teoria é que essas formas de cooperação teriam sido mais prevalentes entre membros de grupos culturais semelhantes, que falavam línguas mutuamente inteligíveis. Mas outra teoria é que não havia fronteiras étnicas ou linguísticas claras entre os bandos de caçadores-coletores.[1] Claro, ambas as teorias podem estar corretas; devemos ter cuidado ao supor uma visão "única" das suas tradições culturais e relações intergrupais. No entanto, podemos ter certeza de que as pessoas que viviam nessas sociedades antigas teriam uma visão muito mais paroquiana da humanidade do que a maioria de nós hoje. Para os caçadores-coletores antigos, a comunidade mais relevante para a vida cotidiana teria apenas algumas dezenas de membros. E mesmo a rede maior de pessoas que você poderia encontrar ao longo da vida consistiria quase na totalidade de pessoas que você encontrava repetidas vezes — permitindo que você associasse um nome a um rosto ou soubesse quem era parente de quem.

Em alguns locais, no entanto, as comunidades experimentavam um influxo periódico de visitantes — talvez centenas deles — durante momentos-chave do ciclo ritual. Um desses lugares era Göbekli Tepe. É provável que a população em Göbekli aumentasse quando havia abundância de alimentos. A teoria é que, durante o final do verão e o outono, quando rebanhos de gazelas passavam pela região, grupos distintos poderiam se reunir nesse local sagrado como uma tradição anual — talvez caçando de forma cooperativa e compartilhando a recompensa em banquetes comunitários.[2] Parece plausível que os antigos caçadores-coletores da Ásia Ocidental se juntassem em pequenos grupos, ligados por laços de parentesco e casamento e pelos rituais sagrados de inúmeras tradições locais. Göbekli fornece uma janela para o florescimento dessa civilização culturalmente rica e sua imagética.

Mas então, cerca de 10 mil anos atrás, as pessoas pararam de construir os grandes monólitos em Göbekli e o local foi abandonado. As comunidades agrícolas que se espalharam pelas terras outrora ocupadas pelos criadores dos monólitos de Göbekli estavam agora celebrando seu domínio recém-descoberto sobre o mundo natural. Elas faziam isso com uma explosão de novas artes e tecnologias, desde cerâmicas decorativas até casas de dois andares. Os grandes banquetes festivos que reuniam grupos culturais distintos desapareceram. Em vez disso, encontramos sinais de uma cultura regional mais homogênea; cada vez mais elaborada, mas sem a reverência pela natureza dos caçadores-coletores em Göbekli. Com o tempo, todos esqueceram os monumentos que haviam erguido com tanto esmero, e tudo o que restou foi uma colina castigada pelo sol, onde as pedras enterradas permaneceram intocadas por milênios, como túmulos sem identificação.

Este capítulo trata das formas como novos tipos de rituais surgiram pela primeira vez para apoiar a cooperação em grupos culturais maiores — e como isso deu origem a sociedades cada vez mais complexas, como as que emergiram de forma gradual após o abandono de Göbekli Tepe. Aumentos no tamanho da população correlacionam-se estreitamente com o que os cientistas sociais chamam de "complexidade social". À medida que os assentamentos crescem e se tornam mais densos, eles precisam desenvolver maneiras cada vez mais sofisticadas de gerenciar recursos, tal como terras para construir ou cultivar e acesso comunitário ao abastecimento de água. Estar aglomerado em assentamentos maiores e mais densamente povoados exige novas formas de resolver disputas, defender-se contra inimigos externos, coordenar a construção de obras públicas e assim por diante. As instituições que evoluem para gerir tais problemas tendem a se tornar mais elaboradas ao longo do tempo — um processo que leva a papéis mais especializados, regras e normas mais padronizadas e, com o tempo, sistemas de governança mais centralizados e hierárquicos. Todas essas inovações são aspectos do aumento da complexidade social.

O primeiro passo na evolução dessa complexidade foi a criação de grupos sociais maiores, organizados em torno de planejamento coletivo e cooperação em longo prazo. Podemos rastrear o início desses processos ao período após o abandono de Göbekli Tepe. Cerca de dez milênios atrás, as primeiras técnicas agrícolas do mundo estavam se espalhando — começando no Crescente Fértil, no Oriente Médio, e depois surgindo de forma independente em regiões como a China e a América do Sul. Mais tarde, a agricultura seria inventada em pelo menos onze locais diferentes ao redor do mundo, em diferentes momentos. Esses desenvolvimentos parecem ter sido acompanhados por uma transição fundamental nos rituais. À medida que os grupos se estabeleciam e se tornavam cada vez mais dependentes da agricultura, os rituais se tornaram mais frequentes e mudaram de forma — e isso, por sua vez, ajudou os grupos culturais a crescer e se espalhar.

Esse processo estava enraizado no viés de conformidade que descrevi no Capítulo 1. Lembre-se de que a tendência humana de superimitar costuma ser motivada pela postura ritual: nossa tendência de copiar os comportamentos dos outros, mesmo quando se presume que eles carecem de uma justificativa instrumental conhecida. Neste capítulo, veremos como esse impulso para conformidade foi aproveitado e estendido durante a transição para a agricultura para construir comunidades de escala muito maior, de tal forma que a abordagem do ritual que herdamos hoje difere muito da de nossos antepassados paleolíticos. Mas esse não é um processo fácil de desvendar. Compreender como a vida ritual estava mudando nas sociedades que começaram a se dedicar ao cultivo e à gradativa domesticação de animais selvagens apresenta muitos desafios. Exige que olhemos além das evidências instigantes e fragmentadas da arqueologia, e nos baseemos também na diversidade das culturas humanas observadas hoje, levando em consideração o que os psicólogos podem nos dizer sobre a maneira como os humanos pensam e se comportam em resposta a estímulos ambientais bem conhecidos.

É uma história de detetive na qual devemos usar todas as nossas habilidades investigativas. Devemos considerar não apenas as evidências a serem extraídas da própria cena do crime, mas também nosso conhecimento de casos análogos, causas prováveis e vieses naturais que moldam o comportamento humano.

Rituais, rotinas e os primeiros grandes grupos

Durante a transição da coleta para a agricultura na região ao redor de Urfa, onde Göbekli Tepe está localizado, os arqueólogos não têm certeza sobre a natureza dos grupos aos quais as pessoas pertenciam. Quando os grupos se reuniam em locais sagrados, formavam uma única comunidade ou essas reuniões eram compostas por tribos rivais, com alinhamentos grupais distintos? É possível, por exemplo, que cada uma das poderosas pedras erguidas em Göbekli servisse como um totem para um grupo diferente, cada um associado a seu próprio deus ou fundador ancestral, e que o próprio ato de construir monólitos pudesse ter sido realizado de forma competitiva — cada tribo buscando superar as outras em demonstrações de força e capacidade cooperativa como uma expressão de orgulho local e domínio ou prestígio na rivalidade intergrupal.

Mas, quaisquer que fossem os detalhes desses grupos culturais, é provável que fossem pequenos e localizados. Embora monólitos semelhantes aos de Göbekli Tepe pudessem ser encontrados não muito longe dali — sugerindo que seus criadores participavam de um sistema cultural comum —, qualquer pessoa que viajasse mais longe encontraria estelas bastante diferentes, bem como regiões sem nenhuma. Não apenas os limites geográficos da cultura eram bastante limitados, mas também desvaneceram com o tempo. Os arqueólogos costumavam pensar que os grupos culturais responsáveis pelos monólitos em forma de T desapareceram, sendo substituídos muito mais tarde por sistemas culturais que se espalharam na região vindos de outros lugares. Mas descobertas recentes sugerem uma história diferente.[3] Achados em Tell Halula, no norte da Síria, apontam para continuidades entre os povos do início do Neolítico em Urfa, que criaram as estelas em Göbekli, e os sistemas culturais encontrados no registro arqueológico muito mais tarde. Isso sugere que os sistemas culturais que acabaram prevalecendo na região ao redor de Göbekli não foram transportados de repente de longe, mas evoluíram de forma lenta por meio dos esforços dos descendentes de Göbekli.[4]

Embora os detalhes precisos desse processo permaneçam obscuros, está claro que grupos que compartilhavam uma cultura comum se tornaram muito maiores ao longo do tempo.[5] Os distintos motivos de cerâmica e sinetes para lacre de cera do período Halaf abrangem não apenas a região da Turquia onde o sistema cultural de Göbekli um dia floresceu, mas também vastas áreas que hoje são Síria e Iraque. O que mudou? Como grupos culturais muito localizados evoluíram para grupos muito maiores que compartilhavam as mesmas normas, rituais, costumes, estilos de cabelo, histórias e tradições culinárias?

Minha resposta a essa pergunta, mais uma vez, tem suas origens no meu tempo na Nova Bretanha Oriental, na Papua-Nova Guiné.[6] Antes da chegada das administrações coloniais e missionárias no século XIX, os povos da Nova Bretanha Oriental viviam em grupos culturais que não eram maiores do que os da pré-história neolítica de Urfa e talvez fossem ainda menores. Muitas das línguas da região eram mutuamente incompreensíveis, e as relações entre os falantes dessas línguas diferentes com frequência eram precárias e violentas. Anciãos na aldeia onde eu vivia me contaram que era comum que encontros levassem a decapitações rituais e canibalismo. Em alguns casos, os grupos mais organizados capturavam membros de grupos menores para servirem como escravizados ou esposas. Mesmo entre aqueles que falavam o mesmo idioma, embora talvez adotassem dialetos distintos, a guerra e os saques eram tão prováveis quanto o comércio pacífico ou os casamentos mistos.

Eu estava interessado na forma que os rituais assumiam nessas sociedades. Como vimos no Capítulo 3, meu foco era a maneira como os guerreiros nesses grupos criavam vínculos por meio de provas rituais dolorosas e extenuantes. No entanto, o ponto crucial é que esses rituais ocorriam de maneira bastante irregular. Mesmo os rituais coletivos mais frequentes aconteciam apenas de forma ocasional — por exemplo, para celebrar um festival importante ou uma conquista comunitária. Esses eventos um tanto raros eram grandes destaques no calendário ritualístico, com frequência acompanhados por festas, danças e cantos. Seria assim também a forma como rituais esporádicos funcionavam em locais antigos como Göbekli? E, em caso afirmativo, qual impacto isso teria tido na escala e na estrutura dos grupos culturais?

Argumentei no Capítulo 3 que rituais realizados de forma infrequente criam laços muito fortes entre seus participantes. Esses momentos ocasionais e emocionalmente intensos tornam-se características definidoras em nossas memórias, ajudando a fundir identidades pessoais e grupais. Os grupos formados dessa maneira tendem a ser relativamente pequenos e localizados. Mesmo que, para um observador casual, tenham algumas práticas culturais em comum com comunidades vizinhas — como preferências alimentares ou estilos arquitetônicos —, os símbolos mais potentes de identidade de cada grupo são muito diferentes. Por exemplo, embora os grandes monólitos de Göbekli sejam em forma de letra "T", os assentamentos um pouco mais distantes em Çayönü, Qermez Dere e Gusir Höyük tinham monólitos de pedra, mas sem essa forma distintiva. É possível que pessoas que viviam bastante próximas tivessem tradições culturais muito diferentes — talvez conhecendo os monólitos uns dos outros, mas ainda assim insistindo em fazer as coisas de maneira diferente.

Da mesma forma, muitos dos grupos distintos que viviam na Nova Bretanha se diferenciavam de seus vizinhos ao realizarem versões bastante idiossincráticas de tipos de rituais que, de outra forma, seriam bastante semelhantes. Por exemplo, muitas comunidades baining realizavam danças de fogo características, onde guerreiros iniciados usavam máscaras elaboradas e se lançavam nas chamas enquanto grandes grupos de homens batiam ritmos com varas de bambu e cantavam em voz alta. Mas cada grupo tinha máscaras distintas, seus próprios ritmos e músicas, distinguindo-se de todos os outros. E as histórias, os mitos e os símbolos secretos por trás dessas tradições eram muito localizados — específicos de cada grupo.[7]

Os antigos povos caçadores-coletores de Urfa, assim como gerações mais recentes de tribos indígenas na Nova Bretanha Oriental, sem dúvida, se orgulhariam da singularidade de suas próprias comunidades locais, celebrando suas diferenças e talvez minimizando as semelhanças. Na Nova Guiné, as raízes dessas diferenças culturais surgiram em pequenas inovações à medida que grupos se separavam e se espalhavam. Pequenas variações do roteiro muitas vezes passavam despercebidas. Mas quanto mais longe do lugar onde a tradição começou, mais a versão se tornaria a cópia da cópia — cada uma se desviando um pouco mais do original. Cada performance de um ritual e cada relato de um mito carregam o risco de distorção e esquecimento.[8] À medida que cada grupo experimenta versões ligeiramente novas de seu repertório existente de rituais, introduz pequenas variações que, ao longo do tempo, levam à grande diversidade de grupos rituais pela paisagem: uma espécie de colcha de retalhos de tradições locais, como as encontradas em regiões como Papua-Nova Guiné.[9]

Tudo isso mudou drasticamente com a chegada das missões católicas (entre outras denominações cristãs) à Nova Bretanha Oriental, que insistiam em formas muito mais regulares de culto. A Igreja Católica Romana rapidamente estabeleceu versões padronizadas de eucaristia, batismo, comunhão, confissão, orações, hinos, doutrinas e narrativas, que eram quase idênticas não apenas nas aldeias da Nova Guiné, mas em uma variedade impressionante de países espalhados pelo globo. Essas práticas eram realizadas em ambientes sociais semelhantes na América Latina, Irlanda, Europa Oriental, Índia, China e em muitos outros lugares, semana após semana.

Como o catolicismo conseguiu transformar os múltiplos rituais da Nova Bretanha Oriental em uma única forma padronizada de culto, espelhando práticas realizadas em igrejas a milhares de quilômetros de distância? Parte da explicação para essa padronização é que a tradição católica romana é bastante organizada, com uma elaborada hierarquia eclesiástica regulada de forma central pelo Vaticano. Outra parte é que as crenças e as práticas que os católicos devotos deveriam realizar foram inscritas em textos — muitos dos quais contêm histórias veneráveis e são considerados sagrados. No entanto, há também uma razão menos óbvia pela qual tais religiões se tornaram padronizadas em populações enormes espalhadas por vastos territórios: a *rotinização*.

A rotinização refere-se à repetição contínua de crenças e práticas diárias ou semanais. Na Nova Guiné pré-missionária, os rituais eram infrequentes e emocionalmente intensos. Com a chegada do catolicismo, no entanto, alguns elementos-chave da vida ritualística tornaram-se mais frequentes e menos intensos — tornaram-se rotinizados.

À primeira vista, a rotinização pode parecer muito intrigante. Você já se perguntou por que as religiões mais difundidas ao redor do globo exigem que seus seguidores frequentem templos, sinagogas, mesquitas, igrejas e outros edifícios sagrados para realizar exatamente os mesmos procedimentos dia após dia, semana após semana, mês após mês, ano após ano? Esse é um aspecto peculiar. Se você estiver sentado em um banco em qualquer igreja católica em qualquer domingo de manhã em qualquer lugar do mundo, você se verá entoando frases e repetindo ações que já realizou tantas vezes no passado que as conhece de cor. Você não está aprendendo nada novo ao fazer essas coisas, e é difícil compreender por que o Deus a quem esses comportamentos são dirigidos precisaria ouvir as mesmas orações e hinos repetidas vezes. Será que Deus — em especial um considerado onisciente — precisa ouvir as mesmas velhas orações e hinos tantas vezes? Do ponto de vista prático, o comportamento parece bastante redundante tanto da perspectiva do praticante quanto do destinatário pretendido. Pior ainda, tal repetição frequente pode acabar por empobrecer qualquer senso de espontaneidade ou sinceridade nos atos de adoração. Ou seja, a extraordinária familiaridade das rotinas torna inevitável que muitos adoradores as realizem no "piloto automático", sem a necessidade de reflexão consciente ou envolvimento.

Mas, na verdade, esse tipo de repetição extrema está longe de ser redundante. Embora rituais rotinizados possam parecer um desperdício de tempo e recursos, na verdade são uma das formas mais poderosas de controle social já inventadas por grupos humanos.

A rotinização têm vários efeitos importantes. Em primeiro lugar, ela nos transforma em ávidos adeptos da conformidade. No Capítulo 1, expliquei que imitamos as pessoas de maneira mais rigorosa quando pensamos que o comportamento em questão não tem função instrumental alguma: quando adotamos o que chamo de "postura ritualística". É difícil imaginar um sinal mais poderoso disso do que a exigência de repetir as mesmas ações e entoar as mesmas palavras repetidas vezes, muito além do ponto de redundância. Assim, um efeito da rotinização é promover a observância mais fiel da tradição. Em segundo lugar, ela nos torna menos reflexivos e, portanto, mais suscetíveis a pronunciamentos autoritários. Quanto maior a frequência com que nos conformamos ao roteiro ritualístico, mais automático e habitual o comportamento se torna. E quanto menos refletimos sobre *como* realizar os procedimentos em questão, menos pensamos sobre *por que* os estamos fazendo. Isso nos torna mais suscetíveis a receber e aceitar o significado desses rituais sem pensar criticamente por nós mesmos. Isso também é uma base importante para estabelecer níveis muito altos de padronização em um sistema de crenças e baixos níveis de inovação e pensamento independente.[10]

Tudo isso pode parecer algo ruim. Em uma cultura que valoriza o individualismo, a criatividade e o pensamento próprio, rituais rotinizados e conformidade podem parecer muito indesejáveis. Mas essa fórmula tem se mostrado bastante útil para grupos humanos ao longo da história mundial. De fato, eu argumentaria que o surgimento e a disseminação de rituais mais rotinizados abriram as portas para a cooperação em sociedades muito maiores. Por quê? Porque isso possibilita estabelecer tradições culturais em populações e territórios mais extensos.

Comecei a entender como isso funciona na prática quando considerei o impacto da rotinização na cultura religiosa dos baining e de seus vizinhos. O poder da rotinização para unificar povos rurais foi uma grande revelação para os seguidores do Kivung, o novo movimento religioso que passei a maior parte do meu tempo estudando. Para qualquer pessoa que se juntasse ao Kivung, uma das consequências mais marcantes era a exigência de participação em um intenso ciclo de rituais. De fato, era tão trabalhoso e demorado que as pessoas costumavam se referir ao "trabalho" no Kivung como equivalente a um emprego em tempo integral. Para muitos seguidores do movimento, isso não era exagero. Disposição de oferendas, realização de rituais para alcançar catarse e absolvição, limpeza dos túmulos dos mortos, reuniões para discutir questões de moralidade, teologia e cosmologia — todas essas atividades eram organizadas em ciclos de repetição diária, duas vezes por semana, semanal, quinzenal e mensal, de acordo com um cronograma rigoroso. Para garantir que todos soubessem quando era hora de realizar outro ritual crucial, um gongo era tocado várias vezes ao longo do dia para chamar as pessoas de seus jardins, culturas de subsistência e deveres domésticos. O "gongo" poderia ser qualquer tipo de objeto capaz de criar um barulho alto — desde um tambor tradicional até um recipiente de metal descartado de cozinha, se disponível. Onde eu morava, o gongo era um projétil de uma grande bomba da Segunda Guerra Mundial que fora encontrado na floresta e agora estava suspenso em uma árvore no centro da aldeia.

Enquanto eu coletava histórias de vida dos seguidores do Kivung, relatos do quão impactante o novo estilo de vida rotinizado tinha sido para eles e como havia expandido seu universo social eram comuns. Quando as pessoas se juntavam ao Kivung, de início se sentiam intimidadas pela alta exigência de tempo. Muitas não estavam dispostas a fazer esse sacrifício e decidiram não participar. No entanto, muitas vezes vilarejos inteiros se uniam em comunidades e era mais difícil evitar seguir a maioria. Mas, após ingressarem, as pessoas percebiam que agora podiam viajar para dezenas de outras aldeias da região que nunca tinham visitado antes e eram recebidas com hospitalidade, sendo convidadas a participar dos mesmos rituais que haviam se tornado familiares em casa. Isso possibilitou o desenvolvimento de redes ampliadas de conhecidos de maneiras que proporcionaram benefícios sociais e materiais, entre outros, mesmo em comunidades que falavam diferentes idiomas e seriam de outra forma consideradas inimigas. Assim, o Kivung unificou milhares de pessoas de uma maneira sem precedentes. E foi capaz de fazê-lo exatamente por causa da alta frequência de seus rituais. Nunca antes nessa região da Papua-Nova Guiné havia sido possível criar um sistema tão comum de crenças e práticas em uma região tão ampla e unir tudo sob a bandeira de uma única identidade.

Esse sistema apoiou o surgimento das primeiras "comunidades imaginadas" — grupos tão grandes que seus membros individuais não conhecem todos pessoalmente. Pense no seu país, por exemplo. Essa é uma categoria de grupo significativa para a maioria das pessoas na atualidade, em que não é possível conhecer todos os seus membros, então, de certa forma, é uma comunidade de outros imaginados, em vez de pessoas reais a quem você poderia identificar de forma mais concreta.[11]

A introdução de rituais rotinizados nas aldeias Kivung na década de 1960 teve um efeito quase instantâneo na unificação de várias aldeias e grupos linguísticos antes fragmentados na região. Com o tempo, essa nova identidade compartilhada também se tornou uma força poderosa nas eleições, permitindo que políticos apoiados pelo Kivung ganhassem assentos tanto nas assembleias nacionais quanto regionais. E essas novas formas de alinhamento político persistiram, mantendo-se fortes na década de 1980, quando conduzi meu trabalho de campo lá. Mas esses períodos são minúsculos comparados com os muitos milhares de anos que nossos antigos ancestrais levaram para descobrir o poder unificador dos rituais coletivos de alta frequência. Durante a maior parte da pré-história humana, a unificação por meio da rotinização era uma ideia inimaginável — de forma semelhante à escrita, que surgiria mais tarde. Ambas permitiriam que a cultura humana fosse preservada e disseminada de forma mais estável do que nunca. Esse processo foi capaz de se desdobrar tão rápido na Papua-Nova Guiné porque o cristianismo e suas técnicas de educação e culto regular forneceram um modelo pronto para a criação de rituais rotinizados.

Minha experiência na Nova Bretanha Oriental me fez questionar se a rotinização do ritual desempenhou um papel semelhante nas sociedades antigas. Será que a invenção do ritual rotinizado foi uma força-chave no surgimento das primeiras comunidades em larga escala? Como se descobriu, essa não era uma pergunta fácil de responder. Sabemos como os rituais rotinizados e suas consequências foram introduzidos nos povos da Papua-Nova Guiné, graças à extensa documentação dos esforços das missões cristãs.[12] Um desafio muito maior foi entender como a rotinização foi inventada nas brumas da pré-história e como suas consequências foram descobertas e exploradas por sociedades antigas, muito antes que suas crenças e práticas pudessem ser registradas por escrito. Se a rotinização foi de fato uma força motriz no surgimento das primeiras sociedades em larga escala, como poderíamos descobrir?

O nascimento da rotinização

Em princípio, faz todo sentido que o surgimento gradual e a disseminação da agricultura — a chamada "Revolução Neolítica" — tenham dado origem a rituais coletivos mais rotinizados. A agricultura exigia que vários domínios da atividade humana se tornassem mais elaborados. De repente, não se tratava apenas de caçar animais ou coletar nozes e frutas. Agora, havia uma miríade de etapas no processo de produção: da extração de matérias-primas à fabricação de ferramentas, do plantio de sementes à colheita, da ventilação e da moagem de trigo e cevada ao preparo de refeições cada vez mais elaboradas. Muitas dessas tarefas exigiam repetição frequente, como parte de uma rotina diária incessante de atividades cotidianas. Por sua vez, essas habilidades rotinizadas — muitas das quais foram adornadas com detalhes convencionais, como o revestimento frequente de paredes e a criação de espaços limpos nas casas onde ocorriam o processamento e o cozimento de alimentos — naturalmente passaram a formar um "modo de fazer as coisas": um sistema cultural rotinizado incorporado e realizado na vida cotidiana.

Mas essa rotinização de rituais e costumes não teria sido apenas um *subproduto* inútil da transição para a agricultura. Também teria proporcionado muitos benefícios associados à padronização de uma cultura compartilhada. À medida que as pessoas se aglomeravam cada vez mais em assentamentos maiores e mais densos, todos dependendo dos mesmos recursos finitos, é provável que as relações sociais teriam enfrentado uma pressão crescente. Quase estranhos precisariam interagir de forma cooperativa até um ponto antes inimaginável. Ter uma cultura e identidade comuns teria facilitado muito essa realização. Reconhecer que estranhos são seus semelhantes teria possibilitado a comunicação cortês em vez do conflito.

Dessa forma, é provável que a agricultura e a rotinização tenham sido mutuamente reforçadoras à medida que a agricultura se estabelecia. Assim como a agricultura criava rotinas diárias mais repetitivas — muitas delas tornando-se cada vez mais ritualizadas —, o estilo de vida agrícola era sustentado por formas ampliadas de identidade de grupo e cooperação.

Ao menos, essa era a teoria. Mas como poderíamos esperar ver algo disso na arqueologia das sociedades antigas, muito antes da invenção da escrita? A situação não é tão desesperadora quanto pode parecer. A pouco mais de 640 quilômetros a oeste de Göbekli, no sul da Anatólia, existe outro importante sítio arqueológico conhecido como Çatalhöyük, estabelecido séculos depois. Lá é possível observar mudanças nas vidas rituais dos habitantes e na escala em que a identidade de grupo estava sendo forjada.

O sítio é composto por montes gêmeos de terra e entulho criados por atividades humanas ao longo de cerca de 2 mil anos, começando há mais de 9 mil anos. A razão para o surgimento dos montes é que cada nova casa era construída sobre os alicerces de uma casa mais antiga. Após muitas gerações, isso resultou em casas sendo construídas em elevações cada vez mais altas, criando colinas. Mas também significava que escavar através do entulho era como viajar no tempo, pelas gerações de pessoas que ali viveram.

Na tentativa de rastrear os primeiros indícios de rituais rotinizados na história humana, fiquei obcecado por Çatalhöyük e acabei visitando o sítio muitas vezes — durante uma fase, visitei o local por seis verões consecutivos. O verão sempre foi a temporada de escavação, e passei muitas semanas escaldantes seguindo os arqueólogos, bombardeando-os com perguntas incessantes. Minha intuição, que se fortaleceu à medida que aprendia mais, era que este sítio continha a chave para entender as origens da vida em grandes grupos. Parecia que minha teoria estava indo na direção certa: assim como os rituais frequentes no Kivung haviam possibilitado que os baining criassem uma nova identidade, abrangendo populações antes divididas em grupos distintos e competitivos, algo bastante similar parece ter ocorrido milhares de anos atrás em Çatalhöyük, embora de forma muito mais lenta. Em meus esforços para entender esse processo, comecei a trabalhar com o diretor do sítio, Ian Hodder.[13]

Um dos maiores desafios enfrentados pelos arqueólogos que trabalham em Çatalhöyük tem sido estabelecer padrões de continuidade e mudança ao longo do período de ocupação.[14] Por exemplo, a dieta das pessoas estava mudando? E, em caso afirmativo, isso estava relacionado a mudanças nos padrões de caça, coleta, cultivo de plantas e domesticação de animais? Quais os efeitos sobre o tamanho e a densidade populacional? A rotina de trabalho era semelhante ao longo dos milênios ou estava se tornando mais fácil ou mais difícil, mais simples ou mais especializada? E, de especial interesse em minhas colaborações com Hodder: há evidências de mudanças na vida ritual — e, em particular, os rituais coletivos estavam se tornando mais frequentes e padronizados?

Responder a esse tipo de pergunta com base na interpretação de objetos enterrados no solo há milhares de anos não é fácil. Mas o quadro que está emergindo em Çatalhöyük está se tornando mais claro à medida que mais e mais da arqueologia é trazida à luz. Ao longo do tempo, o número de ovelhas, cabras e vacas domesticadas aumentou e a dependência da caça diminuiu. O volume e a variedade de artefatos encontrados nas casas também aumentaram, mas também aumentou a quantidade de trabalho necessária para fazer e manter esses artefatos. Isso indica que, mesmo com a expansão da cultura material, as pessoas estavam trabalhando mais. A vida cotidiana parece ter se tornado mais pesada e a análise dos restos humanos indica que houve mais acidentes e lesões associadas ao aumento da carga de trabalho.

Então, como tudo isso estava relacionado com a vida ritual dessas pessoas antigas? Algumas das evidências mais interessantes sobre esse tema surgiram ao examinar os resíduos. Restos não comestíveis dos animais consumidos em Çatalhöyük eram descartados depois que todo o material nutritivo havia sido extraído, e os depósitos resultantes fornecem informações bastante detalhadas sobre que tipos de refeições eram consumidas e quando. Como resultado, podemos ver que os rituais que cercavam os hábitos alimentares das pessoas estavam mudando drasticamente ao longo do tempo.

Pense nos banquetes festivos. Ficou demostrado que, durante as fases iniciais do assentamento, a carne de touros selvagens era consumida em grandes banquetes e os chifres desses animais eram incrustados nas paredes — como as cabeças-troféu adornando os corredores das mansões campestres inglesas. Exceto que os bucrânios exibidos nas casas de Çatalhöyük não foram abatidos a distância por homens em tweeds e calças de montaria, mas mortos à curta distância, com risco de morte e mutilação, exigindo considerável audácia e coragem. Os touros selvagens na Turquia neolítica eram animais enormes e agressivos, medindo cerca de 1,80m nas ancas — muito maiores do que seus descendentes domesticados. E, no entanto, a julgar pelas imagens de caça representadas nas pinturas de parede em Çatalhöyük, eles eram abatidos por equipes de trinta ou mais homens que atacavam de todos os lados com objetos afiados e depois tentavam capturar e amarrar os pés do animal com as próprias mãos. Não há como saber quantas pessoas foram feridas ou mortas em tais empreitadas, mas podemos especular com base na arte rupestre que sua bravura foi celebrada em grandes banquetes comunitários e rituais memoriais. Também podemos inferir a partir dos resíduos de banquetes que essas grandes cerimônias comunitárias eram esporádicas — no máximo, uma vez a cada década ou mais e talvez experimentadas por muitos apenas uma vez na vida. Nesses e em outros aspectos, esses eventos eram típicos dos rituais "imagísticos" que já conhecemos: emocionalmente intensos, mas raros.

Hodder e eu concluímos que os rituais imagísticos alcançaram seu auge por volta da metade do período de ocupação em Çatalhöyük, momento em que encontramos evidências de banquetes mais extravagantes e bucrânios mais elaborados nas casas. De muitas maneiras, isso se assemelha aos padrões observados em Göbekli Tepe — exceto que, em vez de a comunidade se esforçar para erguer enormes monólitos e adorná-los com imagens de animais selvagens, as pessoas em Çatalhöyük lutavam para derrubar animais reais e arrastá-los de volta ao local do banquete, imortalizando o evento não em pedra, mas nos troféus de caça pendurados em suas paredes. Parece plausível que, em ambos os casos, as comunidades unidas por essas atividades fossem limitadas ao número relativamente pequeno de participantes. Esses rituais esporádicos e emocionalmente intensos estavam levando à formação de comunidades pequenas e bastante unidas.

No entanto, ao mesmo tempo, nos bastidores, uma mudança de grande consequência estava ocorrendo em Çatalhöyük — uma que não parece ter acontecido em Göbekli Tepe. Os rituais estavam se tornando mais frequentes. As primeiras evidências de rotinização ritual em Çatalhöyük eram modestas e facilmente negligenciadas. Isso se manifestava no aumento de todos os tipos de tarefas cotidianas. Embora muitos aspectos dessas tarefas fossem instrumentais — por exemplo, destinados a melhorar a eficiência de tarefas de subsistência como moer farinha, abater animais, tecer cestos ou limpar a lareira —, também é provável que incorporassem uma diversidade cada vez maior de convenções causalmente opacas: em resumo, integrando rituais aos objetos e às atividades mais cotidianas. Agora, cestos não eram apenas recipientes mundanos para alimentos coletados — eram também objetos decorativos que codificavam informações sociais importantes sobre seus artesãos e proprietários. Limpar a casa, em especial certos espaços dentro dela, tornou-se quase uma obsessão — muito além do que poderia ser necessário para qualquer propósito prático. Por exemplo, as casas continham plataformas elevadas, em geral, nas partes norte ou leste da planta baixa que eram mantidas meticulosamente livres de detritos (como restos de comida, cinzas do fogo, pedaços de ferramentas quebradas ou outras evidências de trabalho doméstico). E os habitantes dessas moradias pareciam estar preocupados com o contínuo reboco das paredes com uma argamassa branca de marna, aplicada com grande cuidado e atenção, talvez até uma vez por mês. O ritual tinha entrado nas casas das pessoas; e, à medida que os rituais nesses espaços se tornavam cada vez mais proeminentes, as casas familiares se tornavam cada vez mais parecidas com templos em miniatura e locais de adoração.[15]

Esse processo de aumento da ritualização em Çatalhöyük evoluiu ao longo de dezenas de gerações. E, com isso, a natureza desses rituais rotinizados mudou. Nas fases mais avançadas do assentamento, cerca de 7 mil anos atrás, o volume e a variedade de tarefas domésticas, tanto ritualizadas quanto instrumentais, começaram a se deslocar dos espaços internos para os externos. A rotina das pessoas tornou-se cada vez mais visível para a comunidade mais ampla. Em paralelo com essa mudança, observamos a crescente padronização e estabilização de vários artefatos cotidianos — desde sinetes de lacre de cera até motivos de cerâmica.

Hodder e eu acreditamos que essa mudança em direção a uma cultura mais homogênea em todo o assentamento estava ligada a uma transformação ritual. Nesse ponto, os rituais esporádicos e emocionalmente intensos não eram mais a principal forma de cola social que mantinha o grupo unido; em seu lugar surgiram rituais domésticos mais frequentes e mundanos. Os banquetes festivos tornaram-se mais raros à medida que as pessoas passaram a depender cada vez mais de animais domesticados como sua principal fonte de carne. Os eventos heroicos do passado se transformaram em histórias coletivas, em vez de experiências vividas. Em vez de desafiar e enfrentar animais selvagens poderosos em rituais coletivos emocionantes, parece que as pessoas passaram cada vez mais a contar histórias sobre eventos passados, transformando-os em mitos e apontando para os troféus de caças há muito tempo abatidas, incrustados nas paredes de suas casas.

Os habitantes de Çatalhöyük não tinham como saber quão consequencial seria essa mudança em suas vidas rituais, mas acreditamos que ela representou uma revolução silenciosa na pré-história da humanidade. Sua transição para uma vida ritual cada vez mais rotinizada teria alterado a maneira como as pessoas se viam como membros de uma comunidade, pavimentando o caminho para o surgimento de identidades de grupo muito maiores.

Rotinização e ascensão da complexidade social

O assentamento em Çatalhöyük é apenas um exemplo inicial de como a transição para a agricultura gradualmente gerou novas formas de ritual e, por sua vez, grupos culturais maiores. Com o tempo, esses mesmos processos se intensificariam, levando ao surgimento de civilizações em larga escala ao redor do mundo.

Por exemplo, uma das primeiras sociedades complexas em larga escala na história mundial, capaz de unificar cidades localizadas a centenas de quilômetros de distância, foi a chamada civilização harapeana, que se espalhou ao longo do Vale do Indo (na região onde hoje fica o Paquistão) há mais de 4.500 anos. Uma das características distintivas dessa sociedade foi um grau extraordinário de padronização, evidente em sua iconografia, arquitetura e outros indicadores de crenças e práticas compartilhadas, em especial aquelas associadas à pureza corporal e ao saneamento público. Os brasões harapeanos, gravados em potes de maneira consistente em toda a civilização, fornecem um bom exemplo. Os brasões eram quase idênticos em todo o império, com uma linha de escrita (ainda não decifrada) ao longo do topo, uma espécie de animal no meio e inscrições adicionais na parte inferior. Da mesma forma, os edifícios eram construídos da mesma maneira em todas as cidades harapeanas, e as defesas contra enchentes, que exigiam forças de trabalho de milhares de pessoas, eram construídas de acordo com os mesmos princípios e processos de construção.

Você pode imaginar que um grau tão elevado de homogeneidade cultural teria exigido algum tipo de sistema hierárquico de governança. No entanto, ao contrário de muitos impérios posteriores, ao que parece, essa civilização inicial não possuía um sistema de administração e controle centralizado. Os métodos harapeanos de planejamento urbano e gestão da água teriam requerido formas altamente sofisticadas de cooperação e coordenação, mas isso não parecia implicar um sistema de estratificação social com líderes poderosos no topo e pessoas escravizadas na base. Tampouco a conformidade era imposta por meio da dominação militar. Os harapeanos pareciam não ter exércitos ou armamentos elaborados, estando mais interessados nas trocas com grupos vizinhos e na aquisição de bens de luxo de outros centros, como a Mesopotâmia, por meios pacíficos. Em resumo, a força que unia a cultura harapeana não parecia ser nem a violência nem uma burocracia centralizada organizada, mas, sim, o ritual rotinizado. Os altos níveis de padronização observados nessa civilização sugerem que suas normas, crenças e práticas estavam incorporadas às práticas repetitivas da vida cotidiana, em especial aquelas associadas à limpeza e à purificação. Assim como as pessoas de Çatalhöyük antes deles, e da Nova Bretanha Oriental muito depois, argumenta-se que a rotinização ajudou a criar um novo grupo cultural, maior do que qualquer outro que tenha existido na região antes.

À medida que os rituais se tornavam mais rotinizados e as sociedades cresciam em tamanho, era necessário um cultivo mais intensivo para alimentar populações assentadas mais densas. Algumas das melhores evidências para isso não vêm apenas da arqueologia, mas também do registro etnográfico. Quando me mudei da Queen's University, em Belfast, para a Universidade de Oxford, em 2006, levei comigo uma bolsa de pesquisa com o foco de explicar vários padrões de recorrência e variação nas crenças e nas práticas religiosas das sociedades humanas na época moderna. Devido ao meu interesse nos efeitos unificadores da rotinização ritual, uma das prioridades desse projeto era explorar onde e por que rituais de alta frequência aparecem em grupos culturais ao redor do mundo. Com essa bolsa, pude contratar um pesquisador pós-doutorando, Quentin Atkinson, para trabalhar comigo na elaboração de um banco de dados de rituais de uma amostra representativa das culturas do mundo e medir sua frequência de realização e intensidade emocional. Atkinson dominava as técnicas estatísticas necessárias para estabelecer se a frequência dos rituais estava de fato relacionada ao tamanho do grupo: rituais emocionalmente intensos e pouco frequentes, como os banquetes festivos de caça em Çatalhöyük, estavam associados a grupos pequenos; enquanto rituais diários, emocionalmente menos intensos, como a crescente rotinização dos rituais domésticos ao longo do tempo, estavam associados a grupos maiores, conforme eu havia postulado.

Para explorar essas ideias, Atkinson e eu primeiro testamos se rituais infrequentes do tipo "imagístico" tendem a ser mais emocionalmente intensos, e se rituais frequentes e "rotinizados" são menos intensos. Para isso, criamos um banco de dados que codificava informações sobre cerca de 645 rituais de uma amostra de 74 culturas contemporâneas ao redor do mundo.[16] Essas informações foram extraídas de um vasto repositório de escritos de etnógrafos conhecido como Human Relations Area Files,[17] além de uma fonte adicional de informações chamada *Ethnographic Atlas*,[18] que registrava muitas informações relevantes sobre um conjunto de culturas sobrepostas, incluindo variáveis como tamanho e estrutura do grupo. A partir dessas fontes, extraímos informações necessárias sobre a frequência das performances rituais, sua intensidade emocional, o tamanho dos grupos em que ocorriam, além de vários outros aspectos que julgamos interessantes explorar, bem como diversos aspectos da vida econômica e estratégias de subsistência. Quando Atkinson concluiu suas análises estatísticas dos dados, descobrimos, conforme previsto, que rituais raros tendiam a envolver altos níveis de intensidade emocional. Mas algo ainda mais empolgante surgiu da análise de nosso banco de dados de rituais: a descoberta de que a *rotinização estava associada à intensidade agrícola*.

Em outras palavras, à medida que as sociedades se tornavam mais dependentes da agricultura, seus rituais se tornavam mais frequentes.

Por sua vez, essa descoberta desencadeou uma ideia ainda mais desafiadora. Será que encontraríamos evidências quantitativas igualmente convincentes de que a realização de rituais mais frequentes estava permitindo que grupos culturais em larga escala entre os primeiros agricultores se firmassem e se espalhassem ao longo da história? Essa questão complexa levou o arqueólogo Mick Gantley a desenvolver uma metodologia inovadora que denominamos "Análise de Materiais Correlatos" — ou "MCA", na sigla em inglês.[19] A abordagem MCA foi inspirada no banco de dados de rituais que Atkinson e eu criamos usando escritos etnográficos como fonte de informação. Esse banco de dados havia encontrado uma forte ligação entre a rotinização e a agricultura em culturas contemporâneas; mas Gantley também se propôs a descobrir se poderíamos usar essas informações para elucidar como a vida ritual estava mudando em nosso passado antigo, durante a transição agrícola na Ásia Ocidental.

A ideia central da abordagem MCA é que existem inúmeros aspectos da vida material que são visíveis nos restos escavados em centenas de sítios arqueológicos antigos na região do mundo que queríamos estudar. Assim, embora haja muitas coisas que não conseguimos ver diretamente, podemos ao menos comparar características bem documentadas com aquelas das sociedades presentes em nossa amostra de culturas etnográficas mais ou menos contemporâneas no banco de dados de rituais. Ao fazer isso, foram identificadas 90 características que poderiam ser comparadas diretamente a partir dos restos arqueológicos observáveis e de uma amostra de culturas etnográficas existentes. Essas características incluíam detalhes sobre como os alimentos eram produzidos e consumidos, como as comunidades eram organizadas e que tipos de rituais as pessoas realizavam. Esses constituíram nossos "materiais correlatos". Com base nessa metodologia, tornou-se possível determinar quais sociedades antigas se assemelhavam mais às sociedades modernas. A partir daí, foi apenas um pequeno passo para perguntar: quais sociedades antigas se parecem mais com as sociedades modernas "imagísticas" — tal como os cultos das tribos da Nova Guiné envolvendo iniciações raras, mas emocionalmente intensas — e quais sociedades se assemelham mais às sociedades modernas com rituais mais rotinizados — como as religiões mundiais de hoje que enfatizam o culto regular em templos especiais, igrejas, mesquitas e sinagogas?

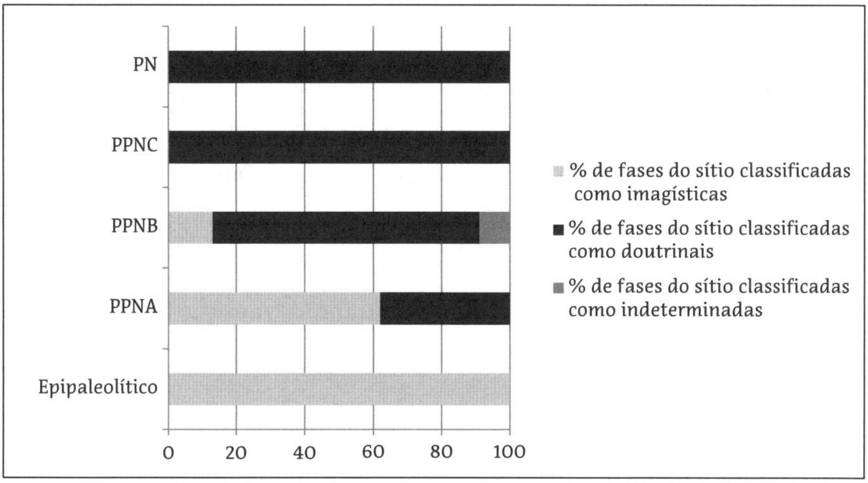

Adaptado de: Gantley, M., Whitehouse, H., & Bogaard, A., "Material Correlates Analysis (MCA): An Innovative Way of Examining Questions in Archaeology Using Ethnographic Data", *Advances in Archaeological Practice*, v. 6, n. 4, pp. 328–341 (2018).

Os resultados foram impressionantes. O diagrama mostra os resultados de nossos esforços para comparar uma amostra de 49 sítios arqueológicos da Ásia Ocidental abrangendo a transição agrícola.[20] Geralmente, os arqueólogos mostram as fases mais antigas na parte inferior de seus diagramas (correspondendo aos níveis inferiores, nos quais os objetos mais antigos são encontrados) e as fases mais recentes na parte superior (em que os objetos são encontrados mais próximos da superfície). Assim, o nível mais antigo representado aqui é o "Epipaleolítico" (os últimos suspiros da era Paleolítica antes da invenção da agricultura, quando todos os humanos subsistiam de alimentos selvagens).

Entre esse período e o presente, há vários estágios descritos como "PPN" (Neolítico Pré-Cerâmico, dividido em fases A, B e C) ou "PN" (Neolítico Cerâmico — quando os potes foram finalmente inventados). Durante o período Epipaleolítico, o cinza-claro indica que, de acordo com as análises estatísticas de Gantley, as culturas antigas de caçadores-coletores eram predominantemente imagísticas — unidas por rituais raros e emocionalmente intensos. Em contraste, os períodos mais recentes do Neolítico no topo do diagrama, em cinza-escuro, quando a agricultura estava bem estabelecida, tinham mais em comum com as sociedades modernas — adotavam rituais mais rotinizados, com todo o potencial para unir grupos maiores de pessoas. Durante a transição de modos imagísticos para doutrinários, encontramos algumas práticas mais indeterminadas (cinza médio). Isso forneceu evidências quantitativas de que o ritual estava se tornando mais rotinizado durante a transição agrícola — não apenas em Çatalhöyük, mas em toda uma região mais ampla.

Agricultura e visão de futuro

Neste capítulo, argumentei que rituais coletivos mais frequentes contribuíram para o surgimento de grupos em larga escala durante a revolução neolítica, ajudando a fixar marcadores de identidade cultural: ou, em termos mais simples, que rituais rotinizados ajudaram a criar grupos maiores. Mas há outra razão, ainda não explorada, pela qual rituais rotinizados teriam sido úteis para os primeiros agricultores: e isso diz respeito à influência deles em nossa atitude em relação ao futuro.

Agricultura e preocupação com o futuro caminham juntas. Aprendi isso durante minha primeira semana na universidade, aos 18 anos, como um estudante universitário entusiasmado. Um dos meus professores, James Woodburn, chocou a comunidade antropológica ao retornar de seu trabalho de campo entre os hadza da Tanzânia, declarando que havia encontrado um grupo cultural sem organização social. Seus colegas da London School of Economics ainda comentam o alvoroço que isso causou. Os gritos de incredulidade e os murmúrios de ceticismo continuaram a ecoar pelos corredores do departamento de antropologia.

No entanto, quando perguntado sobre o assunto, Woodburn disse que seus colegas estavam exagerando. Não era bem que os hadza não tivessem organização social, mas, sim, que seus agrupamentos sociais tinham um alto grau de flexibilidade — as pessoas podiam entrar e sair à vontade e não havia fortes expectativas de lealdade ou reciprocidade grupal. A comida tendia a ser caçada ou forrageada de maneira informal, diariamente, e era compartilhada com pouca preocupação sobre quem recebia o quê — uma forma de agrupamento que Woodburn comparou a um sistema de tributação no qual os não produtivos eram subsidiados sem sanção ou estigma. Os muito jovens ou idosos tendiam a se beneficiar, mas isso se nivelava em longo prazo porque ou contribuiriam no futuro ou já o tinham feito no passado.

Isso ajudava a tornar a sociedade hadza muito igualitária. Todos os tipos de recursos que costumam servir de base para a desigualdade social — riqueza, poder e status — eram distribuídos de maneira bastante equitativa. Alimentos e posses não podiam ser acumulados porque os hadza eram nômades e precisavam viajar com pouca carga. Ninguém mandava em ninguém porque todos tinham acesso às mesmas armas básicas. A desigualdade de gênero também era mínima porque as mulheres tendiam a formar grupos de apoio solidários no mesmo nível do bando, em vez de serem separadas em unidades domésticas dominadas por maridos patriarcais ou agressivos. E as diferenças de status eram evitadas por meio da aplicação do que Woodburn chamava de "mecanismos niveladores" — normas que inibiam manifestações de orgulho e competitividade. Woodburn descreveu essas sociedades como "igualitárias" e referiu-se ao seu modo de subsistência como uma "economia de retorno imediato".

Woodburn havia destacado uma das principais distinções entre sociedades simples de caçadores-coletores e sociedades mais complexas. Se sua subsistência vem da caça e da coleta em pequenos bandos, a perspectiva de uma recompensa maior no futuro em geral é menos convincente do que a garantia de uma recompensa menor de imediato. Woodburn observou que sociedades de caçadores-coletores mais complexas — como as encontradas na costa noroeste do Canadá — tinham uma economia de retorno diferido, dependendo de barragens e represas elaboradas que requeriam planejamento cuidadoso e esforço coordenado. Mas o que me impressionou enquanto ouvia os argumentos de Woodburn foi que a mudança para um pensamento de longo prazo era muito mais pronunciada e duradoura em sociedades que abandonaram a caça e a coleta e passaram a se dedicar à agricultura. Agricultores precisam esperar pacientemente que as colheitas e os animais domesticados cresçam antes de serem consumidos, então uma existência de sobrevivência imediata já não é viável. Então é preciso uma abordagem mais voltada para o futuro — não apenas para garantir que o suprimento de alimentos esteja disponível quando necessário, mas também, como veremos, para facilitar sua distribuição de forma que todos tenham acesso à comida.

Dessa forma, a invenção da agricultura levou a uma nova dependência de tecnologias de produção e armazenamento de alimentos que tornou o planejamento antecipado imprescindível. Uma vez que você precisa esperar que as colheitas cresçam e amadureçam — e uma vez que a propriedade dos produtos esteja associada às famílias individuais e não mais à tribo como um todo —, torna-se muito difícil sustentar um estilo de vida de "retorno imediato". Agora é necessário armazenar alimentos para tempos de dificuldade ou encontrar maneiras de garantir que os excedentes sejam redistribuídos, para que os mais bem-sucedidos possam subsidiar os menos afortunados em tempos de necessidade.

Economias de retorno diferido introduziram novos desafios para as sociedades humanas. Um dos mais básicos era a necessidade de garantir que toda a comunidade fosse suficientemente provida para que ninguém passasse fome durante os períodos de escassez. Arqueólogos que tentam entender como esse problema foi abordado na pré-história neolítica costumam se referir a um livro intitulado *Stone Age Economics*, escrito não por um especialista em algum campo da pré-história, mas por um antropólogo como eu, chamado Marshall Sahlins.[21] Uma das grandes percepções de Sahlins foi que o surgimento da agricultura teve um efeito significativo nas unidades sociais que compunham uma comunidade. Ele argumentou que a agricultura favorece um "modo doméstico de produção", no qual a casa se torna a unidade primária de produção, consumo e troca. Em vez de o grupo funcionar como a principal unidade econômica para obter e compartilhar os recursos necessários para a sobrevivência, as famílias se estabeleceram em moradias distintas, construídas em torno de uma lareira comum em vez de uma fogueira coletiva.

Mas, ao mesmo tempo que essa é uma maneira eficaz de organizar a agricultura em pequena escala, o casamento e a criação de filhos, também tem certos aspectos negativos. Talvez o maior problema com o modo doméstico de produção seja que todos os domicílios estão em algum momento em uma configuração desfavorável em termos da proporção entre produtores eficazes e consumidores dependentes. Os domicílios jovens têm muitas bocas famintas para alimentar e relativamente poucos adultos capazes. Domicílios estabelecidos há muito tempo têm fundadores mais frágeis, cujos dependentes mais capazes já saíram do ninho e estão ocupados com os desafios de sustentar as próprias famílias. Se as unidades domésticas fossem deixadas à própria sorte em tal sistema, baseado em um pensamento de retorno imediato, logo levaria ao desastre na forma de falência generalizada dos domicílios. Essas comunidades precisavam desenvolver maneiras de organizar os domicílios em redes de apoio maiores: sistemas capazes de incentivar unidades domiciliares mais fortes a subsidiar aquelas que possam estar em dificuldades.

Há algum debate entre arqueólogos sobre exatamente quando o domicílio emergiu como a principal unidade da vida econômica no Neolítico.[22] Alguns sugerem que a evidência de domicílios autônomos pode ser rastreada até muito cedo no Neolítico, por volta de 10 mil anos atrás,[23] enquanto outros argumentam que foi mais próximo de 9 mil anos atrás — por volta da época da invenção da cerâmica[24] —, o que também parece corroborado pelas evidências de Çatalhöyük.[25] Mas seja qual for a versão que adotarmos, parece que o domicílio tornou-se uma característica cada vez mais importante da vida econômica entre os agricultores sedentários, o que significava que o risco de falência do domicílio precisava ser abordado. De alguma forma, essas antigas sociedades neolíticas precisavam encontrar uma maneira sistemática de pensar no futuro como nunca antes.

No caso dos nossos agricultores neolíticos, parece ter havido um conjunto de inovações que ajudaram a resolver esse problema. Uma delas foi o surgimento das chamadas "casas de história".[26] Esse termo alude à maneira como os domicílios se tornaram os repositórios de uma cultura material bastante rica e variada, associada à narrativa sobre o passado. A característica distintiva dessas casas é que elas continham mais restos humanos enterrados sob o piso, mais obras de arte pintadas em suas paredes, ou mais cabeças e chifres de animais incrustados nos revestimentos de argamassa. Por exemplo, em Çatalhöyük, vi evidências de que restos humanos foram removidos de sob os pisos das casas onde haviam sido enterrados, não apenas uma vez, mas várias vezes, e não só pouco tempo após o sepultamento, mas, em alguns casos, muitos anos depois, após a maioria ou todos aqueles que conheceram o falecido também já terem morrido. É fácil ver como isso poderia promover uma perspectiva mais orientada para o futuro: ao criar narrativas mais elaboradas sobre o passado, as pessoas passaram a se ver como parte de uma história de longo prazo e em desenvolvimento, que existia antes de nascerem e continuaria após sua morte.

O impacto das narrativas históricas no pensamento legado é difícil de demonstrar usando apenas evidências diretas da arqueologia. No entanto, outro indicador plausível é o crescimento de rituais domésticos de alta frequência em Çatalhöyük. Como veremos no Capítulo 7, agora temos evidências experimentais de que a participação em rituais rotinizados tem uma notável habilidade para ajudar as pessoas a adiar a gratificação. Em outras palavras, rituais rotinizados nos tornam mais orientados para o futuro. Isso sugere que o aumento da frequência e da padronização da vida ritual ao longo do Neolítico também teria fomentado crescentes preocupações com a provisão e o planejamento futuros.

No entanto, se as casas de história e os rituais rotinizados encorajaram as pessoas a olhar mais para o futuro do que no passado — e, portanto, priorizar mais as provisões futuras do que seus antepassados caçadores-coletores haviam feito —, eles não forneceram um mecanismo para de fato compartilhar excedentes agrícolas com os domicílios vulneráveis. De modo concreto, o que fazer com as famílias idosas ou com filhos que não conseguiam produzir comida suficiente para sobreviver? Aqui entra outra inovação-chave: um foco maior em rituais coletivos e obrigações comunitárias. Arqueólogos argumentaram que quaisquer tendências para a fragmentação dos domicílios no Neolítico teriam sido mitigadas por incentivos concorrentes para contribuir para a vida comunitária. Por exemplo, ao visitar outro sítio neolítico não muito longe de Çatalhöyük, descobri que, embora o domicílio tenha emergido como uma importante unidade econômica, também havia fortes evidências de atividades operando em um nível superior. Lá encontrei evidências de atividades coletivas em grande escala: cerimônias ao ar livre, compartilhamento de carne, forrageio e agricultura cooperativos, e rituais, danças e banquetes festivos coletivos.[27] Por meio desses rituais, a tendência para o isolamento dos domicílios individuais teria sido contrariada por obrigações de circular excedentes ao redor da comunidade.

Em alguns casos, essas atividades parecem ter sido enraizadas em rituais elaborados de troca de presentes, nos quais diferentes domicílios sentiam-se socialmente compelidos a oferecer seus excedentes como presentes a outros. De fato, Sahlins sugeriu que a principal maneira pela qual as sociedades antigas resolveram o problema da autonomia domiciliar e do modo de produção doméstico foi por meio do surgimento de formas superiores de cooperação, operando acima do nível das unidades domésticas individuais — desde aglomerados de domicílios[28] até grupos de descendência muito maiores[29] — e, entre essas formas de cooperação, destacava-se uma ênfase na troca recíproca de presentes.[30] Embora as evidências de troca de presentes nas sociedades neolíticas sejam limitadas na arqueologia sobrevivente, parece provável que as obrigações recíprocas entre domicílios estivessem entre os fatores impulsionadores da produção de excedentes e da circulação de bens.

Hoje em dia operamos em um mundo no qual a necessidade de pensar no futuro e organizar-se em nível comunitário é tão evidente que é difícil compreender a importância dessas mudanças durante o Neolítico. Mas, juntas, essas inovações convergentes — casas de história, rituais mais rotinizados e obrigações de reciprocidade em toda a comunidade — parecem ter ajudado a superar o maior problema enfrentado pelas primeiras comunidades agrícolas: o fato de que uma economia baseada apenas em domicílios não conseguiria sobreviver sem algum nível mais elevado de cooperação e planejamento futuro. As casas de história fomentaram o pensamento no futuro, enquanto as tradições e as obrigações comunitárias criaram um mecanismo para compartilhar excedentes alimentares com famílias que, de outra forma, poderiam passar fome. Enquanto isso, os rituais rotinizados não apenas ajudaram as primeiras comunidades agrícolas a crescer em tamanho; eles as ajudaram a pensar no futuro de maneira mais eficaz do que nunca antes.

Demorei muito tempo para reconhecer o papel positivo dos rituais na história humana, em parte porque tive uma relação pessoal difícil com os rituais. Isso não é tão incomum — muitos dos meus colegas acadêmicos estudam coisas que acham particularmente difíceis de dominar ou entender. Com frequência, os cientistas políticos me dão a impressão de serem estrategistas ineficientes na política departamental, os antropólogos têm dificuldades em lidar com as nuances de seus próprios grupos nativos, e os geógrafos muitas vezes são os colegas mais desorientados ao redor do campus. Embora meu trabalho seja estudar rituais, eu os considero bastante aversivos — especialmente o tipo rotinizado ao qual todos éramos obrigados a participar na escola, na forma de assembleias e missas na capela. Na época, essas atividades pareciam não apenas sem sentido e tediosas, mas às vezes até opressivas e autoritárias. Não sou o único a pensar assim, é claro. Como veremos na parte final deste livro, muitas sociedades estão abandonando suas tradições rituais a um ritmo acelerado, não só por meio da secularização, mas também ao descartar como irrelevantes ou opressivos muitos rituais estabelecidos há muito tempo, associados a educação, guildas profissionais, instituições governamentais e vida doméstica cotidiana.

No entanto, quanto mais aprendo sobre os efeitos da participação em rituais coletivos frequentes, mais reconheço sua importância na promoção da coesão, da cooperação e da visão de futuro em larga escala. Argumentei que a rotinização dos rituais ajudou os primeiros agricultores a se estabelecerem e a criar grupos culturais cada vez maiores. Mas isso foi apenas o início de um processo muito mais complexo. Ao fecharmos este capítulo sobre a transição Neolítica, abrimos um novo com uma história ainda mais surpreendente. Esta é uma história em que a rotinização não apenas ajudou na formação e na estabilização de grupos maiores, mas também na ascensão de líderes que exerciam poderes antes inimagináveis. Alguns desses novos líderes eram tratados como deuses; muitos estabeleceram regimes altamente repressivos baseados em escravidão e sacrifício humano. Esse é o ponto em que deixamos o Neolítico para trás e nos aventuramos, com apreensão, na Idade do Bronze.

Capítulo 5

Religiosidade e Ascensão da Autoridade Sobrenatural

Os maiores jarros de armazenamento que já vi podem ser encontrados em Cnossos, Creta. No coração do que um dia foi um grande complexo palaciano construído há cerca de 4 mil anos, esses receptáculos gigantes foram projetados para armazenar grandes quantidades de grãos, vinho ou óleo. Estima-se que algo em torno de 75 mil litros desses produtos eram despejados em jarros nas salas de armazenamento do palácio.[1] Os criadores desses enormes recipientes, e dos edifícios, dos espaços públicos e das obras de arte ao redor, pertenciam a uma civilização muito sofisticada. Os minoicos tinham uma divisão de trabalho altamente especializada e um sistema muito elaborado de crenças e rituais, magnífica arquitetura, obras de arte e sistemas de comércio e tributos que os conectavam a outras sociedades complexas tão distantes quanto o antigo Egito.

Esse foi um período notável na história mundial. Por volta da época em que esses palácios minoicos estavam sendo construídos, vários outros grandes centros de civilização ao redor do mundo também estavam florescendo — não apenas no Mediterrâneo, no Oriente Médio e no Norte da África, mas também em partes da Índia, da China e do Peru. Eles começaram como pequenas cidades-Estado, evoluindo para sistemas regionais maiores de governança.

Esse mesmo padrão básico se desenrolou no antigo Egito e na Mesopotâmia, no Vale do Indo no Sul da Ásia, no Vale do Rio Amarelo no Extremo Oriente e nas civilizações pré-colombianas das Américas. Em cada uma dessas regiões, sociedades incrivelmente avançadas evoluíram a partir de comunidades agrícolas neolíticas anteriores, do tipo descrito no capítulo anterior.

A agricultura e a produção de excedentes desempenharam um papel central nessa história. Começando há mais de 10 mil anos, a agricultura surgiu e se espalhou das regiões onde os assentamentos em Göbekli e Çatalhöyük se estabeleceram, dominando grande parte do Levante, da Mesopotâmia e do Egito. A agricultura também se espalhou para o leste — como testemunham importantes sítios arqueológicos como Mehrgarh, na atual Província do Baluquistão, no Paquistão, que data de cerca de 8 mil anos atrás —, levando com ela o mesmo conjunto de práticas associadas ao cultivo e à domesticação de animais. Assim como os povos de Çatalhöyük, aqueles em Mehrgarh construíam suas casas com tijolos de barro, cultivavam trigo e cevada em seus campos e criavam ovelhas, cabras e vacas. Eles também desenvolveram habilidades notáveis na produção de lâminas de obsidiana, pontas de flecha, espelhos e joias. Tal criatividade tornou-se a marca registrada das civilizações que adotaram a agricultura. À medida que as populações aumentavam, as taxas de inovação tecnológica aceleraram. Entre essas novas invenções estava a capacidade de atrelar bois, cavalos, mulas, burros e búfalos-d'água. O uso de animais de tração contribuiu para o crescente aumento dos excedentes agrícolas. E, à medida que as sociedades se tornavam mais ricas, suas redes de comércio se expandiam e elites e hierarquias começaram a se formar.

No Sul da Ásia, as sociedades agrícolas evoluíram para os grandes centros urbanos do Vale do Indo a partir de cerca de 5 mil anos atrás. Processos paralelos ocorreram na China, os quais acabaram disseminando grandes inovações no cultivo e na domesticação de animais para o Sudeste Asiático e, de lá, cruzaram o Oceano Índico para a África e, na direção oposta, através do Pacífico. E, à medida que os métodos agrícolas se disseminavam, eles ajudavam a impulsionar o surgimento de muitas das civilizações mais notáveis do mundo, desde os reinos de Madagascar até as principais chefaturas da Polinésia. Além disso, apartado desses eventos na Ásia, na África e na Oceania, um processo evolutivo comparável ocorreu, em especial a partir de cerca de 2 mil anos atrás, em várias partes do que hoje é o leste dos EUA, o México e a costa noroeste da América do Sul. Em todas essas regiões, sociedades avançadas emergiram — desde as culturas mississipianas de Cahokia até as cidades mesoamericanas da América Central e o grande império Inca, que abrangeu a maior parte da costa oeste da América do Sul, incluindo partes dos países que hoje conhecemos como Peru, Equador, Bolívia, Argentina, Colômbia e Chile.

No entanto, para que as sociedades crescessem dessa maneira, elas precisavam de uma nova forma de controle social: a religião organizada. Embora a rotinização dos rituais, discutida no capítulo anterior, possa ter sido uma condição necessária para o surgimento de sociedades mais complexas, não era suficiente para sustentar sociedades muito grandes. Das dinastias do antigo Egito às principais chefaturas da Polinésia, sociedades maiores dependiam de sistemas de extração de riqueza e dominação política de cima para baixo. E isso exigia certo esforço. Por um lado, era necessário persuadir as pessoas de que sistemas sociais desiguais eram necessários e moralmente corretos — por meio da adoção generalizada de normas, crenças e práticas compartilhadas. Por outro lado, eram necessários mecanismos de coerção para deter qualquer um que pudesse ser tentado a se rebelar. A interação entre persuasão e coerção ocorria sobretudo no domínio das crenças e dos rituais religiosos.

Isso era necessário porque os efeitos da conformidade, explorados no capítulo anterior, perdem força à medida que as populações se tornam maiores e mais densas. Parte da razão para isso é que, à medida que passamos mais e mais tempo interagindo com quase estranhos, os custos reputacionais de desvios comportamentais são reduzidos. Pessoas que mal conhecemos estão em uma posição mais frágil para nos dizer o que fazer quando saímos da linha. Daí a necessidade de maneiras ativas de dissuadir as pessoas de se desviarem de forma consciente do roteiro. As grandes sociedades desenvolveram uma variedade de novas maneiras de policiar a conformidade, todas com uma coisa em comum: estavam intimamente associadas ao exercício do poder sobrenatural, aproveitando as predisposições e susceptibilidades religiosas naturais da humanidade.

A forma exata que o poder era exercido na antiga Creta permanece um mistério. Alguns dizem que os enormes estoques de grãos e outros alimentos nos palácios minoicos faziam parte de um sistema de redistribuição. No entanto, ao perambular pelas ruínas de Cnossos, comecei a duvidar dessa interpretação. Enquanto admirava os imponentes jarros nas salas de armazenamento do palácio, comecei a suspeitar que algo muito mais sinistro estava acontecendo. Claramente, esta era uma sociedade com linhagens reais poderosas e elites ricas. Suas obras de arte sugeriam uma admiração pela violência altamente controlada — desde suas adagas decoradas com delicadeza até esculturas e afrescos que retratavam a agressividade masculina, de lutas de boxe a imagens de homens se esfaqueando no pescoço.[2] Os potes me pareciam mais um produto de expropriação do que de redistribuição.

Quanto mais aprendi sobre os palácios minoicos, mais comecei a desconfiar que, por trás dos gostos e estilos de vida elegantes — vistos em toda parte, desde jogos de tabuleiro elaborados até enormes tigelas adequadas apenas para os banquetes mais suntuosos —, deveria haver um lado mais sombrio. No mundo antigo, esse tipo de riqueza em geral vinha com um custo. Ninguém de fato sabe quão desigual ou opressiva a sociedade era, mas, ao considerar a extraordinária riqueza, a arte e os armazéns de alimentos em Cnossos, é fácil imaginar que aquela era uma sociedade bastante estratificada, na qual o trabalho de muitos era explorado por uma elite relativamente pequena. Eu me perguntava se os grandiosos palácios da antiga Creta poderiam ter sido construídos sem escravidão ou pelo menos sem algum tipo de exploração do trabalho braçal em larga escala. Talvez, quando a antiga escrita da civilização minoica for decifrada, teremos uma imagem mais clara. No entanto, há outros sinais mais diretos de desigualdade extrema a considerar. Por exemplo, há evidências de morte violenta consistente com sacrifício humano em um local próximo a Cnossos.[3] O assassinato ritual de humanos para agradar ou apaziguar os deuses é um dos sinais mais claros de opressão de cima para baixo já produzidos. Será que eu estava diante de uma ordem social altamente desigual, legitimada pelo apelo aos deuses?

O foco principal deste capítulo é o papel desempenhado pela religião organizada na ascensão e na disseminação de sociedades maiores, hierárquicas e centralizadas. Como vimos no Capítulo 2, nosso relacionamento com o sobrenatural costuma assumir algumas formas extremamente difundidas — por exemplo, imaginar que agentes e forças sobrenaturais podem nos ajudar ou prejudicar, presumir que continuamos a viver após a morte, atribuir design inteligente ao mundo natural ou lembrar e transmitir conceitos que contradizem nossas intuições de maneiras que cativam e encantam. No entanto, à medida que as sociedades cresciam e se tornavam mais complexas, essas características da religião selvagem foram domesticadas e exploradas da mesma forma que animais de tração foram treinados a puxar um arado. Nossos vieses religiosos foram aproveitados para controlar nosso comportamento. Com o tempo, nossas crenças no sobrenatural nos compeliriam a nos submeter aos governantes, a pagar-lhes tributos e a lutar suas guerras.

Três amplos grupos de características religiosas surgiram ao longo do tempo, cada um explorando nossos instintos religiosos de maneiras distintas. Primeiro, nossa tendência natural a acreditar em vida após a morte tornou-se uma razão para manifestações de obediência a ancestrais caprichosos e muitas vezes ranzinzas. Em seguida, nossa expectativa de que seres sobrenaturais devem ser socialmente dominantes tornou-se um meio de legitimar novas formas de dominação política. E, por fim, nossos instintos morais foram aproveitados de maneiras que possibilitaram que impérios dotados de diversidade interna, permeados por diferenças de classe e etnia, cooperassem e competissem em um mundo cada vez mais globalizado. No entanto, essa não é uma história simples de contar: embora essas três dimensões da religião tenham evoluído nessa ordem, elas não se substituíram, mas muitas vezes se sobrepuseram e se entrelaçaram. Essas três fases contribuíram imensamente para a religião como a conhecemos hoje, formando ricos veios que serviram de base para as tradições de fé distribuídas pelo mundo na atualidade.

Por que venerar os ancestrais?

Quando os seguidores do Kivung em Papua-Nova Guiné depositavam oferendas de alimentos em templos construídos para esse fim, esperavam que seus ancestrais ficassem satisfeitos com o trabalho árduo e as boas intenções empregados no preparo e na apresentação de seus presentes. O objetivo era despertar nos ancestrais um sentimento de obrigação e um desejo de se reunirem com seus descendentes, acelerando, assim, o retorno milagroso dos mortos que os seguidores do Kivung esperavam ansiosamente. Como vimos, entretanto, preparar e deixar oferendas para agradar e apaziguar os ancestrais era uma tarefa árdua. Todos os dias, mês após mês e ano após ano, os membros das comunidades Kivung depositavam oferendas para os ancestrais no templo do cemitério da aldeia. Mas eles também levavam as oferendas para outros tipos de templos. Um deles foi nomeado em homenagem a um fundador proeminente do movimento e precisava ser visitado duas vezes por semana. Outro tipo de templo, associado a famílias individuais e seus ancestrais, também exigia visitas regulares. Além disso, todos os membros do Kivung deviam comparecer a longas reuniões semelhantes a cultos religiosos em um salão construído na aldeia para esse fim, duas vezes por semana. Sem mencionar os muitos outros rituais que precisavam ser realizados individualmente todos os dias, bem como inúmeras abstinências associadas a dias sagrados especiais (dois por semana) e estados de poluição menstrual (que em geral afetavam pelo menos algumas das mulheres da aldeia em dado momento). Em resumo, a necessidade de satisfazer as incessantes demandas dos ancestrais por constantes demonstrações de atenção, devoção e preocupação levou a formas altamente rotinizadas de ritual no Kivung.

Todas essas crenças tinham suas bases em intuições religiosas pan-humanas sobre a vida após a morte. O conceito Kivung de "ancestral" estava fundamentado na ideia de que mentes podem ser separadas dos corpos e podem continuar a viver mesmo depois que a "casca" física está apodrecendo sob a terra — uma crença que, como expliquei, parece ser uma expressão da forma como racionalizamos estados mentais e, em particular, funções cognitivas superiores, como memórias, crenças e desejos. Mas o Kivung aproveitou essas intuições de novas maneiras para motivar sentimentos de obrigação para com os ancestrais, que, por sua vez, motivavam altos níveis de conformidade ritual. O que era saliente sobre a psicologia dos ancestrais era o fato de ela exigir respeito, cuidado e atenção meticulosos dos vivos, de tal forma que os adeptos eram compelidos a cumprir suas obrigações com a máxima atenção aos detalhes, e a ideia de que os ancestrais saberiam e lembrariam se eles haviam feito isso ou falhado em algum aspecto.

Além disso, atribuía-se aos ancestrais algumas propriedades levemente contraintuitivas, como a capacidade de atravessar paredes (uma violação da física intuitiva) e de ler os corações e as mentes das pessoas (uma violação da psicologia intuitiva). Essas não eram propriedades contraintuitivas comuns; cada uma gerava poderosos efeitos sociais. Elas indicavam que os ancestrais não só esperavam que seus descendentes cumprissem seus deveres rituais de modo consciencioso, mas também que podiam fiscalizá-los, mantendo toda a comunidade sob vigilância contínua, pois podiam se mover à vontade e ver quem estava planejando poupar esforços ou fugir de suas obrigações. Como tal, as crenças Kivung nos ancestrais forneciam um método formidável de impor a rotinização de rituais em todo o movimento.

O desejo de agradar e apaziguar os ancestrais ajudou a transformar os seguidores do Kivung em ávidos adeptos da conformidade, garantindo que as crenças e as práticas do movimento fossem mantidas intactas. Mas os seguidores do Kivung não foram os primeiros a se deparar com esse método de imposição da conformidade de crença e prática. Os ancestrais são os guardiões da tradição em muitas regiões do mundo. Sociedades que veneram ancestrais também respeitam seus anciãos, considerados os guardiões do conhecimento de como as coisas eram feitas no passado. Os anciãos ficam satisfeitos quando seguimos suas estimadas tradições e pessoalmente ofendidos e punitivos quando não o fazemos. Pode-se dizer que os ancestrais são anciãos em grande escala. Eles esperam que todos cumpram com seus deveres rituais e observem as tradições do grupo à risca — assim como os anciãos —, mas eles ficam até mais ofendidos do que os anciãos quando não obedecemos. Além disso, eles têm mais poderes para punir os preguiçosos e desrespeitosos.

No entanto, o culto aos ancestrais não é necessariamente uma forma moralizante de religião, porque os mortos muitas vezes não se importam com a forma como tratamos os vivos. Podemos ser tão enganosos, ardilosos, egoístas e agressivos quanto quisermos uns com os outros, desde que sejamos respeitosos e diligentes com nossos entes queridos já falecidos. E, ao contrário dos deuses moralizadores imaginados como oniscientes, onipotentes e sempre corretos, os ancestrais costumam ser vistos como falíveis, caprichosos e inconsistentes. Eles podem ser benevolentes e ignorar um lapso ritual hoje, mas lançar doenças e pestilências sobre você amanhã pela menor das negligências.

O alto poder intuitivo e a utilidade social dessas ideias ajudam a explicar seu surgimento precoce na história mundial. De fato, elas parecem ter desempenhado um papel cada vez mais importante na maneira como as identidades de grupo se estabeleceram no Neolítico. Isso é nítido nas evidências arqueológicas de uma crescente preocupação com práticas de sepultamento secundário à medida que as sociedades agrícolas aumentavam de tamanho, sugerindo uma crescente preocupação com o apaziguamento dos ancestrais. Enquanto os sepultamentos primários são ocasiões para o enterro de corpos, em geral logo após a morte, os sepultamentos secundários envolvem a remoção dos restos mortais muito depois — às vezes anos — com o propósito de um novo tratamento ritual. A forma como isso era realizado na pré-história antiga variava muito entre os diferentes grupos culturais — desde a remoção de tecidos moles do esqueleto humano com lâminas até a putrefação do corpo para "descarnar" os ossos de forma mais lenta.

Em alguns casos, não eram os restos esqueléticos que eram venerados, mas as cinzas de corpos incinerados ou outros objetos duráveis associados aos mortos. Não importa a configuração dessas ações, elas sempre pareciam visar à criação de um relacionamento social duradouro com os mortos, por meio de alguma parte de seus restos que pudesse ser preservada, proporcionando um ponto de conexão com o espírito eterno.

As práticas de sepultamento secundário são bastante difundidas no passado humano. Dos cultos ao crânio em alguns dos primeiros sítios neolíticos na Palestina até os antigos túmulos da Irlanda, e dos recintos funerários do norte de Israel até os cemitérios da antiga China, os primeiros agricultores do mundo eram muito preocupados em manter um relacionamento com seus mortos.[4] Ossos e pedras são com frequência tudo o que resta dessas sociedades antigas, mas os ossos, em particular, revelam uma infinidade de maneiras de dispor os corpos, como retirar ou reconstruir a carne; remover cabeças, mandíbulas ou outras partes do corpo e colocá-las cuidadosamente em locais significativos; vestir e despir o esqueleto; presenteá-los com oferendas; pintá-los com ocre; ou adornar as órbitas dos olhos com conchas. Pense nas casas — especialmente as casas de história — de Çatalhöyük, mencionadas no último capítulo, nas quais os mortos eram enterrados e reenterrados repetidamente ao longo de várias gerações.

Esse desejo de se conectar com os ancestrais, mesmo com os que morreram antes que qualquer pessoa manuseando seus ossos tivesse nascido, sugere uma preocupação crescente com as origens do grupo: parece claro que os primeiros agricultores tinham um forte senso de obrigação para com seus ancestrais. Portanto, parece bastante plausível que isso tenha atuado como um mecanismo de reforço quando se tratava da realização fiel de rituais e da manutenção de tradições reverenciadas.[5] No entanto, o mais impressionante é o quanto essa mudança está associada à transição para a agricultura. Embora os detalhes de como o culto aos ancestrais era conduzido e conceituado permaneçam obscuros, a análise do comportamento de sociedades tradicionais sobreviventes hoje sugere que o papel crescente dos mortos nas sociedades antigas estava intimamente relacionado com o surgimento da agricultura. Usando grandes amostras de dados etnográficos sobre sociedades modernas para inferir a relação entre agricultura e culto aos ancestrais durante o Neolítico, e empregando técnicas estatísticas sofisticadas para reconstruir as trajetórias evolutivas das sociedades antigas, pesquisadores defendem que a veneração dos ancestrais decolou de fato com a intensificação das práticas agrícolas.[6] A ligação entre culto aos ancestrais e agricultura também pode ser observada no registro etnográfico. Por exemplo, um estudo comparando 114 sociedades mostrou que os caçadores-coletores são os menos propensos a venerar seus ancestrais, os agricultores de subsistência mais e os agricultores avançados ainda mais.[7]

Isso pode ser explicado em parte pela utilidade dos ancestrais na resolução de questões legais. Afinal, as reivindicações de propriedade de terras agrícolas e outros recursos costumam se basear na posse ou no uso prévio, demonstrados com referência à ascendência rastreável e a suas provas físicas. Em disputas tradicionais de terras ao redor do mundo, os lados opostos apelam para princípios de descendência e herança. Manter relações próximas com os mortos é, portanto, importante, e a melhor maneira de demonstrá-lo é por meio do cumprimento das obrigações rituais. Mas, além disso, crenças em ancestrais exigentes provavelmente motivariam as pessoas a cumprir suas obrigações com parentes vivos, sejam consanguíneos ou por afinidade. Isso teria sido especialmente crucial após a transição para a agricultura, porque tais deveres eram necessários para a produção de excedentes — que, como vimos no capítulo anterior, eram vitais para a sobrevivência em uma economia baseada em unidades domésticas.

Entretanto, a veneração dos ancestrais teve ramificações que ultrapassaram os domínios da economia e da lei. Ao oferecer um método sancionado por forças sobrenaturais para fiscalização da adesão aos rituais e às normas do grupo, o culto aos ancestrais ajudou a padronizar e preservar as tradições culturais de uma sociedade, possibilitando, por sua vez, estabilização e crescimento. Mas, com o tempo, isso traria consequências inesperadas. A princípio, o culto aos ancestrais possibilitou que instituições sociais relativamente igualitárias florescessem. Durante vários milhares de anos após a invenção da agricultura, as comunidades cresceram em tamanho e densidade, mas não se tornaram muito mais hierárquicas. No entanto, à medida que a agricultura se intensificou e os excedentes se tornaram mais abundantes, o culto aos ancestrais transformou-se em algo muito mais sombrio. Em vez de apenas obedecer a regras aceitas por todos e aplicadas por pressão dos pares, as ideias sobre o apaziguamento dos ancestrais passaram a estar associadas a formas cada vez mais opressivas de imposição de cima para baixo.

No entanto, antes que isso pudesse acontecer, uma mudança fundamental precisava ocorrer na forma como as pessoas pensavam sobre liderança. Era necessário dar o salto de apenas respeitar as pessoas por causa de suas realizações para curvar-se a elas por causa de qualidades sobrenaturais e poderes considerados herdados por nascimento. Esse modo de pensar acabou por levar à santificação das elites e à deificação dos governantes.

Sanção divina e autoridade mundana

Ao longo da história mundial, e com uma frequência surpreendente, líderes reivindicaram a posição de representantes de ancestrais, deuses ou uma infinidade de outras entidades sobrenaturais. À primeira vista, isso é um fenômeno peculiar; é difícil imaginar como qualquer indivíduo conseguiria alegar ser o detentor da proteção do sobrenatural sem ser ridicularizado ou colocado no devido lugar. Então, como chefes, reis e imperadores se estabeleceram como instrumentos para os poderes superiores?

Antropólogos descreveram essa transição nas sociedades das ilhas do Pacífico usando a distinção entre sistemas de "grandes homens" e chefaturas.[8] Grandes homens alcançam suas posições de poder e influência por meio de habilidade pessoal e esforço, conquistando um grupo de seguidores e oferecendo-lhes proteção em troca de apoio e trabalho. Por exemplo, o termo "grande homem" em geral é usado para descrever uma forma comum de liderança nas sociedades melanésias, em que os indivíduos ganham influência e respeito demonstrando qualidades muito admiradas: bravura, diligência, generosidade, habilidades oratórias, poderes mágicos e capacidade para acumular riqueza.[9] Mas o crucial é que, quando o grande homem morre ou perde sua influência, sua autoridade morre com ele. Em contraste, o status, o poder e a riqueza dos chefes são em grande parte atribuídos, em geral como um direito de nascença. Muitas vezes, isso assume a forma de alguma essência mística, transmitida ao longo da linhagem dos chefes.

A hierarquia hereditária proporcionou uma base para algo ainda mais revolucionário: o surgimento do reinado por sanção divina em Estados e impérios muito maiores. Em muitos desses sistemas sociais, o domínio dos chefes se expandiu de modo gradual, com os governantes assumindo poderes cada vez mais formidáveis. Reis e imperadores em regiões tão distantes quanto América do Sul, África e Ásia em algum momento foram divinizados ou pelo menos vistos como dotados de poderes sobrenaturais. Em seu grande estudo comparativo das primeiras civilizações, o arqueólogo Bruce Trigger traçou o surgimento do reinado divino em regiões tão diversas como as Américas (casos dos Astecas, Incas e Maias), África (Egito e Yoruba), Mesopotâmia (Império Acadiano) e norte da China (Shang).[10] A realeza nessas sociedades, como explicou Trigger, era respaldada pelo poder sobrenatural, exercido de maneira ostensiva para a proteção de todos contra desastres naturais, mas também para justificar o castigo de indivíduos imprudentes o suficiente para demonstrar falta de deferência extrema, o que em geral significava a morte dos infratores. Em Estados onde os reis eram tratados como divindades, como no Havaí, os súditos tinham que se prostrar na presença do monarca, enquanto, em Benin, a mera sugestão de que o rei tinha necessidades humanas (como comer ou dormir) acarretava pena de morte. Mas, mesmo em locais onde os reis não eram divinizados, acreditava-se que eles possuíam poderes sobrenaturais. Por exemplo, os reis astecas, embora não fossem deuses, eram vestidos com a insígnia dos deuses nas cerimônias de coroação. Da mesma forma, os primeiros governantes dinásticos na Mesopotâmia portavam insígnias consideradas de origem divina, e a instituição da realeza era vista como algo concedido pelos deuses.[11]

Uma vez estabelecidos, os sistemas de realeza passaram a ter um grande apelo psicológico, talvez por serem endossados por nossas intuições mais básicas sobre liderança. Como vimos no Capítulo 2, mesmo antes de falar, os bebês esperam que seres sobrenaturais sejam socialmente dominantes. Isso sugere que os seres humanos têm uma tendência natural de esperar que indivíduos que exibem poderes minimamente contraintuitivos — como habilidades mágicas, capacidade de prever o futuro, se comunicar com os mortos ou desvendar as causas de um infortúnio — façam jus ao respeito dos mortais inferiores. Nas antigas sociedades de caçadores-coletores, tais indivíduos podem ter sido xamãs, curandeiros ou mestres de iniciação. Mas, com a transição de sociedades de "grandes homens" para sistemas institucionais maiores e mais centralizados, os líderes passaram a ser imaginados como detentores de poderes sobrenaturais muito mais extraordinários.

No entanto, embora seja fácil entender como acabamos aceitando tais líderes uma vez que eles estão bem estabelecidos e cercados por exércitos poderosos e fortificações imponentes, isso não nos diz muito sobre como tais sistemas surgiram. Embora seja difícil reconstruir em detalhes como líderes autoproclamados se transformaram em sistemas de hierarquia hereditária pela primeira vez, em várias sociedades é possível afirmar com alguma confiança quando isso aconteceu. No antigo Egito, esse salto ocorreu há milhares de anos, enquanto na África Subsaariana aconteceu muito mais tarde. Em algumas regiões, podemos até arriscar precisar o momento em que esse limiar foi ultrapassado. Por exemplo, Naram-Sin, que reinou sobre o Império Acádio de 2254 a 2218 A.E.C., foi o primeiro governante na Mesopotâmia conhecido por receber status divino.[12] Ele não apenas convenceu o povo de Acádia a aceitar que ele era um deus vivo, mas também que ele era capaz de transmitir sua essência divina para sua descendência — de fato, sua filha se tornou o único exemplo conhecido de uma mulher não monarca a ser divinizada nessa antiga civilização.

As primeiras sociedades a dar esse salto de "grandes homens" para chefes hereditários provavelmente o fizeram aos trancos e barrancos. Temos exemplos de sociedades que conseguiram cruzar esse limiar e ruíram em seguida, sendo seu destino registrado por exploradores, missionários ou invasores. Em alguns lugares, sabemos que isso aconteceu não só uma, mas várias vezes. Por exemplo, entre as tribos das colinas de Mianmar (antes Birmânia), houve ocasiões em que grupos de descendência que experimentaram colheitas excepcionais conseguiram convencer seus vizinhos de que descendiam de espíritos poderosos, legitimando, assim, reivindicações de hierarquia hereditária. No entanto, suas tentativas de replicar o sistema hierárquico do Estado Shan invariavelmente fracassaram e as reivindicações de status de chefe chegaram ao fim. Argumenta-se que esse padrão se repetiu várias vezes entre grupos como os kachin, naga, wa e chin.[13]

Portanto, fazer essa transição não é fácil. Mas podemos vislumbrar como os líderes tentaram executá-la — e às vezes fracassaram — ao examinar o registro etnográfico. Primeiro, isso envolve reconhecer que nem todos os tipos de liderança sobrenatural são iguais. Muitos tipos de liderança envolvendo o exercício de poderes sobrenaturais podem ser classificados em um continuum, dos mais humildes aos mais glorificados.[14] No extremo mais humilde está a vítima de possessão espiritual, cujo corpo é invadido pela presença indesejada de um ser estranho. A pessoa é tomada de forma incontrolável e é incapaz de resistir. Esses indivíduos podem, em estado de possessão, exercer influência sobre sua comunidade, mas, como se acredita que têm pouco controle sobre a experiência em si, não lhes é atribuído grande respeito ou autoridade como líderes. Em contraste, acredita-se que os médiuns espirituais tenham mais domínio sobre a situação. Eles costumam ser considerados como agentes controladores da entrada e da saída dos espíritos e, como tal, têm alguma autoridade sobre eles e sobre seus semelhantes mortais. Mais adiante nesse continuum está o profeta, que não apenas exerce controle, mas atua como intérprete das forças do "além". Tais indivíduos exercem autoridade superior por si mesmos, não apenas canalizando o mundo espiritual, mas moldando seu impacto neste mundo. E, por fim, no extremo mais glorificado do espectro, estão os reinados divinos e a apoteose. O poder terreno absoluto envolve a personificação do mundo espiritual, na qual o líder se torna uma encarnação pura do sobrenatural — não um receptáculo passageiro, mas um envoltório permanente para o divino. Figuras de autoridade como imperadores ou messias são vistas como infalíveis. Suas palavras podem facilmente se tornar lei.

Esse esquema capta algumas características fundamentais de como a liderança baseada em reivindicações de poder sobrenatural evoluiu ao longo de milhares de anos. Mas também existem momentos raros em que os antropólogos conseguiram observar as dinâmicas da transição em tempo real. Tive a sorte de testemunhar um desses extraordinários processos de transição durante meu trabalho de campo entre os baining, na Papua-Nova Guiné. Tradicionalmente, os baining não tinham chefes hereditários. As posições de liderança na comunidade precisavam ser conquistadas por meio do cultivo de uma reputação como um pilar da comunidade. Para um homem, isso significava realizar grandes feitos como guerreiro, orador, mago ou especialista ritualístico. Para uma mulher, em geral significava ter e criar muitos filhos ou assumir um papel de liderança nas iniciações secretas de meninas ou na organização de banquetes comunitários. Mas ninguém reivindicava o direito de comandar outras pessoas com base em autoridade sagrada. Os líderes careciam da superioridade espiritual da hierarquia hereditária e não havia chefes ou reis que proclamassem ser deuses ou mesmo agir em nome deles. No entanto, durante meu trabalho de campo, tive uma oportunidade rara de testemunhar tentativas de mudar isso.

Na minha aldeia, um jovem na casa dos 20 anos chamado Tanotka teve um episódio de delírio. É provável que tenha sido causado por malária cerebral, uma doença comum, e muitas vezes fatal, na aldeia.[15] No entanto, as estranhas declarações que ele fez durante sua doença levaram muitos a concluir que ele estava possuído por um ancestral. Uma das afirmações mais comentadas feitas por Tanotka durante seu estado febril (ou melhor, pelo ancestral que falava através dele) foi a seguinte: "Eu sou um pilar". Segundo seu irmão mais velho — um homem conhecido como Baninge —, ele se referia ao pilar central usado nas casas tradicionais dos baining para sustentar o telhado. Essas casas redondas tinham telhados cônicos construídos em torno de um anel de pilares, com as vigas convergindo para um pilar central. Segundo Baninge, o ancestral estava dizendo que seria o suporte da comunidade (simbolizada pelo anel de pilares) para que as pessoas se apoiassem nele (assim como as vigas no pilar central) em seus esforços para se reunirem com seus parentes falecidos. Isso foi interpretado como um sinal de que o milagre do retorno dos ancestrais era iminente.

Para classificar esses elementos de liderança no esquema que acabo de descrever, podemos dizer que Tanotka foi apenas uma vítima indefesa da possessão espiritual, incapaz de controlar a situação. Mas seu irmão, Baninge, assumiu um papel de liderança mais semelhante ao de um médium espiritual, interpretando a mensagem de Tanotka. Na verdade, mais do que isso, Baninge pretendia servir como guia para a vontade dos ancestrais. Depois que Tanotka se recuperou de sua doença, ele começou a ter outras visões e a fazer novas declarações enigmáticas, trabalhando em estreita colaboração com Baninge para atribuir sentido a tudo. Juntos, assumiram o papel de profetas — interpretando mensagens do além. Gradualmente, Tanotka começou a se retirar da vida pública, tornando-se um recluso, e aqueles ao seu redor argumentavam que ele estava se transformando em um ancestral — uma espécie de deus encarnado. Pouco a pouco, Tanotka estava passando por uma apoteose, prestes a emergir no extremo de nosso continuum como um receptáculo para o divino — um messias dos baining. Diferente de um grande homem, cuja autoridade se esgota com sua morte, Tanotka estava se transformando em uma divindade viva. À medida que ele passou a ser visto cada vez mais como um deus vivo, ele não precisava mais aparecer em público ou praticar ações de significado social. Se ele tivesse consolidado essa posição e gerado um filho, certamente haveria motivos plausíveis para afirmar que a prole de Tanotka herdaria seu status divino.

A trajetória de Tanotka exibiu todas as características da transição individual do "grande homem" para o "chefe" hereditário. Mas não era para ser. A transição de mediunidade para divindade é algo que foi tentado inúmeras vezes nas sociedades humanas no limiar de sistemas hierárquicos, mas não é fácil de se realizar. A principal razão, como Tanotka descobriu, é que reivindicações de status divino atraem ceticismo e crítica. Os humanos são sensíveis aos sinais de que as alegações de status sobrenatural são movidas por interesse próprio e legitimam reivindicações de dominância social. Por essa razão, Tanotka não poderia se declarar um ancestral vivo, mas apenas aspirar a essa posição por meio dos esforços de outra pessoa. Se Baninge o incentivasse, então Tanotka poderia fingir relutância em assumir o manto da autoridade antes de acabar cedendo ao seu destino de glorificação. Apesar dessa engenhosidade maquiavélica, no entanto, as reivindicações de liderança de Tanotka ruíram. Em parte, isso ocorreu porque o grupo dissidente ao qual Tanotka estava associado foi forçado a se dissolver após o fracasso de suas profecias. Seus seguidores abateram o próprio gado e consumiram a carne em banquetes luxuosos para celebrar o retorno de seus ancestrais. Mas, quando os ancestrais não chegaram, eles enfrentaram a ameaça de fome e tiveram que abandonar o grupo dissidente e seus líderes, retornando à monotonia da vida cotidiana.

É claro que os esforços para alcançar status de chefia ou aristocrático com base em reivindicações de poder sobrenatural não encontraram ampla ou duradoura aceitação nas culturas tradicionais da Papua-Nova Guiné continental. Mas, no exemplo de Tanotka, temos um vislumbre de como um indivíduo poderia — nas circunstâncias certas, fazendo as reivindicações certas e sendo apoiado pelos patrocinadores certos — reivindicar autoridade sobrenatural. Isso também deve ter ocorrido na pré-história de civilizações que vão desde a antiga Mesopotâmia até o Império Inca. Mas não é necessário viajar muito longe da Papua-Nova Guiné continental para encontrar exemplos de líderes com mais sorte do que Tanotka ao reivindicar esse tipo de poder. Análises de DNA antigo mostraram que os ancestrais de Tanotka migraram para regiões do Pacífico onde de fato evoluíram chefaturas, seja de forma independente ou por meio da disseminação de costumes de outras ilhas, como as no Triângulo Polinésio entre Nova Zelândia, Havaí e Ilha de Páscoa.[16] Tais sociedades desenvolveram hierarquias bem estabelecidas e líderes que embasavam sua autoridade em uma forma hereditária de poder sobrenatural conhecida como *mana*. Alguns desses chefes governavam arquipélagos inteiros, transmitindo seus domínios para seus filhos e herdeiros. Aqueles com *mana* não apenas assumiam o poder, mas passavam a incorporá-lo.

Uma vez realizada a transição, seus efeitos são transformadores. Em poucas gerações, a liderança hereditária pode se enraizar na tradição. Isso leva à expansão: se os líderes transmitem autoridade mundana aos seus filhos, então suas facções não estão mais destinadas a implodir após sua morte — em vez disso, podem crescer ao longo de sucessivas gerações por meio de sistemas hereditários. Portanto, essa invenção marca a transição de um sistema social relativamente pequeno, baseado no equilíbrio de poder entre grupos formados por laços de parentesco e descendência, para as primeiras sociedades hierárquicas em grande escala, com elites governantes.

Para os primeiros agricultores da pré-história, isso se revelaria uma bênção e uma maldição. Uma vez descobertas, formas hereditárias de poder sancionado pelo sobrenatural revolucionaram o cenário político, criando riqueza e poder — mas não para todos. Essa virada teve um lado sombrio. Os primeiros governantes que exerciam poder sobrenatural tendiam a levar a ideia de dominação política a extremos. Isso é especialmente evidente na prática generalizada do sacrifício humano.

A ascensão do sacrifício humano

Os astecas da região central do México arrancavam os corações de inúmeras vítimas sacrificiais para alimentar o voraz apetite do deus do Sol, temendo que ele enfraquecesse e não conseguisse fazer a jornada diária pelo céu. Mas eles também sacrificavam humanos para celebrar conquistas comunitárias, como a conclusão de projetos de construção de templos. Embora a dor fosse inimaginável, não era a pior forma de morrer. Alguns sacrifícios mesoamericanos envolviam tortura prolongada antes da extração do coração, como o esfolamento das vítimas e diversas formas de sangria.[17] Para os incas, um método comum de sacrifício era sepultar a pessoa viva.

Algumas das informações sobre essas práticas foram obtidas a partir dos escritos dos cronistas espanhóis, que exigem considerável expertise para serem interpretados de forma correta, com mínimo risco de vieses ou exageros passarem despercebidos. Mas parte das evidências sobreviveu até os tempos modernos porque os corpos das vítimas sacrificiais foram cuidadosamente preservados. Por exemplo, no século anterior à conquista espanhola em 1532 E.C., os incas construíram santuários no topo das montanhas, onde deixaram muitas vítimas sacrificiais para congelar, só sendo recuperadas no século XX, quando os corpos mumificados ainda estavam em boas condições.[18]

Com base em uma combinação de registros escritos e autópsias, os pesquisadores têm certeza de que um grande número de pessoas foram mortas em sacrifício pelos incas por uma infinidade de razões, tais como: celebrar a vida dos imperadores, garantir fertilidade e saúde ou buscar expiação em resposta a desastres naturais. Muitos dos sacrificados eram crianças, com idades entre 4 e 10 anos no caso dos meninos, enquanto as meninas em geral eram mantidas vivas até a puberdade, porque a virgindade feminina era muito valorizada nas vítimas sacrificiais. A escala em que esses assassinatos foram realizados é impressionante. Em um caso, acredita-se que cerca de duzentas crianças foram sacrificadas para celebrar a coroação de um único imperador.

O terror e a agonia das vítimas sacrificiais em tais sociedades são difíceis de compreender nos dias de hoje. Mas também é muito perturbador ponderar o sofrimento de seus entes queridos. Como seria para um pai ter que entregar seu filho querido para ser torturado e morto? É difícil imaginar uma expressão mais extrema do poder dos governantes. Mesmo entre os regimes políticos mais repressivos presentes no mundo hoje em dia, incluindo aqueles que realizam execuções públicas ou praticam tortura contra dissidentes, as organizações de direitos humanos teriam dificuldade em identificar formas de violência estatal mais macabras do que o sacrifício humano praticado em eras passadas. E, no entanto, embora o sacrifício humano seja hoje extremamente raro, nem sempre foi assim. De fato, ao longo das primeiras chefaturas e Estados, desde a Eurásia ocidental até a África Subsaariana, da Polinésia às Américas, e da Europa do Norte à Ásia Oriental, o sacrifício humano foi notavelmente difundido. Por quê?

Uma explicação para o surgimento e a disseminação do sacrifício humano é que ele foi uma adaptação cultural bem-sucedida, permitindo que os grupos que o adotaram se tornassem maiores, mais ricos e mais bem organizados, o que possibilitou que se expandissem e conquistassem seus rivais. Se você tivesse nascido em uma sociedade assim, poderia se considerar afortunado de muitas maneiras. Mas, por outro lado, a menos que fizesse parte da elite governante, também poderia considerar o sistema bastante injusto. Os detentores do poder eram capazes de cercar-se de níveis de riqueza e luxo negados ao povo. Não apenas poder, riqueza e status estavam concentrados em grupos de elite, mas os membros desses grupos geralmente desfrutavam de relativo lazer, beneficiando-se dos frutos do trabalho alheio. E faziam isso afirmando que tudo era parte de uma ordem divina. A religião tornou-se uma base para a legitimação da desigualdade. Há mais de 5 mil anos, as cidades-Estado sumérias já eram governadas por líderes sacerdotais ou por reis associados aos ritos religiosos locais e aos deuses patronos. Pouco depois, o Egito foi unificado em poderosos reinos pelos faraós legitimados por poderes sobrenaturais cujos rituais exigiam o sacrifício de vidas humanas. Padrões semelhantes surgiram na Ásia Meridional, China, Mesoamérica, Polinésia e em outros lugares.

De muitas maneiras, esses sistemas políticos desiguais contrariam nossos impulsos igualitários. Como as pessoas passaram a aceitar que elites que contribuíam tão pouco para o bem coletivo deveriam ter direito a desfrutar de tantos privilégios? A resposta estava na religião. Os deuses exigiam que aceitássemos formas extremas de desigualdade. E em nenhum lugar esse dogma foi expresso de maneira mais marcante do que na instituição do sacrifício humano. Elites capazes de usar a violência institucionalizada para semear terror na população geral eram mais capazes de sustentar uma desigualdade extrema e, portanto, expandir seus domínios por meio da força bruta. O sacrifício humano é apenas um exemplo dessa abordagem geral de construção de impérios e andava de mãos dadas com outras formas extremas de dominação, desde o aprisionamento até modos brutais de colonização, tortura e execuções públicas. Mas, enquanto todas essas formas de repressão apelavam para forças cósmicas, o sacrifício humano o fazia da maneira mais marcante possível. Não era apenas endossado, mas exigido, pelos deuses.

Entendemos esse fenômeno como nunca antes graças à maravilhosa diversidade das sociedades das ilhas do Pacífico, que fornecem um laboratório natural e um campo de testes adequado para nossas teorias.[19] Os povos de língua austronésia originaram-se na atual Taiwan, mas seus descendentes navegadores se espalharam por vastas áreas dos oceanos Pacífico e Índico, colonizando ilhas tão distantes quanto Polinésia e Madagascar. Muitas das sociedades que eles geraram cruzaram o limiar da autoridade hereditária, estabelecendo uma grande diversidade de linhagens aristocráticas e reais, baseando seu direito de governar em reivindicações de poder sobrenatural. O sacrifício humano era amplamente praticado nessas sociedades, apesar de seus sistemas de crenças culturais e de seus métodos de matar vítimas sacrificiais variarem muito — desde espancamentos, esmagamentos, decapitação e desmembramento até estrangulamento e afogamento. Essas formas variadas de assassinato ritualizado em geral eram realizadas por ordem das elites — sacerdotes, chefes e reis —, enquanto as vítimas muitas vezes eram de baixo status (escravizados, crianças ou inimigos capturados).

Para investigar a relação entre desigualdade social e sacrifício humano, os pesquisadores começaram reunindo uma amostra de 93 grupos linguísticos austronésios. Aqueles que não tinham mecanismos para a herança de riqueza e status, com base nos sistemas de "grande homem" que descrevi anteriormente, foram classificados como "igualitários". Aqueles que haviam ultrapassado o limiar do estabelecimento de sistemas hereditários, mas que ainda permitiam mobilidade ascendente dentro de uma única geração, foram classificados como "moderadamente estratificados". E aqueles que tinham diferenças hereditárias de riqueza e status, mas pouca oportunidade de mobilidade ascendente dentro de uma geração, foram classificados como "altamente estratificados" — o que significa, basicamente, que as posições na ordem social eram atribuídas em grande parte por nascimento. O estudo descobriu que o sacrifício humano era mais difundido nas sociedades altamente estratificadas, mas raro nas igualitárias. Usando árvores de linguagem para traçar como os vários grupos de língua austronésia evoluíram ao longo do tempo, os pesquisadores demonstraram que a adoção de sacrifício humano por qualquer grupo em determinado momento do passado aumentava as chances de se tornar altamente estratificado no futuro e reduzia as chances de a estratificação desaparecer uma vez estabelecida. Em outras palavras, havia uma forte relação entre sacrifício humano e desigualdade social, consistente com a ideia de que o sacrifício humano surgiu como uma forma de impor a obediência das populações instilando o medo.

A instituição do sacrifício humano não era apenas uma demonstração de força bruta. Era também um dever e um contrato sagrados entre humanos e deuses. O Império Inca se estendia por uma região da América do Sul onde placas tectônicas colidiam, causando terremotos e erupções vulcânicas frequentes e catastróficas. Os esforços para agradar e apaziguar as divindades responsáveis por esses desastres naturais se concentravam em presentes de alto custo. E o que poderia ser mais precioso do que os próprios filhos amados? Na medida em que aderiam a esse sistema, é provável que os súditos incas não vivessem em um estado de ressentimento diante da injustiça, mas, sim, o aceitassem como parte da ordem natural das coisas. Embora alguns pudessem ter sido tentados a se rebelar, a maioria era submissa. A mesma situação deve ter ocorrido na Polinésia e em muitos outros sistemas políticos que praticavam o sacrifício humano. Por exemplo, grupos culturais tão diversos quanto mongóis, celtas, citas e os antigos egípcios sacrificaram humanos em algum momento, mas é improvável que as pessoas nessas sociedades considerassem esse ato uma forma de opressão cínica. Em todas as civilizações antigas nas quais humanos eram mortos para agradar ou apaziguar os deuses, a maioria das pessoas provavelmente considerava tais práticas como um mal necessário.

Isso tudo levanta uma questão: mesmo que as pessoas não se ressentissem dos atos de violência extrema ocorrendo ao seu redor, como isso poderia funcionar como um meio de instilar controle social? A resposta talvez possa ser encontrada no que os psicólogos chamam de teoria da gestão do terror, ou "TMT", na sigla em inglês. A TMT sugere que o sacrifício humano e outras práticas religiosas macabras que tornam a morte e o ato de morrer mais salientes teriam instilado medos da mortalidade e sentimentos de ansiedade existencial que, por sua vez, contribuíram para a conformidade — beneficiando, assim, as elites dominantes, que desejavam que as pessoas aderissem à ordem existente. A ideia básica por trás da TMT é que a capacidade dos humanos de reconhecer sua morte inevitável — a certeza de que todos morreremos um dia — entra em conflito direto com nossos impulsos evoluídos de sobreviver e se reproduzir. Graças a esse choque entre o desejo de se agarrar à vida e a consciência da própria mortalidade, todos estamos condenados a viver em estado de ansiedade. Defensores da TMT argumentam que, quando a própria mortalidade se torna saliente, de forma consciente ou inconsciente, as pessoas adotam diversas estratégias defensivas destinadas a reduzir o estresse negativo.[20] Uma dessas maneiras é criar a fantasia da vida eterna, e muitas pesquisas inspiradas pela TMT sugerem que as crenças na vida após a morte, como elaboradas pelas tradições religiosas, têm a função de aliviar as ansiedades sobre a morte. A ideia é que as pessoas se tornam mais comprometidas em termos religiosos sempre que a perspectiva da morte se torna mais real ou imediata. Isso lembra o velho ditado de que não há "ateus nas trincheiras" — significando que os soldados que arriscam a vida na linha de frente são mais propensos a acreditar em uma divindade e em uma vida após a morte do que pessoas em ambientes mais seguros e menos ameaçadores.

A própria existência de sistemas religiosos focados na morte e na vida após a morte é uma maneira de fazer as pessoas refletirem sobre sua mortalidade (e, assim, deferirem às normas e às figuras de autoridade). Antropólogos costumam destacar que o culto aos ancestrais torna o tema da morte muito mais saliente do que seria de outra forma — em particular, ao focar a atenção no tratamento dos corpos em vários tipos de rituais, bem como em cemitérios, túmulos e outros locais de sepultamento.[21] Essas preocupações mórbidas foram, sem dúvida, levadas a um novo patamar pela prática do sacrifício humano. De fato, é difícil imaginar um exemplo mais extremo de como a religião pode evocar um senso de terror diante da perspectiva da morte do que aquele em que seres humanos são grotescamente mortos em público para agradar ou apaziguar uma divindade. Na verdade, as preocupações com os mortos e o sacrifício humano muitas vezes se combinam. Embora os incas sejam mais conhecidos por oferecerem vidas humanas aos deuses, também eram notáveis pela profundidade de suas genealogias, rastreando relações com os mortos até doze gerações atrás.[22] Se as evidências da TMT forem consideradas, a onipresente ênfase na morte e nos mortos deve ter aumentado os níveis de deferência à autoridade e a adesão obediente às normas.

Tudo isso parece implicar que a pré-história humana é marcada por uma longa e gradual progressão por meio de mecanismos cada vez mais coercitivos de reforço das normas religiosas. Tudo começou de forma bastante inocente. As primeiras sociedades agrícolas conseguiram crescer gerando excedentes suficientes para superar tempos difíceis e, em especial, para subsidiar os lares que passavam por fases difíceis, por exemplo, quando havia muitas bocas para alimentar em relação ao número de mãos ativas. O culto aos ancestrais ajudou a impulsionar as pessoas a cumprir suas obrigações com parentes necessitados e a não descansar quando suas próprias necessidades de subsistência eram atendidas — instilando um respeito profundo e duradouro pelos mais velhos, cujas incessantes demandas devem ser atendidas mesmo depois da morte. Mas, à medida que as sociedades cresciam ainda mais, esse mecanismo sozinho não era suficiente para motivar o trabalho árduo e a devoção. O surgimento de hierarquias e elites significava ainda mais consumidores relativamente improdutivos para sustentar — não apenas crianças muito novas para assumir as responsabilidades adultas ou idosos muito frágeis para trabalhar, mas também sacerdotes profissionalizados, aristocratas e governantes que esperavam ser servidos de maneira subserviente. Para motivar esse tipo de obediência, era necessário mais do que simples devoção aos entes queridos. Era necessário o medo. Isso é o que muitas das religiões dos primeiros Estados ofereciam em abundância: desde um foco em guerras sangrentas e captura de escravizados até a prática do sacrifício humano.

O fim do sacrifício humano

No entanto, se o sacrifício humano foi um mecanismo de controle social, tornando-se mais prevalente à medida que as sociedades antigas assumiam formas cada vez mais hierárquicas e economicamente desiguais, por que ele não é mais generalizado no mundo hoje? Para responder a essa pergunta, precisávamos de um método rigoroso para comparar sociedades humanas ao redor do mundo ao longo de múltiplos milênios — o que não é uma tarefa fácil. Responder questões sobre tendências gerais e relações de causa e efeito na história mundial é notoriamente difícil. Talvez o maior problema de todos seja o viés de seleção — o risco de escolher exemplos de sociedades passadas que se encaixam em nossas teorias e ignorar evidências que não se encaixam. Precisamos de uma maneira mais objetiva de estabelecer e explicar padrões na evolução das sociedades e das culturas humanas — um método que nos permita quantificar esses padrões e testar teorias de causalidade sem saber de antemão como serão os resultados e sem poder influenciar os resultados de maneiras que favoreçam nossas explicações preferidas.

Essa ideia me levou a Peter Turchin — um dos polímatas mais prolíficos do mundo, que compartilhava do meu fascínio em explicar como chegamos até aqui. Juntos, desenvolvemos uma visão para o maior banco de dados de história mundial já construído. Utilizando uma das minhas bolsas de pesquisa, contratamos um pós-doutorando — Pieter François — para nos ajudar a dar início ao projeto, que batizamos em homenagem à antiga deusa egípcia da escrita e do registro: *Seshat*.[23] O objetivo do Seshat: Banco de Dados de História Global é testar teorias sobre como as sociedades humanas evoluíram, reunindo uma vasta quantidade de informações sobre a história mundial e analisando-as em termos estatísticos. Uma de nossas prioridades máximas foi estabelecer o papel da religião na evolução da complexidade social.

Comparar informações sobre a história de civilizações tão distantes quanto Roma e Havaí, no entanto, requer um conjunto comum de variáveis. Infelizmente, os escritos de historiadores, antropólogos e arqueólogos não fornecem esse tipo de informação de maneira fácil, acessível e analisável. Para facilitar a comparação, precisávamos criar um livro de códigos, listando todas as variáveis de interesse, para então investigar, com a ajuda de especialistas, se essas variáveis específicas estavam presentes ou ausentes em cada sociedade do passado. Nosso objetivo era capturar o máximo possível de diversidade na história global em uma série temporal contínua e ininterrupta por um período de até 10 mil anos, com base em fontes acadêmicas.

Reunir e organizar os dados publicados dessa forma exigiu um exército de assistentes de pesquisa, que examinavam livros e artigos acadêmicos e extraíam as informações necessárias, além de inúmeras horas de consultas e contribuições de dezenas de historiadores profissionais, arqueólogos e classicistas para verificar o trabalho dos assistentes de pesquisa e ajudar a melhorá-lo. Nosso ponto de partida foi decidir quais partes do mundo cobrir. Embora o objetivo do Seshat seja abranger cada quilômetro quadrado do mundo habitado, percebemos desde o início que isso seria impossível de alcançar nos primeiros dez anos. Para conseguir lançar o projeto e mostrar o que ele era capaz de fazer, precisávamos começar com uma amostra razoavelmente representativa da história mundial. Como nosso principal interesse eram os impulsionadores da complexidade sociopolítica, precisávamos de uma amostra dos sistemas políticos do mundo que capturasse o máximo possível da gama de diferentes tipos e estágios de evolução sociopolítica, considerando os recursos disponíveis para nós.

Começamos dividindo o mundo em dez regiões, antes de procurar três "áreas geográficas naturais" (AGNs) de aproximadamente 100 quilômetros quadrados cada — em geral um vale de rio, um planalto ou algum outro recurso natural antigo que tendesse a manter sua distintividade ao longo de milhares de anos. O objetivo era maximizar a diversidade no esquema de amostragem, garantindo que, para cada região do mundo, tivéssemos pelo menos uma AGN na qual a complexidade social emergisse relativamente cedo (indicada neste mapa por um círculo grande), uma relativamente tarde (círculo pequeno) e uma em algum ponto intermediário (círculo médio).[24] Esses pontos constituíam nossa amostra de trinta AGNs das quais os Estados foram selecionados.

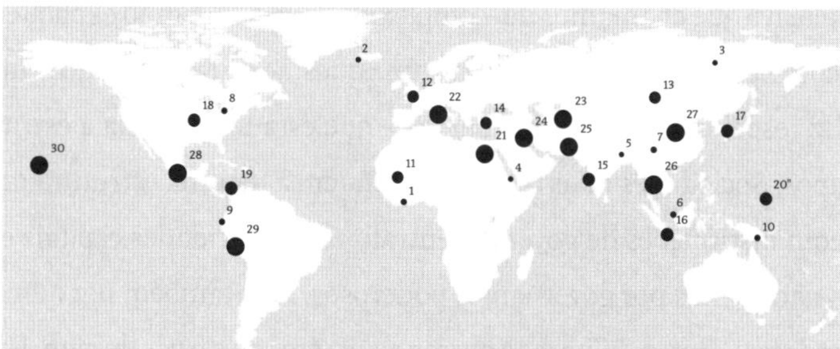

Região do Mundo	Surgimento tardio de sistemas complexos	Surgimento intermediário de sistemas complexos	Surgimento precoce de sistemas complexos
África	1-Costa de Gana	11-Delta Interior do Níger	21-Alto Egito
Europa	2-Islândia	12-Bacia de Paris	22-Lácio
Eurásia Central	3-Vale do Rio Lena	12-Vale de Orcom	23-Soguediana
Sudoeste Asiático	4-Planície Costeira do Iêmen	14-Planície de Konya	24-Susiana
Sul Asiático	5-Colinas Garo	15-Decão	25-Planície de Kachi
Sudeste Asiático	6-Bacia do Kapuas	16-Java Central	26-Bacia Cambojana
Ásia Oriental	7-Colinas do Sul da China	17-Kansai	27-Vale Médio do Rio Amarelo
América do Norte	8-Lagos Finger	18-Cahokia	28-Vale de Oaxaca
América do Sul	9-Terras Baixas dos Andes	19-Norte da Colômbia	29-Cusco
Oceania-Austrália	10-Oro, Papua-Nova Guiné	20-Ilhas Chuuk	30-Ilha Grande do Havaí

Fonte: Equipe Seshat

Dentro de cada uma das trinta AGNs, distribuídas ao redor do mundo, nosso objetivo era rastrear a evolução das entidades políticas desde os tempos mais antigos para os quais havia dados disponíveis até a chegada da industrialização. Isso nos permitiria acompanhar a evolução da complexidade social ao longo da vasta extensão da história mundial, desde o final da era Paleolítica, quando todos os humanos viviam em pequenos bandos de caçadores-coletores, até o ponto em que a maioria da humanidade passou a viver em Estados centralizados com mais de 1 milhão de indivíduos.

Para isso, no entanto, precisávamos estabelecer uma maneira de medir essa dimensão elusiva que chamamos de "complexidade social". Como expliquei no Capítulo 4, a complexidade social é em parte uma questão de tamanho do grupo. Mas também diz respeito à escala de cooperação, que está relacionada à estrutura de nossos grupos. Sociedades mais complexas tendem a ter uma estrutura mais hierárquica, com instituições de governo centralizadas em cidades capitais e supervisionadas não apenas por governantes poderosos, mas também por administradores, sacerdotes, líderes militares e outros ocupantes de cargos de elite. Há muito tempo, acadêmicos têm debatido quais características da complexidade social são mais importantes para entender a evolução social. Em vez de tomar partido nesses debates, a equipe Seshat adotou as características mais proeminentes que os acadêmicos consideraram importantes e codificou cada uma delas. Isso resultou em uma lista de 51 variáveis principais.[25] Em seguida, agrupamos nossas 51 principais características de complexidade social em 9 tópicos principais: população, hierarquia, governo, território, infraestrutura, sistema monetário, alfabetização, sistema de informação e tamanho da capital.[26]

Após codificar todas essas variáveis em centenas de sociedades ao longo de milhares de anos da história mundial, descobrimos algo bastante notável. A análise estatística das relações entre essas variáveis mostrou que elas estavam muito mais interligadas do que qualquer um de nós imaginava. Por décadas, estudiosos têm discutido sobre quais componentes — desde o tamanho do território até o número de níveis na hierarquia — deveriam ser as métricas-chave para medir a complexidade social. Nosso método concluiu que a resposta era: todos eles. O erro de cada estudioso foi argumentar que seus rivais estavam errados. Todas as 51 características avançam juntas à medida que a complexidade social aumenta.

Com essa percepção em mãos, finalmente estávamos progredindo na questão da ascensão e do declínio do sacrifício humano. Utilizamos o banco de dados do Seshat para estabelecer como o sacrifício humano e a deferência extrema à autoridade se relacionavam com o aumento da complexidade social. Como suspeitávamos, os dados do Seshat confirmaram que o sacrifício humano estava correlacionado com o surgimento da complexidade sociopolítica. Mas, com o tempo, e de forma bastante notável, o sacrifício humano desapareceu em cada uma de nossas regiões. Uma hipótese é que, além de um certo patamar na evolução da complexidade social, formas extremas de desigualdade e ditadura deixam de ser viáveis.

Por quê? Uma pista parece residir na maneira como o sacrifício humano estava entrelaçado no tecido cultural dos Estados onde era praticado. Estados que adotavam essa prática macabra em geral possuíam um sistema cultural compartilhado no qual a relação entre elites e pessoas comuns era caracterizada pela reciprocidade e não apenas pela coerção despudorada. Isso pode ser claramente observado, por exemplo, na forma como as elites incas patrocinavam festivais locais, recebendo em troca tributos, trabalho e apoio militar.[27] Essa forma de aprovisionamento estatal ajudou a assegurar não apenas a percepção de reciprocidade entre ricos e pobres, mas também — e mais importante — um conjunto de crenças e práticas compartilhadas que legitimavam o sistema cosmológico no qual o sacrifício humano estava inserido. Como resultado, o sacrifício humano e outras estratégias de governança pelo terror parecem funcionar melhor em sociedades altamente homogêneas, nas quais a maior parte da população compartilha um senso comum de lealdade mútua e à ordem social. Quanto mais culturalmente homogêneo o Estado, mais fácil é legitimar o exercício do poder extremo e da coerção de cima para baixo.

Por outro lado, a extrema desigualdade era muito mais difícil de ser sustentada em impérios multiétnicos compostos por populações culturalmente diversas. Quando os impérios adquirem mais diversidade interna, incorporando etnias distintas, seitas religiosas, guildas profissionais, classes e outros grupos de interesse, a desigualdade extrema na forma de sacrifício humano e escravidão em massa parece se tornar cada vez mais difícil de manter.[28] Em outras palavras, sociedades muito desiguais podem ser frágeis, especialmente quando seus cidadãos se tornam mais diversos, tornando-as vulneráveis a dissidências internas e derrotas no campo de batalha.

A tumultuada história da China fornece muitas ilustrações desse argumento. Por exemplo, quando a dinastia Zhou derrubou a dinastia Shang cerca de 3 mil anos atrás, os exércitos dos Zhou foram inflados pelos escravizados da dinastia Shang, que buscavam libertação de seus opressores. É comum que exércitos recrutem os oprimidos e esse é um dos preços que regimes exploradores foram forçados a pagar na ascensão e na queda das civilizações. Muito tempo depois, quase mil anos após o estabelecimento da dinastia Zhou, a China foi unificada em uma escala ainda maior pela abrangente dinastia Qin. No entanto, isso envolveu minar de forma sistemática as bases das identidades nacionais entre os muitos Estados antes em guerra, o que incluía a queima de livros e a execução de acadêmicos (uma lição salutar para os membros da minha profissão). O uso de métodos tão opressivos criou apenas uma paz tênue e de curta duração. Poucos anos após sua fundação, a supremacia da dinastia Qin foi substituída pela dinastia Han.

Outra ilustração clássica desse problema seriam as repetidas secessões de soldados plebeus, que tiveram início nos primórdios da República Romana, quando ela era repetidamente atacada pelos beligerantes volscos, sabinos e équos. Manter o apoio militar só se mostrou possível com reiteradas concessões, o que acabou levando a melhorias significativas nos níveis de igualdade social.[29]

O principal ponto é que grandes impérios dotados de diversidade interna não podem esperar perdurar se dependerem demais de táticas coercitivas. É difícil especificar com precisão o momento em que as sociedades alcançam o ponto em que o controle despótico deixa de ser suficiente para mantê-las unidas. No entanto, nossas análises dos dados do Seshat sugerem que isso ocorre em algum momento próximo da fase em que a população total ultrapassa 1 milhão de indivíduos. Sociedades antigas que superam esse ponto de transição em geral não alcançam tal grandeza apenas por terem altas taxas de natalidade. Elas cresceram até proporções gigantescas absorvendo outros grupos, muitas vezes por meio de conquista e invasão. Entretanto, impérios grandes e complexos, compostos por múltiplos grupos étnicos, são vulneráveis a revoltas e revoluções em suas regiões periféricas, alimentadas por sentimentos de injustiça e ressentimento histórico entre tribos vencidas. Os exemplos da China e de Roma mencionados não são únicos; isso é uma característica recorrente na ascensão e na queda das civilizações de maneira mais geral. Uma solução óbvia para o descontentamento interno era aumentar os exércitos para reprimir qualquer potencial tumulto — mas isso exigiria maneiras de inspirar lealdade entre grupos originários de regiões distantes dos centros de poder. Em última análise, os impérios multiétnicos precisavam de um modo de unificar seus súditos cada vez mais diversos sob um conjunto de ideias comuns. Mas como?

A resposta para essa pergunta provavelmente tirou o sono de muitos imperadores antigos. No entanto, alguns deles acabaram tropeçando em uma solução — uma que exigia que o papel da religião na vida política mudasse de novo. Pela primeira vez, os deuses começaram a desenvolver uma consciência.

Religiões moralizantes

As primeiras religiões moralizantes em grande escala — precursoras das religiões mundiais que conhecemos hoje — fluíram por dois poderosos rios de revelação religiosa.[30] A fonte de um desses rios pode ser rastreada até a deusa egípcia Ma'at — talvez a divindade moralizadora mais antiga já adorada, datando do meio do Antigo Reino do Egito, há cerca de 4.500 anos. Ma'at personificava vários princípios cardinais associados a justiça, lei, ordem e equilíbrio. No entanto, uma vez que o profetismo judaico foi em parte uma reação contra os governantes do antigo Egito, poderíamos considerar essa tradição como a fonte do fluxo ocidental de filosofias mais igualitárias, ou pelo menos como um de seus principais afluentes. Enquanto isso, do Oriente, veio um conjunto de revelações disseminadas por Siddhartha Gautama durante suas jornadas pela planície inferior Indo-Gangética. O budismo, conforme se tornou conhecido, enfatizava valores de comedimento e bondade, ideias incongruentes com os objetivos de governantes despóticos e líderes militares. Na confluência desses dois poderosos rios de ideias, surgiu uma série de novas religiões durante o primeiro e segundo milênios A.E.C., entre elas o zoroastrismo, o judaísmo e o jainismo. Esses tipos de novas religiões então se espalharam ainda mais para o leste — o budismo chegou à China durante o período Han e mais tarde foi a vez do maniqueísmo. Essa tendência na história por vezes é descrita como "Era Axial".

O conceito de uma Era Axial remonta aos estudos dos séculos XVIII e XIX sobre história religiosa.[31] Em termos simples, a axialidade compreendeu um conjunto novo de valores religiosos e filosóficos que começaram a surgir e se espalhar entre os maiores impérios do mundo, desafiando a hegemonia dos detentores do poder e articulando uma visão de maior justiça social. Pense na ênfase na compaixão do budismo, na valorização dos mansos do cristianismo ou nos atos de caridade praticados pelos hindus em busca de bom carma. Mas, como a noção de uma "Era Axial" foi adotada e desenvolvida ao longo de um extenso período por vários estudiosos, cada um enfatizando diferentes aspectos do fenômeno, essa é uma transformação difícil de entender — bem como é difícil decidir quais características considerar como essenciais.

Mais uma vez, achamos que nosso banco de dados Seshat poderia ser utilizado. Então nos propusemos a determinar qual o efeito da Era Axial na complexidade social. A abordagem habitual do Seshat para problemas de definição é tentar ser o mais inclusivo possível. Lembre-se de que, em vez de tomar partido nos debates sobre como caracterizar a complexidade social, decidimos incluir em nosso banco de dados detalhes de todos os aspectos que os estudiosos consideravam relevantes. Tentamos fazer o mesmo para capturar os elementos centrais da axialidade. Com base na literatura como um todo, conseguimos extrair doze princípios (listados aqui de forma um pouco simplificada):

1. Punição moralista. Transgressões morais devem ser punidas pelo sobrenatural ou por detentores autorizados de poder sobrenatural.
2. Normas moralizantes. Doutrinas religiosas e similares que explicitamente endossam ou proíbem diversos tipos de transgressões morais.
3. Promoção de comportamento pró-social e a obrigação religiosa de ajudar os outros.
4. Deuses moralizadores que sabem e se preocupam com o que você faz.
5. Governantes não são deuses. Os detentores de poder na Terra não são vistos como seres sobrenaturais.
6. Elites e pessoas comuns são tratadas da mesma forma aos olhos da religião e da lei.
7. Governantes e pessoas comuns são tratados da mesma forma aos olhos da religião e da lei.
8. Código legal formal. As leis do país e as punições por quebrá-las são formalizadas de maneira que possam ser aplicadas de forma mais ou menos consistente.
9. Aplicabilidade geral da lei. Existem salvaguardas para limitar a capacidade dos detentores de poder ou das elites de influenciar o processo legal.
10. Restrições ao poder executivo. Presença de funções e normas oficiais destinadas a limitar abusos de poder.

11. Burocratas em tempo integral. Presença de administradores profissionais cujo trabalho é implementar políticas e leis em lugar dos detentores de poder.
12. Impeachment. O poder do povo de remover ou punir governantes que exercem poder de modo arbitrário.

Nenhuma teoria sobre a Era Axial havia proposto antes todos esses doze elementos — na verdade, todas essas teorias excluíam pelo menos alguns dos elementos listados. No entanto, se estivermos dispostos a tratar esse amálgama como uma teoria nova e mais inclusiva da axialidade, a análise dos dados do Seshat nos revela dois aspectos bastante surpreendentes.[32] O primeiro é que esses elementos emergiram e se difundiram em uma gama mais ampla de sociedades do que aquelas normalmente associadas à Era Axial. O segundo é que eles apareceram pela primeira vez muito antes do primeiro milênio A.E.C. em algumas partes do mundo, momento que em geral se presume que tenham se consolidado. O diagrama a seguir mostra como os doze princípios (tratados como medidas que atuam como proxies da presença da axialidade) foram distribuídos em dez regiões do mundo (apenas cinco das quais normalmente são consideradas nos escritos sobre a Era Axial) ao longo dos últimos milhares de anos. Zero no diagrama representa o início da Era Comum — antes denominada "Anno Domini" ou Depois de Cristo —, correspondendo aproximadamente à data de nascimento de Jesus de Nazaré.

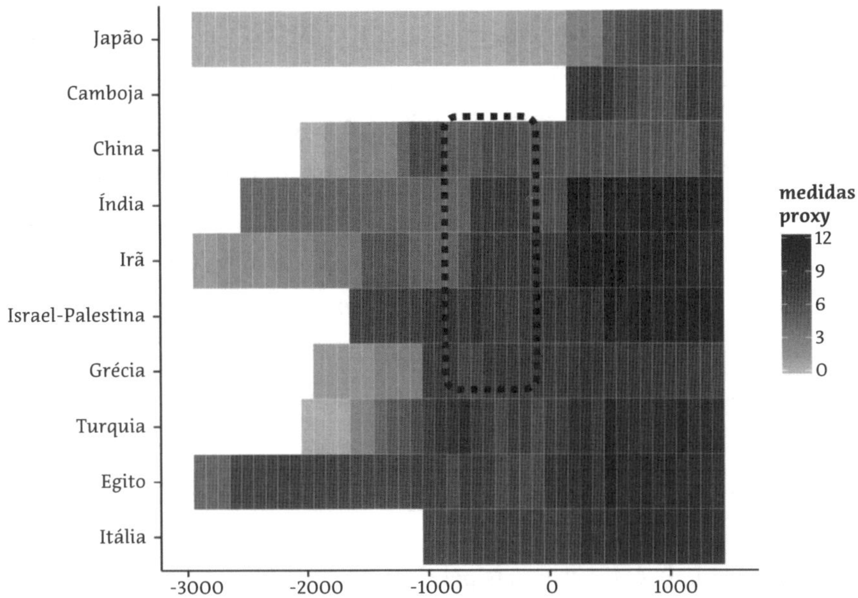

Adaptado de: Mullins, D. A., Hoyer, D., Collins, C., Currie, T., Feeney, K., François, P., Savage, P. E., Whitehouse, H., & Turchin, P., "A Systematic Assessment of the Axial Age Thesis Using Global Comparative Historical Evidence", *American Sociological Review*, v. 83, n. 3, pp. 596–626 (2018).

No centro do diagrama, cercado por uma linha pontilhada, estão as concentrações de características da axialidade que estavam presentes no primeiro milênio A.E.C. nas regiões normalmente associadas à Era Axial, ou seja, China, Índia, Irã, Israel-Palestina e Grécia. Para cada Estado ou império presente na região em questão, utilizamos evidências históricas para determinar quais dos doze princípios da axialidade estavam presentes. Cada um dos retângulos sombreados representa quantas de nossas características estavam presentes em uma determinada região e ao longo de qual período. Os tons mais escuros indicam maior presença das características, enquanto os mais claros indicam presença menor. Note que pelo menos alguns dos doze princípios da axialidade estavam presentes em nossas regiões selecionadas muito antes disso; em alguns casos, o florescimento mais completo da axialidade ocorreu um pouco mais tarde do que o primeiro milênio A.E.C. Mas o que é ainda mais impressionante é a extensão com que outras regiões do mundo, não previamente associadas à hipótese da axialidade, exibiram características distintivas, em alguns casos muito antes, como no caso do Egito, da Turquia e do Japão, por exemplo.

O que impulsionou essa mudança em direção às religiões moralizantes? Argumentei que as ideologias de deferência extrema aos governantes foram viabilizadas pela homogeneidade dos primeiros Estados, cuja uniformidade tinha raízes em mecanismos de rituais rotinizados. E como vimos, em um Estado composto em grande parte por pessoas com cultura e história compartilhadas, esses sistemas políticos pareciam funcionar muito bem. No entanto, à medida que a Idade do Bronze chegava ao fim (há cerca de 3 mil anos na Eurásia ocidental), esses sistemas políticos arcaicos estavam perdendo força. Cada vez mais sociedades estavam sendo formadas por ambições expansionistas dos impérios mais ávidos por terra do mundo — impérios que eram muito diversos para serem mantidos unidos apenas pela coerção de cima para baixo.

Por definição, um império é uma conglomeração de sistemas políticos antes distintos sob um único governante ou governo — um processo frequentemente realizado por meio da conquista. Entre as regiões mais famosas do mundo onde os impérios surgiram pela primeira vez estão os antigos reinos do Egito e os impérios Acádio, Assírio, Hitita, Fenício e Aquemênida do sudoeste da Ásia. No Sul da Ásia, poderes militares igualmente formidáveis incluem os impérios Mauriano e Gupta. Na antiga China, as dinastias Zhou, Qin, Han, Sui, Tang e Song unificaram Estados preestabelecidos por meio da dominação militar. A formação de sistemas políticos vastos e expansivos reuniu grupos culturais concorrentes, com tradições, costumes, idiomas e dialetos próprios e distintos. Como resultado, os governantes precisavam de uma nova maneira de evitar que essas coalizões de identidades se desintegrassem em caos. Nesse sentido, é provável que a axialidade tenha se mostrado inestimável.

Para entender como a axialidade contribuiu para sistemas sociais estáveis capazes de manter unidas sociedades diversas, é útil voltarmos ao exemplo da China. Durante a dinastia Han, que prevaleceu por mais de quatrocentos anos (de 202 A.E.C. a 220 E.C.), os princípios axiais do confucionismo começaram a se transformar em cosmovisão, filosofia política e moralidade patrocinadas pelo Estado, enfatizando o pensamento racional em vez da coerção direta e da dominação de cima para baixo. Uma história semelhante pode ser contada mais tarde na história da China. Após um período turbulento de conflitos internos e desorganização, durante o qual os valores axiais foram colocados em segundo plano, o budismo começou a se espalhar de maneira mais ampla no final do século VI E.C. e, em 601 E.C., o imperador Wen ordenou a distribuição de relíquias de Buda em templos por todo o país em uma tentativa deliberada de unificar a China sob um sistema moralizante baseado no carma e no caminho para a iluminação.[33] Embora em sociedades multiétnicas haja sempre muitas camadas no panorama religioso e cultural, argumenta-se que a disseminação das ideias budistas contribuiu para um período de estabilidade duradoura durante a dinastia Tang (618–907 E.C.).

Para entender por que a axialidade foi tão valiosa em impérios multiétnicos, é útil retornar aos sete princípios morais apresentados no Capítulo 2. Embora os princípios em si sejam universais — enraizados em nossas intuições evoluídas —, os dilemas morais com frequência nos mostram situações em que mais de um princípio se aplica e precisamos decidir qual é o mais importante. Isso também significa que sistemas políticos inteiros podem enfatizar certos domínios morais mais do que outros; considere, por exemplo, como são diferentes os valores dos regimes autoritários de hoje em comparação com as democracias mais liberais. Os Estados da Idade do Bronze tendiam a privilegiar dois princípios: deferência à autoridade (em especial a governantes e elites) e respeito à propriedade (em particular dos ricos e poderosos). E suas ideias sobre os deuses reforçavam isso. Em contraste, a axialidade deslocou o foco para princípios universais de reciprocidade e justiça, em geral promovidos por líderes espirituais e ascetas do sobrenatural — ideias que teriam apelo entre facções cada vez mais diversas da sociedade.

Como resultado, podemos considerar a axialidade como uma forma poderosa de cola social que mantém unidas sociedades muito complexas e internamente divididas. Em vez de ser uma única "era" do passado na história humana,[34] a axialidade é mais um "estágio" pelo qual as sociedades passam uma vez que excedem uma população de cerca de 1 milhão de indivíduos: a chamada "megassociedade". Até esse limite, as sociedades podem ser mantidas unidas pela coerção violenta. Mas, depois dele, a dominação de cima para baixo produz formações sociais muito frágeis para sobreviver — e as elites precisavam de outra maneira de manter a ordem. A solução encontrada foi a moral dos deuses: seres que encorajavam valores universais capazes de unificar uma população internamente mais diversificada, e sob os quais múltiplos grupos étnicos poderiam conviver com mais conforto.

Se você tivesse que escolher entre Huītzilōpōchtli (o deus do Sol dos Astecas que empunhava uma serpente de fogo e exigia que corações humanos fossem arrancados com certa regularidade) ou Buda (que pregava a bondade para com seus semelhantes e várias vias meditativas para o autoconhecimento e a transcendência), qual líder espiritual você preferiria seguir? Claro, poucas pessoas já tiveram que fazer essa escolha. Mas os tipos de religiões que escolhemos seguir tiveram um grande impacto nos tipos de sociedades que prevaleceram no passado e que deram origem àquelas em que vivemos hoje.

Os dados do Seshat estão fornecendo insights cada vez mais detalhados sobre o que aconteceu quando algumas das sociedades mais opressivas da história mundial se depararam com os desafios apresentados por uma população cada vez mais diversa, resultado de conquistas e absorções.[35] Os grupos que conseguiram manter altos níveis de cooperação além do limiar de megassociedade na história mundial muitas vezes foram aqueles que limitaram a dominação política e a exploração econômica, em especial nas sociedades com culturas mais heterogêneas. Embora essa tendência em direção a filosofias políticas mais igualitárias possa não ter produzido sociedades particularmente justas e equitativas à luz dos padrões prevalentes nas democracias liberais de hoje, as religiões moralizantes foram um passo nessa direção em comparação com os Estados que as antecederam. Em geral, megassociedades que enfatizaram a justiça e a reciprocidade em suas estruturas religiosas, legais e burocráticas não só foram melhores na governança interna e na contenção de rebeliões e revoluções, mas também foram mais capazes de mobilizar recursos para competir com outras civilizações, muitas vezes de forma violenta, por meio de expansões coloniais imperialistas.

Como resultado, o mundo foi inundado por ideias sobre renunciantes e delatores das estruturas de autoridade terrena — profetas, gurus e messias disseminando visões de paz, igualdade social e glórias além-mundo que desafiavam diretamente os detentores de poder e suas ambições militares.[36] As religiões moralizantes acabaram se tornando os sistemas de crenças oficiais dos impérios mais poderosos que se seguiram — desde a adoção do taoísmo na China durante o primeiro milênio A.E.C. até os Otomanos de predominância muçulmana do segundo milênio E.C. Todas as religiões mundiais que conhecemos hoje, incluindo as principais fés abraâmicas e as tradições cármicas do Oriente, passaram a aceitar discursos de justiça, equidade e reciprocidade exaltados pelas religiões moralizantes. Isso significou o fim dos sacrifícios humanos generalizados e da deificação dos governantes.

Mas seria um erro pensar na revolução axial como uma força totalmente benigna e pacífica. As religiões unificadoras dos impérios multiétnicos também geraram novas formas de imperialismo. No século XV, projetos coloniais globais cada vez mais ambiciosos foram concebidos na Europa, começando em Portugal e na Espanha, com as audaciosas viagens de exploradores, piratas, colonizadores e comerciantes de escravizados, e atingindo seu apogeu no Império Britânico. Durante essa fase da história do imperialismo colonial, uma religião moralizante — o cristianismo — desempenhou um papel proeminente. Ao lado de muitos benefícios inegáveis, o zelo missionário também serviu aos interesses dos detentores de poder e das indústrias extrativistas. Assim, embora as religiões moralizantes tenham iniciado uma guinada mais igualitária na história humana, não foram boas notícias para todos. Novos códigos éticos podem ter limitado os poderes extremos das elites e dos governantes deificados e oferecido nova esperança de justiça social entre os oprimidos, explorados e humilhados, mas, para muitos, essas esperanças estavam centradas na vida após a morte, não no presente. Por esse motivo, os cientistas sociais às vezes descrevem as religiões mundiais como "passivistas", já que elas incentivam a aceitação das injustiças deste mundo na expectativa de recompensas no próximo.[37] A famosa frase de Karl Marx sobre a religião como "ópio do povo" foi cunhada para capturar esse aspecto da religião: um salto de fé destacando a necessidade de justiça social, mas oferecendo apenas um meio ilusório de alcançá-la.

Em resumo, embora as religiões moralizantes tenham dado voz a pelo menos algumas demandas por maior justiça e reciprocidade nos sistemas de governança, não se pode dizer que tenham proporcionado justiça social para muitas mulheres, povos nativos, camponeses, trabalhadores contratados, pessoas escravizadas, vassalos e outros setores relativamente desprovidos ou oprimidos da sociedade. Mas será que essas fés teriam pelo menos conduzido a um mundo mais pacífico? Infelizmente não. No próximo capítulo, exploraremos o grande paradoxo das religiões moralizantes: o fato de muitos dos conflitos mais sangrentos da história humana terem sido travados sob sua bandeira. A grande questão é por quê.

Capítulo 6
Tribalismo e Evolução da Guerra

Um tambor retumbava duas fileiras atrás de mim e a multidão ao meu redor cantava em uníssono ensurdecedor. Senti uma onda de arrepio percorrer minha espinha e meus braços enquanto o hino nacional britânico era cantado. De repente, sem perceber, me vi levantando do assento quando uma ola varreu o estádio Mineirão. Eu havia viajado para Belo Horizonte, Brasil, em meio a milhares de torcedores de futebol da Inglaterra na Copa do Mundo FIFA de 2014. No entanto, eu estava lá por uma razão muito diferente da daqueles ao meu redor. Não na esperança de assistir à vitória, mas para estudar os efeitos da derrota compartilhada quando a Inglaterra fosse eliminada da competição. Nossa pesquisa anterior indicava que uma derrota no futebol teria um efeito de união mais poderoso nos torcedores do que a vitória. Enquanto olhava para os rostos esperançosos de meus compatriotas, refleti sobre os efeitos positivos no grupo depois de não só aceitarmos nossa derrota, mas também processarmos a dor compartilhada.

Antes da partida, circulei pelos corredores dos assentos, entrevistando dezenas de torcedores. A maioria deles aceitou responder ao meu questionário, em parte porque estavam entediados esperando o início do jogo (embora alguns também achassem engraçado que um professor de Oxford quisesse saber como eles se sentiam sobre os infindáveis sofrimentos enfrentados pelos torcedores da Inglaterra). De vez em quando, eu era interceptado por oficiais da FIFA, desconfiados de que estivesse tramando algo ilícito — mas, quando mostrava minha identificação da universidade e explicava o propósito do estudo, eles ficavam satisfeitos e me deixavam continuar. No entanto, depois que o jogo começou, a situação mudou. Ninguém mais queria falar comigo e, mesmo que quisessem, seria impossível ouvir.

As cenas que testemunhei em Belo Horizonte seriam familiares para milhões de torcedores de futebol em todo o mundo. Mas o que muitas dessas pessoas podem não perceber é que as demonstrações de emoção e empolgação em massa, de tambores rufando e corpos se movendo em sincronia, também seriam familiares para nossos antepassados há milhares de anos, desde os rituais em massa no antigo Egito até os desfiles estatais na China moderna. Muitas dessas grandes reuniões na história humana combinavam de forma semelhante momentos de intensa euforia e de emoções negativas compartilhadas. Exemplos incluíam luto coletivo pela perda de grandes líderes, raiva e ódio direcionados aos inimigos do grupo, ou medo e horror diante das mortes sangrentas de mártires, vítimas sacrificiais e gladiadores.

Há muito tempo, a disforia compartilhada em grandes multidões é reconhecida como uma poderosa fonte de vínculo grupal, mas só recentemente começamos a entender o porquê. No Capítulo 3, apresentei uma série de evidências de que o compartilhamento de experiências emocionalmente intensas entre pequenos grupos de iniciados e soldados pode servir para fundir as identidades pessoal e grupal. E, quando as pessoas se fundem dessa maneira, elas se dispõem a realizar atos extraordinários de autossacrifício para defender e proteger seus grupos. Meu foco naquela parte do livro foram as maneiras como a fusão funcionava em um nível de pequeno grupo. Mas, à medida que as sociedades cresciam, elas encontravam um problema: como criar essa forma de fusão na escala de grupos muito maiores, incluindo civilizações inteiras?

É nesse processo que nos concentraremos agora. À medida que as sociedades aumentavam de tamanho, a capacidade de fusão com o grupo passou a ser ampliada e aplicada a vastas populações — não apenas a pequenas redes relacionais compostas por pessoas que se conheciam pessoalmente. Uma das maneiras pelas quais isso ocorreu foi por meio da participação em rituais de massa. Por isso fui à Copa do Mundo FIFA no Brasil.

O jogo a que fui assistir estava destinado a ser doloroso para meus compatriotas. Mesmo antes de o árbitro apitar o início da partida, todos sabiam que era o fim para a Inglaterra, que já havia sofrido uma derrota no jogo anterior contra o Uruguai. Muitos torcedores ainda esperavam que seu time deixasse a competição com dignidade. Mas a partida em si era uma expressão ritualizada de perda — mais parecida com um funeral do que com uma marcha rumo à vitória. Os adversários do dia — a Costa Rica — haviam surpreendido a todos ao vencer a Itália e selar o destino da Inglaterra. Em dado momento, os torcedores da Costa Rica entoaram "Eliminado" para os fãs da Inglaterra, provocando brigas que exigiram a intervenção da polícia. No entanto, era verdade — a seleção da Inglaterra já estava eliminada da competição e lutava apenas para defender o seu orgulho. Foi privada até mesmo disso, e acabou com um empate de zero a zero em uma das partidas mais decepcionantes da Copa do Mundo na memória recente. Muitos torcedores da Inglaterra estavam desanimados, alguns choravam. Para mim, não poderia haver melhor cenário.

Esses tipos de experiências de sofrimento compartilhado — desde torcedores das seleções nacionais de futebol da atualidade até os exércitos multiétnicos dos antigos impérios — constituem um mecanismo que há muito tempo é usado para unir sociedades. No mundo das torcidas de futebol, o vínculo grupal pode girar em torno de fantasia e entretenimento, mas, para nossos ancestrais enfrentando-se no campo de batalha, era uma questão de vida ou morte — e uma força que moldou drasticamente a forma como nossas sociedades evoluíram.

Guerra e evolução do tribalismo

No capítulo anterior, argumentei que, à medida que novas aglomerações de Estados se transformavam nos primeiros impérios do mundo, com frequência a união era mantida em parte pela disseminação das religiões axiais. Essas crenças enfatizavam princípios morais de justiça e equidade que transcendiam outras diferenças culturais e eram capazes de unir grupos muito diversos. Mas as religiões axiais só conseguiam levar um império emergente até certo ponto. Elas podem ter ajudado os primeiros impérios multiétnicos a crescerem mais do que os Estados anteriores dotados de formas ultrapassadas de opressão de cima para baixo; no entanto, focar a iluminação espiritual ou a bondade com seus semelhantes não era uma fórmula óbvia para o expansionismo militarista. Porém, na prática, as religiões axiais acabaram se entrelaçando com projetos imperialistas e guerras em uma escala sem precedentes. Por quê?

A resposta não está no nosso viés de religiosidade em si, mas no tribalismo. Entretanto, estabelecer o papel do tribalismo na evolução da complexidade social apresenta alguns desafios espinhosos. Todos podem até concordar que alguns tipos de sociedades cresceram mais e duraram mais do que outras; mas não é fácil determinar o que ajudou os vencedores e o que arruinou os perdedores. É aqui que bancos de dados como o Seshat são necessários. Eles nos ajudam a responder a essas perguntas colocando as teorias mais proeminentes frente a frente e estabelecendo quais são válidas e quais não. Tal processo requer variáveis demais para que o cérebro humano possa analisar sem auxílio.

Como expliquei no capítulo anterior, quando estávamos construindo o banco de dados de história global Seshat, decidimos que era necessário diferenciar 51 dimensões distintas de complexidade social, porque diferentes teorias tendem a focar diferentes agrupamentos desses fatores. Para piorar muito a situação, o número de sociedades que surgiram e colapsaram nos últimos milhares de anos de história mundial é assustadoramente vasto — mesmo nossos esforços para reduzir a diversidade a uma amostra de trinta regiões geraram uma lista de centenas de sistemas políticos distintos. Como expliquei antes, apenas listar exemplos ou selecionar casos ilustrativos não resolve esse problema. Então, vamos ver o que uma abordagem mais imparcial — baseada na análise estatística de todas as evidências de uma vez — pode nos dizer.

As teorias que precisamos testar se dividem em dois agrupamentos distintos. O primeiro foca as *funções* de vários órgãos da sociedade. Essas teorias argumentam que as instituições sociais persistem porque ajudam todas as outras a operar de forma fluida e eficaz — essa é a sua "função". As teorias funcionalistas assumem diferentes formas. Algumas enfocam a maneira como os sistemas de governança de cima para baixo ajudaram a resolver vários problemas de coordenação à medida que as sociedades cresciam: por exemplo, como a evolução de cada vez mais níveis de hierarquia na Polinésia possibilitou que muitas pequenas chefaturas acabassem sendo governadas por um chefe supremo. Outras focam como os sistemas de troca de presentes uniam vários grupos diferentes em uma única entidade política cultural, cujos membros nunca deveriam entrar em guerra e deveriam agir como aliados se algum deles fosse atacado. E há ainda aquelas que se concentram em como as crenças sobre a formação do feto agem para designar pessoas a diferentes grupos, baseadas na descendência de ancestrais comuns, com muitas regras associadas sobre como suas propriedades deveriam ser partilhadas após a morte. Tais teorias podem parecer diversas, e são. Mas, em todos os casos, o ponto crucial é que as teorias funcionalistas apontam para a maneira como uma inovação social — seja um método de organizar o governo ou irrigar a terra — atende às necessidades específicas da sociedade em questão. Entre elas, as teorias funcionalistas têm sido usadas para explicar o surgimento de sociedades tão diversas como as dos incas peruanos, do antigo Egito e do Império Mogol.[1]

Um segundo agrupamento de teorias tem se concentrado no papel do *conflito* na evolução de sociedades maiores e mais complexas. Esses estudos enfocam tanto o conflito gerado internamente, alimentado pela injustiça social,[2] quanto o impacto das guerras e conquistas interestatais.[3] As teorias do conflito argumentam que as sociedades se tornam maiores e mais ricas ao gerenciar lutas internas e conflitos de classe ou ao matar, saquear, escravizar e explorar populações derrotadas. Segundo a teoria, por meio de toda essa violência, as sociedades absorvem mais recursos e se expandem para criar formações sociais em maior escala.

A equipe do Seshat se propôs a testar todas as teorias mencionadas de uma só vez.[4] Para testar as teorias funcionalistas, incluímos em nosso banco de dados vários indicadores de avanço tecnológico e econômico, por exemplo, relacionados a aspectos como armazenamento de alimentos, estradas, pontes, canais, portos, abastecimento de água, sistema monetário e gestão de registros. Para testar teorias relacionadas ao papel do conflito interno na evolução da complexidade social, buscamos capturar informações sobre os tipos de desigualdade social mais propensos a gerar tensões sociais: por exemplo, a presença de um sistema de classes. E, como uma medida prática da importância do conflito externo na sociedade, usamos dados sobre tecnologia militar — seguindo a lógica de que sociedades que enfrentassem altos níveis de ameaça externa investiriam mais em aumentar a sofisticação de seu armamento. Também incluímos uma medida de guerra montada porque muitas pesquisas anteriores sugeriram que a combinação da equitação com armas de metal (por exemplo, armaduras e projéteis) estava associada a um aumento na intensidade dos conflitos bélicos.

A vantagem de analisar em termos estatísticos as relações entre todas essas variáveis em um computador é a possibilidade de detectar padrões que a capacidade cerebral sozinha não conseguiria reconhecer e desvendar. Já seria difícil o suficiente para nós acompanhar mentalmente as relações entre apenas duas variáveis ao longo de múltiplas sociedades durante longos períodos. Por outro lado, um computador foi capaz de examinar dezessete potenciais fatores de complexidade sociopolítica em centenas de sistemas políticos ao longo de milhares de anos. Munido de dados sobre nossa longa lista de variáveis abrangendo 373 sociedades, Peter Turchin realizou uma ampla análise estatística de como cada combinação de variáveis se correlacionava com os níveis de complexidade social.

Não ficamos surpresos ao descobrir que a agricultura se destacou entre os fatores estatísticos que impulsionam o tamanho e a complexidade das sociedades — afinal, a escala e a eficiência da produção de alimentos inevitavelmente estabelecem limites sobre quantas bocas podem ser alimentadas, bem como até que ponto os estilos de vida luxuosos das elites não produtivas podem ser sustentados. Mas o que foi um choque — pelo menos para mim — foi a outra força que de modo consistente figurava por trás do aumento do tamanho e da complexidade das civilizações antigas: a tecnologia militar.

As maiores sociedades que surgiram ao longo da história mundial tendiam a seguir uma série de grandes surtos de crescimento, cada um associado a novas formas de tecnologia militar. O primeiro grande surto foi associado à disseminação de armas de bronze, por exemplo, na Mesopotâmia e no Egito, por volta de 3000 A.E.C. O grande surto seguinte veio com a chegada das bigas, proporcionando uma plataforma móvel da qual era possível atirar flechas de arcos compostos cada vez mais poderosos. No segundo milênio A.E.C., esse avanço impulsionou o Império Shang na China, os hititas na Anatólia e o Egito do Novo Reino a escalas de organização e disseminação territorial sem precedentes na história mundial. Avanços semelhantes foram posteriormente associados a várias sub-regiões da Eurásia, onde formas mais avançadas de armaduras e guerra montada se estabeleceram. E então outro surto ocorreu após a descoberta e o domínio do uso da pólvora. Todas essas inovações na tecnologia militar produziram efeitos mais rápidos na complexidade social do que qualquer feito anteriormente alcançado como resultado da intensificação agrícola sozinha. Não foi apenas nos impérios afro-eurasiáticos que a tecnologia militar teve esse impacto marcante nos aumentos na escala da organização política. Encontramos padrões paralelos no México, onde a introdução de arcos e flechas e espadas longas com lâminas de pedra também precedeu aumentos acentuados na complexidade social. No entanto, ao contrário dos maiores impérios do outro lado do Atlântico, os astecas não tinham a capacidade de utilizar animais de carga para mover tropas e suprimentos. O único império nas Américas que alcançou maior escala, antes da introdução do cavalo pelos conquistadores espanhóis, foi o Império Inca, que utilizava lhamas nativas para transporte.

Mas o mais impressionante é que *nenhuma* das outras variáveis que escolhemos como proxies (além da agricultura) pareceu ter qualquer efeito significativo na evolução da complexidade sociopolítica. Assim, a maioria das teorias funcionalistas e aquelas focadas no conflito interno não foram endossadas. Essa é uma das principais contribuições da nossa abordagem quantitativa à história mundial, que nos permite eliminar teorias que não funcionam e concentrar nossa atenção nas mais promissoras. Encontramos a primeira evidência rigorosa e quantitativa de que o conflito militar violento tem sido um motor primário no crescimento da sociedade humana — muito mais do que qualquer outra força, exceto a disseminação da agricultura.

Foi desconcertante perceber até que ponto algo tão tóxico como a violência intergrupal poderia ter causado um efeito tão positivo na evolução das civilizações humanas. A noção de que as muitas formas de expressão criativa que naturalmente admiramos — desde realizações artísticas até obras de arquitetura requintadas — possam ser fundamentadas pelo conflito violento é alarmante. Mas há uma justificativa convincente para isso. Em seu livro *Ultrasociety*, Turchin argumenta que a razão pela qual a guerra ampliou a escala das tribos belicosas na história mundial é porque — mantidas as outras condições — grupos grandes saem vitoriosos na disputa contra grupos menores.[5] De fato, essa lógica é evidente em muitas teorias de formação dos primeiros Estados. Usando exemplos das civilizações mesopotâmicas, mesoamericanas clássicas, harapeana madura e egípcias pré-dinásticas, argumenta-se que o processo de conversão de chefaturas locais em Estados mais organizados e com territórios mais extensos foi motivado pelo desejo das elites urbanas de obter acesso a recursos mais distantes. Inevitavelmente, isso significava colonizar mais terras e criar sistemas para direcionar artefatos exóticos e produtos por meio de postos avançados.[6]

No entanto, tomar e manter a posse de territórios mais distantes, bem como garantir as rotas para que a riqueza fluísse de volta ao centro, também exigia inovação militar. Esses novos postos avançados precisavam ser defendidos. Assim, os exércitos cresceram e o apetite violento dos governantes se tornou mais voraz. Estados se expandiram para se tornar impérios — incorporando povos derrotados à população geral. Por sua vez, esses impérios enriqueceram ainda mais com os espólios de guerra, o que impulsionou ainda mais o crescimento demográfico e financiou órgãos de governo e gestão econômica cada vez mais sofisticados — desde a criação de vastos complexos de irrigação e sistemas monetários até a formação de burocracias profissionalizadas e instituições de ensino. O conflito violento impulsionava o crescimento, que, por sua vez, alimentava o conflito violento: uma bola de neve infinita de complexidade social, tudo fomentado pelo expansionismo militar.

No entanto, tudo isso levantou mais questões. Para mim, o maior enigma era o comportamento dos próprios soldados. Nossas descobertas evidenciaram de forma inequívoca como o conflito violento beneficiava as elites: afinal, eram elas que adquiriam a maior parte dos despojos de suas conquistas. Mas e quanto aos próprios soldados? O que motivava esses primeiros exércitos permanentes — em muitos casos compostos por milhares de soldados — a lutar e morrer por algum governante distante?

Eu suspeitava que qualquer resposta persuasiva precisaria estar relacionada às *identidades grupais* dos soldados individuais. Exércitos precisam estar dispostos a arriscar a vida e a integridade física, e isso requer comprometimento com o grupo. Motivar os soldados a contra-atacar quando estão sob cerco ou a defender suas posições ante os muitos grupos menores e altamente coesos que se formavam nas periferias de um império teria exigido métodos para gerar sentimentos de lealdade que transcendessem as cisões internas. Para evocar essas emoções, os primeiros exércitos acabariam por recorrer à forma mais forte de tribalismo conhecida pela humanidade — a fusão de identidade. Mas eles fizeram isso em uma escala completamente diferente de tudo o que havia sido feito antes.

Duas formas de vínculo grupal

Qualquer pessoa que queira criar uma força de combate eficaz em larga escala enfrenta um problema. Para motivar as pessoas a lutar e morrer pela causa, o ideal é que suas identidades se fundam. A fusão é a cola social mais poderosa conhecida pela humanidade, capaz de impulsionar formas extremas de autossacrifício pelo grupo. O problema é que a fusão evoluiu como um mecanismo de criação de vínculo em pequenos bandos de guerreiros — não em enormes exércitos modernos. Portanto, a questão enfrentada pelos líderes militares dos primeiros Estados e impérios do mundo era se a fusão poderia ser ampliada em escala.

Como argumentei no Capítulo 3, em muitas sociedades belicosas de pequena escala — como nas aldeias baining, onde realizei minha primeira pesquisa de campo na Papua-Nova Guiné —, a disposição para lutar e morrer pela tribo era tradicionalmente fomentada na adolescência por dolorosos ritos de iniciação. Em tribos antigas, assim como em muitas unidades militares de pequena escala que observamos hoje, a fusão muitas vezes teria sido enraizada em memórias intensas de sofrimento compartilhado: o que chamo de "caminho imagístico" para a fusão de identidade. No entanto, há um limite estrito para o tamanho das tribos formadas dessa maneira. Não é possível adicionar pessoas a essas memórias se elas não estiverem presentes durante a iniciação. Assim como não é possível excluí-las, fingindo que não estavam lá quando você se lembra de que estavam ao seu lado enfrentando as mesmas provações. Esse caminho para a fusão, portanto, cria grupos sociais pequenos e rígidos — baseados em relacionamentos com pessoas que você conhece pessoalmente e com as quais compartilha memórias de experiências transformadoras.

Ao mesmo tempo, é evidente que *existem* formas intensas de vínculo grupal em comunidades imaginadas muito maiores — algo que testemunhei durante minha pesquisa de campo com o povo baining. Felizmente, o movimento Kivung era uma organização pacífica, mas seus membros dedicavam quantidades consideráveis de tempo e recursos para apoiar o movimento, conquistar a aprovação de seus ancestrais e defender o grupo contra os inimigos por meio das urnas, em vez de balas e bombas. Os membros do Kivung não eram belicosos, mas com certeza tinham um forte senso de unidade como uma força política a ser considerada. É por esse motivo que movimentos como o Kivung foram interpretados como os primeiros sinais de nacionalismo militante em muitas regiões da Melanésia e reprimidos por administrações coloniais.[7]

A partir de minhas observações de campo e insights de outro antropólogo, Fredrik Barth,[8] cheguei à conclusão de que existem duas formas distintas de alinhamento grupal, enraizadas em maneiras contrastantes de recordar e transmitir rituais coletivos. Por um lado, havia os cultos de iniciação que Barth e eu estávamos estudando, construídos em torno de experiências emocionalmente intensas e raras, recordadas como eventos transformadores. Por outro lado, havia as atividades muito mais frequentes e altamente rotinizadas observadas em movimentos como o Kivung. Como vimos no Capítulo 4, isso resultou em esquemas e roteiros padronizados que poderiam ser difundidos de maneira mais eficiente por líderes gurus para populações muito maiores.

Mais tarde, ao me aprofundar mais nos métodos e nas descobertas psicológicas, percebi que existem termos específicos para essas duas maneiras de recordar os rituais. As experiências dos iniciados no culto tradicional masculino eram lembradas como eventos distintos e altamente memoráveis em suas vidas, sendo armazenadas na "memória episódica". Esse é o tipo de memória que acessamos quando "revivemos" um evento específico: suas lembranças do momento em que foi iniciado na tribo, se casou ou se formou na universidade. Em contraste, os ensinamentos e as práticas do Kivung não estavam ligados a eventos específicos. Com o tempo, as experiências dos participantes se fundiram umas nas outras, de modo que a maneira como as pessoas representavam mentalmente os rituais diários, tal como a disposição de oferendas no templo do cemitério, era mais um modelo genérico para o comportamento. Ou seja, em vez de lembrar um episódio específico de disposição de oferendas, bastava recordar os elementos que costumam ocorrer, como limpar e polir pratos e talheres, decorar mesas com flores e realizar várias outras tarefas e práticas ritualísticas. Psicólogos se referem a isso como "memória semântica", que compreende nosso conhecimento geral sobre o mundo, tal como o modo de se comportar em um ônibus ou o fato de Paris ser a capital da França.[9]

Pareceu-me que, quando essas duas formas de lembrar são aplicadas a experiências compartilhadas — que definem os grupos aos quais pertencemos —, elas dão origem a duas maneiras muito diferentes de pensar sobre identidade coletiva. A identidade de pequenos grupos dos guerreiros iniciados era baseada em memórias específicas e episódicas dos rituais que haviam vivenciado juntos. Isso é o que os psicólogos que estudam grupos agora chamam de fusão de identidade, como descrito no Capítulo 3. No entanto, a identidade de grandes grupos como a dos membros do Kivung era baseada principalmente em memórias semânticas sobre características mais genéricas da vida cotidiana, como práticas regulares e sermões. Percebi que essa forma de lembrar produzia "identificação" — uma forma de alinhamento grupal que gerou uma vasta literatura na psicologia social.[10]

Achei que a literatura sobre "identificação" estava deixando de fora um ponto-chave: o fato de que essa forma de identidade grupal está enraizada na memória semântica. Percebi que, quando nos identificamos com nosso "grupo de pertencimento", não estamos refletindo sobre memórias episódicas específicas, mas sobre o compartilhamento de marcadores genéricos de identidade armazenados na memória semântica. Por exemplo, pense no país ao qual você pertence e nos itens que marcam essa identidade: uma bandeira, um hino nacional, talvez um traje tradicional ou um tipo de religião ou etnia. Essas são todas formas de pensar sobre identidade que não estão necessariamente ancoradas em episódios distintos de nossas histórias de vida pessoal, e em geral não nos lembramos do momento em que percebemos pela primeira vez que nosso país possui sua bandeira ou hino únicos.[11]

Quando nos identificamos fortemente com um grupo, logo nos tornamos propensos ao favoritismo: procuramos membros de nossa própria "tribo" e adotamos uma atitude competitiva ou até hostil em relação às pessoas de fora do grupo.[12] Imagine, por exemplo, duas irmãs que se encantam por times de futebol diferentes. Uma se torna torcedora fervorosa do Arsenal FC e a outra do Tottenham Hotspur. Sempre que as duas irmãs falam sobre futebol, a conversa tende a se transformar em intermináveis discussões sobre qual time é melhor. Elas acabam concordando em discordar. No entanto, quando o tema futebol não é mencionado, as discussões são raras. É como se elas se dessem bem quando o foco está em suas respectivas vidas pessoais e só discordassem quando as identidades grupais se tornam salientes.

Nesse aspecto, a identificação é fundamentalmente diferente da fusão. Como vimos, a fusão de identidade envolve compartilhar algo autodefinidor com um grupo: seja uma memória intensa (como um rito de iniciação) ou um vínculo biológico (como o laço entre irmãos). Assim, a fusão de identidade está intimamente ligada ao nosso sentido mais profundo de *"eu" autobiográfico*. Por outro lado, a identificação tem muito pouco a ver com nosso senso próprio como pessoas únicas. Para que essas identidades se tornem mais salientes, não é muito útil lembrar experiências pessoais transformadoras — basta que sejamos lembrados de nossa identidade por meio de símbolos mais genéricos como bandeiras, bonés ou camisetas de time.

Na verdade, a identificação não precisa ativar nossa identidade pessoal de forma alguma.[13] Pelo contrário, se você está fortemente identificado com um grupo, tal como seu país ou seu time de futebol, quanto mais você pensa em eventos nacionais e partidas de campeonatos, menos acessível se torna seu senso próprio. Por exemplo, se eu sou um torcedor do Arsenal, quanto mais você aviva a memória de minha identidade como torcedor ao me lembrar de que você torce para o Tottenham Hotspur, menos provável será que eu assuma uma personalidade tolerante. Em vez disso, você só terá acesso a mais um membro de uma tribo específica que despreza tribos rivais e é rápido em lembrar estereótipos negativos sobre elas.[14]

Os psicólogos descrevem isso como "desindividuação" — uma circunstância na qual nossas identidades e motivações pessoais podem se tornar inacessíveis, e sentimos a compulsão de agir em conformidade com as pistas sociais.[15] Por exemplo, uma pessoa com alta identificação é propensa a seguir e obedecer ordens, porque isso é o que um membro prototípico do grupo deve fazer.[16] E não é preciso muito para induzir esse tipo de desindividuação. Apenas vestir um uniforme é suficiente para fazer muitas pessoas administrarem choques elétricos mais prolongados em pessoas que não estão usando o mesmo uniforme. Isso é especialmente provável se a vestimenta estiver associada a normas que endossam a violência. Por exemplo, vestir-se como um membro da Ku Klux Klan resulta em um uso mais agressivo de choques elétricos do que se vestir como um enfermeiro.[17]

A identificação é mais importante em sociedades complexas em grande escala, onde todos costumam interagir com estranhos — por exemplo, ao pechinchar em um mercado urbano movimentado, discutir com funcionários públicos ou frequentar o barbeiro. Em muitas dessas interações, podemos assumir identidades bastante bidimensionais, como consumidor, cidadão, cliente, e assim por diante. Em casos extremos, pode parecer que nossas identidades sociais engolem nossa individualidade. Simplesmente desaparecemos na multidão.

Todos esses fatores — desindividuação, depreciação e potencial aumento da hostilidade em relação ao exogrupo — são valiosos recursos para grupos militares, contribuindo para a vontade de lutar. A identificação nos faz querer vencer membros de outros grupos. No entanto, o problema é que a identificação só pode levá-lo até certo ponto. Ela é capaz de tornar as pessoas dispostas a depreciar um exogrupo e favorecer o endogrupo. Mas parece que não torna as pessoas mais dispostas a arriscar suas vidas pelo endogrupo.[18] Uma vez que a identificação não se baseia em memórias pessoais intensas ou em nosso profundo senso próprio, as demandas orientadas para o grupo podem ser anuladas por considerações mais egoístas. Do ponto de vista pessoal, o imperativo mais forte imaginável é a própria sobrevivência — mesmo que isso entre em conflito com aquilo que o grupo gostaria que fizéssemos. Para muitos, uma resposta muito natural em qualquer situação perigosa seria tentar se esconder na multidão ou fugir quando surgir a oportunidade.

Com base nesse raciocínio, a identificação seria inadequada para motivar atos de hostilidade violenta contra um exogrupo quando isso implicasse risco de morte e ferimentos. A evidência para isso vem de estudos nos quais os efeitos de fusão e identificação na disposição para se sacrificar pelo grupo foram diretamente comparados.[19] Para dar apenas um exemplo, meus colegas e eu realizamos uma pesquisa com mais de duzentos muçulmanos vivendo no Reino Unido e na Bélgica, perguntando-lhes sobre experiências ofensivas como membros de uma minoria religiosa. Em particular, descobrimos que a identificação é muito mais fraca do que a fusão na disposição para sacrificar a própria vida para defender outros muçulmanos.[20]

No entanto, esse estudo com minorias muçulmanas perguntou apenas sobre a disposição hipotética para se engajar em atos de autossacrifício pelo grupo. Em outros estudos, comparamos os efeitos da identificação e da fusão na disposição para se colocar em perigo na realidade, em vez de apenas na teoria. Por exemplo, em um estudo com cerca de cem torcedores de futebol australianos de dois clubes rivais de Sydney, investigamos o papel da identificação e da fusão, respectivamente, em impulsionar a hostilidade contra um exogrupo. A amostra incluía membros de grupos de torcedores adversários que haviam sido criticados na mídia por disparar sinalizadores na praia, arrancar assentos no estádio e brigar com torcedores rivais. Nosso estudo descobriu que a identificação com o time de futebol estava associada ao *preconceito* contra o exogrupo: ou seja, nossos participantes tinham mais probabilidade de nos dizer que não gostavam dos torcedores do time adversário. No entanto, a fusão tinha mais probabilidade do que a identificação de estar associada à violência real contra torcedores rivais — um comportamento que, é claro, implica níveis mais altos de risco pessoal do que apenas ter atitudes preconceituosas.[21]

A fusão de identidade é, portanto, indiscutivelmente útil quando a intenção é criar um exército bem-sucedido. Se você está fusionado com um exército, então o plano de batalha — por mais perigoso e desafiador que seja — se torna seu objetivo pessoal. O problema é que, à medida que os exércitos cresciam, eles também se tornavam mais anônimos. Os vínculos grupais eram incorporados em símbolos de identidade compartilhada em vez de experiências compartilhadas. E, como tal, a fusão ao pequeno grupo estava em risco de ser suplantada pela identificação com o grande grupo.

E ainda assim, de alguma forma, os exércitos do mundo encontraram uma maneira de superar esse problema ao longo dos milênios. Começando com os primeiros grupos militares antigos que se defendiam de vizinhos violentos, os exércitos conseguiram convencer vastos grupos de pessoas a morrer por sua causa. Como? A resposta é uma forma de fusão capaz de operar na mesma escala que a identificação. Chamamos isso de "fusão estendida" e ela constitui uma das invenções mais perigosas já concebidas pelas sociedades complexas.

Fusão estendida e guerra

Os revolucionários que conheci na Líbia em 2011 — ano da Primavera Árabe — estavam fusionados aos companheiros de batalhão. Isso incluía as pessoas que eles conheciam pessoalmente e com quem haviam sofrido em combates mortais ou se abrigado dos ataques de tanques e dos bombardeios que atingiam sua cidade. Nenhuma surpresa aqui; esses são os tipos de experiências pessoais intensas que há muito sabíamos levar à fusão de identidade. Mas esses homens também apresentaram um alto nível de fusão com os membros de outros batalhões, que não conheciam — completos estranhos que haviam passado por provações semelhantes, mas não compartilhadas pessoalmente. Essa é a essência da "fusão estendida": fusão de identidade entre grandes grupos de indivíduos que não se conhecem. Mas, na ausência de experiências compartilhadas pessoalmente, como poderia a fusão estendida ocorrer?

A princípio, pensávamos que a chave para a fusão estendida residia na projeção dos laços locais (a unidade imediata de combate) para categorias mais amplas (todo o batalhão). Ou seja, imaginávamos que, para estar fusionado a um grupo muito grande, era necessário recorrer aos sentimentos de fusão com um grupo muito menor de pessoas que você conhecia pessoalmente, tal como sua família, e então "projetá-los" para uma comunidade mais ampla.

Encontramos algumas evidências para essa hipótese. Por exemplo, em 2013 — um ano após publicarmos nossos primeiros esforços para teorizar a relação entre fusão local e estendida como um processo de "projeção" —, ocorreu uma atrocidade em Boston, onde corredores em uma maratona anual foram alvo de terroristas que plantaram duas bombas caseiras perto da linha de chegada. Centenas de pessoas ficaram feridas, dezessete foram mutiladas e três morreram devido aos ferimentos. Por acaso, um dos membros de nossa equipe — Michael Buhrmester — havia começado a coletar dados sobre fusão estendida entre compatriotas usando uma amostra de participantes de Boston, dias antes do ataque. Assim que a notícia do atentado se espalhou, Buhrmester sugeriu redirecionar o estudo para verificar se aqueles previamente mais fusionados a seus compatriotas norte-americanos também estavam mais dispostos a transformar suas palavras em ações, sendo mais generosos em seus esforços para apoiar as vítimas.[22] O que descobrimos foi que os habitantes de Boston que expressaram um forte senso de parentesco psicológico com as vítimas — ou seja, aqueles que sentiam que seus compatriotas eram como familiares — apresentaram níveis mais altos de "fusão de identidade" e foram muito mais propensos a doar para as campanhas de apoio às vítimas. Argumentamos que essa resposta estava enraizada no caminho biológico para a fusão. Os sentimentos preexistentes de fusão com a família real estavam sendo estendidos para uma "família" muito maior, compreendendo todos os cidadãos norte-americanos.

No entanto, com o tempo percebemos que essa não era a única via para a fusão estendida. Assim como a fusão local, a estendida muitas vezes é criada por meio de experiências compartilhadas — mas apenas aquelas vivenciadas em grande escala por grupos anônimos. Agora temos múltiplos estudos que demonstram que o compartilhamento de experiências transformadoras pode aumentar a fusão entre vastas comunidades anônimas de pessoas afetadas.[23] Está claro que a fusão estendida — seja baseada em percepções de biologia compartilhada ou em experiência compartilhada em grande escala — é uma das formas mais poderosas de tribalismo na história humana. Eu a considero análoga à descoberta da pólvora ou ao voo motorizado: inovações que parecem inofensivas, mas que levaram não apenas a deslumbrantes exibições de fogos de artifício e viagens de alta velocidade, mas também a máquinas de matar altamente eficientes. Em seu aspecto mais benigno, a fusão estendida motiva eventos edificantes como partidas de futebol da Copa do Mundo e concertos do Live Aid. Mas o lado sombrio é o papel que essa nova forma de tribalismo desempenhou nas guerras mais destrutivas da história humana.

Os primeiros sinais da crescente importância da fusão estendida na história da guerra podem ser observados nos exércitos do mundo antigo. Por exemplo, há evidências de que, na Grécia Antiga, os exércitos mais eficazes derivavam sua coragem e determinação de sentimentos de parentesco psicológico no campo de batalha. No século IV A.E.C., Enéas, o Tático escreveu que os exércitos mais fortes são aqueles que lutam "por tudo o que lhes é mais caro". Quando os soldados lutam "pelos templos e pela pátria, pelos pais e filhos e por tudo o que possuem", escreveu, "uma resistência bem-sucedida e robusta ao inimigo os tornará temidos por seus adversários e mais seguros contra futuras invasões".[24] Em outras palavras, as forças de combate mais formidáveis têm um alto nível de coesão, impulsionadas por uma recusa obstinada em admitir a derrota.[25] Do ponto de vista de nossa teoria de fusão estendida, o que é de particular interesse é sua ênfase na ideia de que os soldados eficazes são motivados pelo desejo de proteger não apenas suas famílias, mas também seu país e sua religião, que são representados como uma espécie de vasta teia de parentesco: uma "pátria".

É provável que as experiências de batalha compartilhadas também fusionaram combatentes aos seus camaradas nas antigas cidades-Estado, especialmente com o surgimento da guerra de cerco. Em *How to Survive Siege Warfare* — o tratado militar mais antigo conhecido no mundo —, Enéas, o Tático argumenta que a chave para o sucesso militar era um forte senso de coesão e propósito compartilhado. Enéas viveu em um mundo de numerosas cidades-Estado (estima-se que mais de mil delas floresceram na Grécia Antiga). Embora algumas tenham obtido domínio sobre outras (pense em Atenas, Esparta, Corinto, Tebas, Siracusa ou Rodes), as lealdades primárias do povo tendiam a priorizar seus próprios assentamentos urbanos em vez de aglomerações maiores. No entanto, essas antigas cidades ainda eram muito grandes para que todos os seus membros se conhecessem. E, para que seus exércitos estivessem dispostos a lutar e morrer em sua defesa, seria necessário que formas muito fortes de coesão se estendessem a outros anônimos.

O papel da fusão estendida em batalhas e guerras específicas também é perceptível nos escritos do historiador grego antigo Políbio, que argumentou que o combate pode reduzir as tendências egoístas e egocêntricas de qualquer indivíduo e motivar o compromisso com um grupo estendido. Políbio argumentou que tantos exércitos que lutavam contra os romanos foram derrotados porque usaram mercenários — e, portanto, careciam da coesão das milícias que defendiam as próprias famílias e territórios.[26] Por outro lado, é possível identificar vestígios de como os antigos estrategistas militares se beneficiaram dos efeitos da fusão estendida nas descrições de como as batalhas eram conduzidas entre os exércitos espartanos e as milícias de hoplitas atenienses na Grécia Antiga. Não há dúvida de que as forças espartanas eram mais bem treinadas, organizadas e lideradas do que seus adversários atenienses. No entanto, o que os atenienses careciam em termos de treinamento e cadeia de comando, eles compensavam em coesão grupal — incluindo vínculos resultantes de experiências compartilhadas de batalhas passadas. Isso foi observado pelos próprios comentaristas atenienses — como o veterano comandante Xenofonte — que tentaram persuadir seus compatriotas da necessidade de aproveitar o poder da fusão estendida, combinando-o com o modelo espartano.[27] Políbio teve experiência direta em guerras urbanas prolongadas, incluindo o famoso cerco de Cartago,[28] e apelou especificamente ao sofrimento compartilhado como base para a coesão militar. Esses e muitos outros relatos históricos indicam que a fusão estendida dentro dos exércitos antigos era sustentada por um senso tanto de biologia compartilhada quanto de experiência compartilhada de forma vicária.

Valores sagrados e ascensão do imperialismo

Quando as pessoas se fundem a um grupo, suas identidades pessoais se tornam equivalentes em termos funcionais — se atacar uma pessoa, desperta a fúria do grupo; e, se atacar o grupo, isso é considerado uma ofensa pessoal. É por isso que exércitos fusionados apresentam uma força de combate tão formidável. Assim, é fácil perceber como a fusão estendida motivou os primeiros grandes exércitos a marchar para a batalha contra todas as probabilidades, quando o Estado ou império estava sob ataque. A fusão, seja local ou estendida, revela-se crucial quando grupos armados estão encurralados.

Como vimos, a fusão ativa sentimentos de parentesco psicológico. Em tempos de paz, pessoas que amam suas famílias não desejam aniquilar outras famílias — preferem viver e deixar viver. Da mesma forma, a fusão só desencadeia um sacrifício extremo quando o grupo ou seus membros estão sob ameaça. Vários dos revolucionários armados com quem conversei na Líbia declararam ter pegado em armas pela primeira vez quando souberam que as forças de Gaddafi estavam estuprando e assassinando mulheres civis e perceberam que suas esposas, mães ou irmãs poderiam ser as próximas. A seu ver, a insurgência era fundamentalmente um ato de defesa. Essa é uma frase comum em relatos dos motivos pelos quais alguém se voluntaria para a batalha — seja descrevendo-os como lutadores pela liberdade, guerreiros tribais, exércitos convencionais ou células terroristas.

No entanto, parece haver outra fonte de disposição para a guerra que, à primeira vista, aparenta ser essencialmente agressiva e gananciosa e, portanto, difícil de explicar como resultado de fusão, seja local ou estendida. De modo específico, qual a explicação para a tendência generalizada de sistemas imperialistas de se engajar em atos predatórios e de conquista sem provocação?

Podemos citar inúmeros impérios abrangendo períodos antigos e modernos, começando pelos grandes impérios da Eurásia até aqueles da África Subsaariana e da Mesoamérica, no período pré-moderno, e da Europa, da Rússia, dos EUA e do Japão, em tempos mais modernos. Se a fusão é essencialmente motivada por um pensamento defensivo em vez de ofensivo, o imperialismo não pode ser explicado apenas em termos de fusão. Então, qual é a psicologia por trás disso?

Uma tentativa inicial de responder a essa pergunta pode ser encontrada nas obras de Ibn Khaldun, historiador árabe do século XIV, que se propôs a explicar a evolução do tribalismo e da guerra ao longo dos séculos.[29] Ele relatou muitos dos processos históricos de longo prazo que também tenho descrito: começando com laços locais sendo forjados dentro de grupos tribais, levando a identidades compartilhadas em uma escala maior no nível das cidades-Estado, e culminando em militares fortemente ligados no nível de Estados e impérios muito maiores. Em particular, Khaldun enfatizou a importância de rituais emocionalmente intensos na criação de *asabiyyah* ("solidariedade" em árabe) — especialmente o papel da música militar, tal como o som de tambores e o toque de trombetas e cornetas, e o uso de símbolos visuais como bandeiras e estandartes. Embora Khaldun não tenha descrito explicitamente a *asabiyyah* como a fusão das identidades pessoal e grupal, ele claramente pensava, assim como eu, que a coesão social poderia ser gerada por intensas experiências compartilhadas.

Porém, ele acrescentou outra dimensão peculiar ao poder imperial — uma que é crucial para entender a lógica da conquista militar como a conhecemos hoje. Khaldun argumentou que havia um imperativo moral por trás da conquista imperial. Ele escreveu que, para ter sucesso, os impérios precisavam unir tribos e Estados conquistados em uma estrutura política centralizada abrangente — ligada por valores superiores e capaz de estender a *asabiyyah* para todo o império. Isso não era apenas necessário, argumentou Khaldun, mas também virtuoso. Tendo estabelecido essas virtudes civilizadoras, a expansão militar deveria se tornar uma "missão universal". Em outras palavras, matar os pagãos e incrédulos se tornou um dever sagrado que caminhava de mãos dadas com o imperativo imperial. Khaldun ilustrou esse ponto descrevendo com apreço a história de um comandante militar muçulmano que, ao descobrir uma comunidade indiana que praticava costumes proibidos pela lei muçulmana, realizou um massacre em massa e exibiu publicamente as cabeças dos líderes locais.

O zelo missionário com que os grandes impérios da história buscaram impor suas leis e valores nas terras que invadiram foi um fator decisivo na história mundial e requer uma explicação especial. A ideia de que há apenas uma maneira privilegiada de ver o mundo — que é universalmente verdadeira e moralmente superior a todas as outras — só surgiu com a disseminação dos impérios imperiais. Ela também guarda estreita relação com o surgimento e a disseminação de religiões moralizantes. Na maioria das antigas cidades-Estado, em regiões como a Mesopotâmia ou Creta, a coesão local estava fortemente ligada aos deuses locais e aos templos só encontrados naquela localidade. Em contraste, as religiões moralizantes insistiam em princípios aplicáveis a todos, não importando a religião local à qual aderissem. Como consequência, todas as crenças locais que contradiziam de forma direta essas crenças mais gerais passaram a ser vistas como imorais e subversivas — muitas vezes justificando o silenciamento ou a eliminação de seus adeptos.

O capítulo anterior terminou com uma pergunta: como as religiões universalistas e moralizantes, que começaram a surgir durante a chamada Era Axial, acabaram sendo invocadas para justificar a conquista violenta? Os escritos de Ibn Khaldun oferecem a primeira pista de uma resposta: o senso de propósito moral no cerne dessas religiões pode ser usado para justificar os domínios em expansão do império. Nesse contexto, a conquista não se torna apenas um ato de apropriação ou uma expressão de domínio, mas um dever sagrado. É assim que a expansão imperial se tornou não apenas um meio para algum fim material, como saquear os recursos de grupos mais fracos, mas uma busca moral, muitas vezes realizada com apelo à sanção divina.

Conquistas imperialistas com o propósito de difundir a verdade e a luz ao mesmo tempo em que aniquilam os incrédulos costumam ser descritas como "Guerras Santas". Alguns dos primeiros exemplos dessa forma de guerra vêm dos antigos israelitas no primeiro milênio A.E.C. — o mesmo período da história mundial associado à chamada Era Axial e à disseminação das religiões moralizantes discutidas no Capítulo 5.[30] Por volta da mesma época na China, a dinastia Han começou a integrar o confucionismo em suas ambições imperialistas. Esforços para estabelecer hegemonia teológica baseada em valores moralizadores tiveram altos e baixos, como já vimos. No entanto, os esforços para estabelecer a supremacia de valores sagrados acabaram se tornando a marca registrada da guerra em muitos dos maiores impérios do mundo.

A ideia por trás da Guerra Santa talvez seja mais associada às cruzadas cristãs e ao conceito muçulmano de jihad. No entanto, o conceito de guerra justa está presente também no hinduísmo e no siquismo, e exemplos de guerras travadas sob a bandeira da religião são fáceis de listar em inúmeros países ao redor do mundo. Ainda assim, seria errado considerar isso um fenômeno intrinsecamente religioso. Na verdade, a ideia de uma Guerra Santa tem muito mais a ver com tribalismo do que com fé (razão pela qual é tratada aqui, e não no capítulo anterior sobre crença religiosa). De fato, o século XX foi dominado, em certo sentido, por uma forma de Guerra Santa secular entre o comunismo e o capitalismo — duas visões de mundo ostensivamente não religiosas se consolidando em torno de valores opostos que cada lado considerava sagrados, da mesma forma que cruzados, jihadistas e outros fanáticos religiosos haviam feito por séculos antes. Em todos esses casos, um senso de "cruzada moral" parece desempenhar um papel. Mas de onde ele vem — e que efeito tem sobre a violência intergrupal?

A resposta para essa pergunta pode estar na teoria dos chamados "valores sagrados", princípios invioláveis que vão desde ideias abstratas, como a crença na transubstanciação, até objetos que nunca devem ser desrespeitados, como uma bandeira ou um livro sagrado. A característica definidora dos valores sagrados é que eles superam todas as considerações materiais, monetárias ou práticas e não podem ser violados em nenhuma circunstância. O antropólogo Scott Atran argumenta que, por serem invioláveis, os valores sagrados muitas vezes se tornam um ponto de impasse ao tentar resolver ou arbitrar conflitos intergrupais.[31] Atran e seus colaboradores produziram evidências convincentes de que oferecer incentivos materiais em troca da concessão de valores sagrados, ao negociar acordos entre grupos em conflito, pode ser um tiro pela culatra. Em vez de incentivar acordos pacíficos, tais esforços provocam indignação moral, inflamam ódios intergrupais e resultam em formas ainda piores de violência do que antes. Esses valores não são crenças que possam ser compradas ou vendidas.

Assim como indivíduos altamente fusionados saltam sobre uma granada para salvar seus camaradas, as pessoas parecem dispostas a lutar e morrer para defender seus valores sagrados. Atran argumenta que isso costuma ser subestimado pelas democracias liberais contemporâneas.[32] Por exemplo, a política externa dos EUA falhou em antecipar a disposição para lutar entre adversários militarmente mais fracos no Vietnã, Irã, Iraque e Afeganistão. A lógica militar parece ser que, ao instilar "medo e admiração" por meio de uma demonstração inicial de poder, ficará claro que a resistência é inútil e o moral será abalado. No entanto, repetidas vezes, não é o que acontece. Atran aponta que o mesmo erro foi cometido por Napoleão, Hitler e outros líderes de impérios no passado. O que muitas vezes ocorre nesses casos é que, após pesadas perdas iniciais, o grupo numericamente mais fraco retorna à luta com uma determinação redobrada para continuar a batalha.

Quando retornei da minha visita à Líbia, em 2011, comecei a me perguntar se as ideias de Atran poderiam ajudar a explicar as origens do imperialismo. Para mim, parecia que a fusão de identidade e os valores sagrados estavam relacionados ou eram construtos sobrepostos. E se o profundo comprometimento das pessoas com um grupo — na forma de fusão estendida — se tornasse de alguma forma ligado a certos valores, de modo a "sacralizá-los" a ponto de valer a pena morrer por eles?

Admito que isso é um processo de pensamento bastante complexo e requer alguma exploração mais profunda. A fusão, nas formas que encontrei, envolvia um compromisso com outras pessoas que compartilhavam experiências transformadoras — sejam pessoas que se conheciam diretamente, no caso da fusão local, ou uma comunidade mais ampla, no caso da fusão estendida. Em contraste, eu tinha começado a pensar em valores e crenças como uma base para identificação em vez de fusão — ou seja, uma forma de identidade de grupo que não envolvia passar por eventos transformadores pessoalmente. Mas e se certos valores tivessem de alguma forma se associado aos grupos com os quais as pessoas estavam fusionadas? E se essas associações se tornassem tão fortes que o grupo e seus valores sagrados não parecessem mais entes distinguíveis? Lembro-me de ter refletido sobre essa ideia quando parei para admirar o Memorial dos Mártires, no coração de Oxford, a caminho de casa depois de um jantar universitário. Era uma visão bastante familiar, mas me peguei olhando para ele com mais atenção do que o habitual. O edifício celebra o heroísmo de Radley, Cranmer e Latimer, que preferiram ser queimados na fogueira em 1555 a renunciar à fé protestante. Para eles, um valor sagrado estava em jogo — algo pelo qual valia a pena morrer. Mas isso aconteceu porque a fé protestante e o grupo com o qual estavam fusionados haviam se tornado essencialmente um só?

Para explorar essas questões mais a fundo, convidei os criadores originais do conceito de fusão de identidade — William B. Swann e Ángel Gómez — para se reunirem comigo e Scott Atran em Oxford. As discussões não foram conclusivas, e é muito provável que todos tenham saído com concepções diferentes sobre as relações entre valores sagrados, fusão e identificação. No entanto, minha própria compreensão de como esses construtos operam juntos é a seguinte: a fusão, baseada no compartilhamento de experiências autodefinidoras, nos motiva a defender nossos grupos apenas quando eles estão sob ataque; a identificação, baseada em marcadores de identidade compartilhada, nos motiva a agir de forma competitiva em relação aos exogrupos, quer estejam sendo atacados ou não; e os valores sagrados são uma combinação desses dois processos. Certamente, eles são marcadores de identidade compartilhada — nesse caso, valores que declaram ao mundo a que grupo pertencemos. Os valores protestantes seriam um bom exemplo — um conjunto de crenças, digamos, sobre a salvação ser alcançável por meio da fé em Jesus, abandonando muitas outras ideias associadas à Igreja Católica Romana. No entanto, o que tornaria os valores protestantes sagrados seria o fato de se tornarem pessoalmente autodefinidores de alguma forma — por exemplo, por meio de uma revelação, epifania ou conversão, ou talvez de uma história compartilhada de perseguição na qual membros amados do grupo sofreram por causa de seus valores protestantes. Dessa forma, nos tornaríamos fusionados a esses valores — elevando-os ao status de sagrado e fazendo com que valesse a pena morrer por eles.

Se essa ideia estiver correta — e os valores sagrados resultarem de uma combinação de fusão com o grupo e identificação com um conjunto de valores que atuam como marcadores de grupo —, então temos um efeito duplo, que combina amor pelo grupo e depreciação do exogrupo para criar um coquetel potente. Por um lado, nosso eu pessoal se torna profundamente investido no grupo estendido — como nosso país ou império — e esse é o elemento de fusão. Por outro lado, os emblemas, as ideologias e outros marcadores de identidade e valores distintivos associados a esse grupo — o elemento de identificação — passam a ser vistos como integrantes do grupo estendido com o qual estamos fusionados. Portanto, agora significa que não estamos apenas preparados para arriscar a vida e a integridade física para proteger o grupo, mas também estamos dispostos a fazer tudo que pudermos — usando violência se necessário — para promover a ideologia do grupo. Essa sacralização dos valores parece ser o cerne do imperialismo e do extremismo violento.

Atran e seus colaboradores demonstraram que o compromisso com valores sagrados pode explicar atos "sagrados" de violência com base em pesquisas realizadas em algumas das regiões mais voláteis do mundo, desde Mossul, no Iraque, após a expulsão do Estado Islâmico, até bairros urbanos marroquinos associados a campanhas anteriores de bombardeios terroristas. Em todas as populações estudadas, eles descobriram que a disposição para lutar e morrer pelo grupo estava associada a uma característica que descrevem como "formidabilidade espiritual", definida como "a convicção e os recursos não materiais (valores, força de crenças e caráter) de uma pessoa ou um grupo para lutar e alcançar seus objetivos em um conflito".[33] Eles também descobriram que essa formidabilidade espiritual, quando combinada à fusão estendida, foi um notável preditor de conduta violenta.

Valores sagrados nos levam a considerar a violência contra um exogrupo não apenas como um ato de autodefesa, mas como uma obrigação moral de purificar a Terra de hereges e infiéis. Em muitos grupos imperialistas ao longo da história, os símbolos compartilhados do império passaram a ser vistos em termos absolutistas — como verdades gerais e invioláveis, e não apenas como marcadores de identidade local. De cruzados cristãos a jihadistas muçulmanos, e da ocupação nazista da Europa à invasão russa da Ucrânia, o imperialismo parece se valer do antigo poder da fusão, mas também do processo de identificação com sistemas doutrinários e ideologias. Como resultado, ele sacraliza os valores mais estimados do grupo — e essa é a principal força motriz que impulsiona várias formas de violência predatória, desde terrorismo suicida e cruzadas até pogroms e genocídios.

O objetivo da Parte Dois foi descrever como três vieses antigos (conformidade, religiosidade e tribalismo) foram moldados e aproveitados à medida que sistemas sociais maiores e mais complexos evoluíram. Algumas dessas sociedades encontraram o ponto ideal entre inovação e tradição, explorando tanto posturas rituais quanto instrumentais ao máximo. Elas também criaram instituições e filosofias que encorajavam uma visão mais orientada para o futuro. Desenvolveram religiões doutrinárias, muito diferentes das "religiões selvagens" de nossos ancestrais, fomentando novas formas de governança de cima para baixo e aplicação entre pares. E os instintos tribais violentos foram cada vez mais canalizados para a criação de impérios multiétnicos e vastas redes comerciais.

Todas essas inovações na história mundial têm contribuído para nossa herança coletiva, culminando nos cenários geopolíticos da atualidade. Ao longo dos muitos grandes conflitos da história humana — desde as guerras travadas pelos antigos egípcios e persas até as invasões mongóis e o saque de Roma —, os exércitos foram impulsionados não apenas pela ganância e ambição de líderes ávidos por poder, mas também pela fusão estendida com aqueles que sofriam ao seu lado. À medida que os mais poderosos desses impérios adotavam religiões mundiais como parte de seu arsenal para a fusão estendida, também introduziam novos valores sagrados que poderiam servir como ponto de união para pessoas de diferentes origens. As religiões mundiais e seus antecessores diretos deram aos imperadores e senhores da guerra com ambições imperialistas uma nova forma de unir e motivar pessoas de diferentes grupos étnicos, classes e territórios. Isso se tornou o marco das guerras nos tempos modernos — incluindo as piores guerras mundiais no século XX. Vista sob essa perspectiva, a ascensão de extremismos ideológicos na memória recente (incluindo as muitas variedades de fascismo, comunismo revolucionário, nacionalismo militante e jihadismo) é apenas uma continuação natural dessa trajetória em direção à fusão estendida, ao imperialismo e ao autossacrifício violento.

Falanges espartanas, hordas mongóis, samurais, guerreiros maori, soldados gurcas, pilotos kamikaze e inúmeras tribos guerreiras na história recusaram-se a se render mesmo diante de obstáculos insuperáveis. Atos de autossacrifício violento foram documentados ao longo da história. No entanto, as religiões e as ideologias transnacionais do mundo contemporâneo conseguiram criar uma mistura volátil de fusão estendida e valores sagrados — na qual seus seguidores estão dispostos a morrer não só para defender o grupo, mas também para proteger seus dogmas mais invioláveis e inegociáveis. Dessa forma, agora estamos à beira de uma nova encruzilhada na história mundial. Como podemos tentar navegar esses aspectos complexos, mas também potencialmente letais, da psicologia humana no mundo moderno será o tema dos capítulos a seguir.

Parte Três

Natureza Reimaginada

Capítulo 7

Conformidade e Clima

Verão de 2011. Era a temporada de escavações em Çatalhöyük e eu estava conversando com colegas durante uma pausa para o chá quando, de repente, ouvimos um alvoroço lá fora. Alguém estava gritando: "Fogo!" Ao virarmos para a janela, pudemos ver pessoas correndo até o topo do monte leste. Corremos para nos juntar a elas. Ao chegar sem fôlego às escavações, vimos o céu escurecendo com a fumaça. Um incêndio florestal estava se espalhando pela paisagem, atiçado pelo vento. Todos ao meu redor estavam focados em uma pergunta: o fogo estava vindo na nossa direção? Seriam os 10 mil anos de arqueologia de valor inestimável destruídos em um único incêndio?

Alguns disseram que o fogo deve ter sido iniciado de forma deliberada por agricultores na tentativa de poupar dinheiro na limpeza de suas terras. Se fosse o caso, eles não admitiriam, alegando que começou por causas naturais. Na verdade, a terra ao redor de Çatalhöyük havia se tornado um barril de pólvora, capaz de pegar fogo com a menor faísca: uma bituca de cigarro descartada sem cuidado ou um raio. A verdade era que a planície de Konya — antes um dos berços de civilização mais férteis do mundo — estava se transformando em deserto. Alguns anos após o incêndio, seguindo o Acordo de Paris sobre mudanças climáticas em 2015, o governo turco concordou em resolver o problema da desertificação nessa parte da Anatólia, mas poucos dos arqueólogos com quem falei na região estavam otimistas sobre os rumos desse processo.

Na encosta, assistindo aos campos secos e amarelados brilharem com o vermelho das chamas que se espalhavam e às plumas de fumaça negra espiralarem no céu azul, fui lembrado de quanto ainda temos em comum com o povo neolítico que primeiro se estabeleceu em Çatalhöyük. Eles, assim como nós, eram ávidos adeptos da conformidade cujas práticas agrícolas se tornaram repletas de normas e rituais inquestionáveis, consolidadas em tradições que moldavam a maneira como exploravam a paisagem. E, no entanto, essas mesmas tendências agora estavam nos levando à ruína.

De acordo com um Relatório sobre a Lacuna de Emissões emitido pela ONU em 2022, o mundo precisa cortar 45% das emissões de gases de efeito estufa até 2030 para evitar uma catástrofe ambiental irreversível.[1] Infelizmente, o mais provável é o oposto — *aumentarmos*, e não reduzirmos, nossas emissões globais. Por quê? Porque as mudanças necessárias para descarbonizar são impopulares e divisivas do ponto de vista político. Economistas e especialistas em clima nos asseguram que todos vamos sofrer como resultado. Estima-se que, até 2050, o mundo precisará de 50% mais alimentos para sobreviver devido ao crescimento populacional projetado, mas o impacto da mudança climática na agricultura deve reduzir, e não aumentar, a produção.[2]

É claro que, em um certo nível, todos sabemos por que isso acontece. Os políticos são eleitos por curtos períodos e precisam investir dinheiro em problemas locais para alcançar resultados em curto prazo se quiserem permanecer no poder. Nossas normas nos negócios e no comércio, da mesma forma, priorizam lucros rápidos em vez de benefícios em longo prazo. A crise climática é um problema global, mas não temos um governo global. Em vez disso, temos cerca de duzentos países, cada um exercendo soberania e priorizando interesses domésticos.

No entanto, em outro nível, parece que não temos ideia. Ao analisar a mudança climática através da minha lente antropológica, parece que, no cerne da crise climática, estão os antigos vieses de conformidade, religiosidade e tribalismo. Os mesmos impulsos naturais que outrora criaram as bases da civilização agora representam sua ameaça mais perigosa. Mas, mesmo que não possamos mudar nossos sistemas de governança ou as normas dominantes do mercado da noite para o dia, é claro que quanto mais rápido iniciarmos mudanças, melhor. Somos uma espécie à beira do precipício. Ou começamos a gerenciar nossa conformidade, religiosidade e tribalismo naturais de maneira mais eficaz, ou corremos em direção ao abismo.

Muitas vezes nossos ancestrais tiveram que fazer escolhas difíceis nesse sentido, mas as consequências eram menos óbvias. Às vezes me pergunto se os grandes monólitos em Göbekli, longe de serem o ponto alto de um antigo mundo de caçadores-coletores, foram mais seus últimos suspiros. Talvez a imagem de animais selvagens esculpida em poderosos monumentos de pedra fosse uma tentativa desesperada de preservar as crenças nas forças misteriosas da natureza — um esforço final para defender os antigos modos e valores à medida que começavam a ser questionados. De qualquer forma, aqueles que aderiram aos modos de vida de coleta um dia morreriam, à medida que as gerações sucessivas eram gradualmente seduzidas pelos novos métodos de cultivo de plantas e criação de animais. Os vencedores nesse processo não foram os criadores dos grandes monólitos, mas os agricultores que gradativamente passaram a construir sistemas culturais mais amplos e duradouros durante a Idade do Bronze e os grandes impérios que seguiram. Agora, o mundo está de novo em uma encruzilhada. Mas dessa vez temos pouca desculpa para não reconhecer qual caminho leva à sobrevivência e qual levaria a uma corrida desenfreada rumo ao abismo. Se continuarmos na direção de níveis insustentáveis de poluição e consumo excessivo de recursos, enfrentaremos uma catástrofe ambiental.

Problemas que exigem ações coordenadas em larga escala e um pensamento voltado para o futuro, para além de nossa própria vida, foram resolvidos com sucesso no passado por meio do desenvolvimento de culturas mais cooperativas e religiões e sistemas políticos mais orientados para o futuro. No entanto, para que a humanidade encontre um caminho para desviar do precipício hoje, muitas de nossas suposições mais básicas sobre nós mesmos e nossas sociedades precisam ser repensadas, mais rápido do que nunca. Como todos sabem, mudar a direção do rebanho humano na velocidade e na escala necessárias dependerá de mudanças revolucionárias na política pública, como a introdução de impostos sobre o carbono, mudanças substanciais na eficiência da agricultura e da infraestrutura básica, e a eletrificação dos sistemas de transporte. Qualquer um é capaz de perceber que os obstáculos para transformar nossas sociedades de maneiras tão fundamentais e custosas são extraordinários. Mas alguns dos obstáculos mais poderosos são psicológicos, e esses são também os mais negligenciados.

Considere o viés humano em favor do pensamento de curto prazo. A maioria de nós já sabe que, na ausência de mudanças gigantescas na forma como nossas economias funcionam, a crise climática vai piorar muito rápido — e também já percebeu que as ações para preveni-la são muito fragmentadas e lentas. No entanto, tendemos a não perceber o quão enraizada essa tendência está em nossa psicologia evoluída. Do ponto de vista da psicologia evolutiva, herdamos uma predisposição natural não apenas para priorizar os problemas que enfrentamos no presente em detrimento daqueles em um futuro incerto, mas também para nos tornarmos cada vez mais míopes e focados no curto prazo quanto mais severo se torna o ambiente.

Mudar os rumos nessas questões exigirá mais do que apenas bom senso e evidências. Em 2023, sentei-me em frente à tela do meu computador na Universidade de Oxford e gravei uma série de discursos em vídeo nos quais argumentei que devemos agir em conjunto para enfrentar a crise climática. Em cada discurso, o conteúdo era igual — exceto por um trecho no qual eu apelava a uma lógica diferente para justificar minhas conclusões. No primeiro, usei os argumentos científicos padrão amplamente divulgados na mídia. Mas, nos demais, apelei aos nossos vieses evolutivos. Cerca de mil membros do público em geral no Reino Unido foram convidados a assistir aos meus vídeos. Após assistirem, os participantes tiveram a oportunidade de doar dinheiro para uma instituição ambiental. Uma das principais descobertas desse estudo foi que apelar a noções de essência compartilhada, e não a argumentos científicos, foi significativamente mais eficaz em motivar a fusão com a humanidade e a ação na crise climática do que não assistir aos discursos. Em versões subsequentes desse estudo, nas quais os discursos foram feitos por um proeminente político do Sul Global, os argumentos sobre a biologia compartilhada tiveram efeitos significativamente mais fortes na fusão com a humanidade do que qualquer dos outros discursos.[3] Ativistas e líderes precisam reconhecer que a argumentação baseada em evidências científicas e racionalidade pode não ser suficiente para proporcionar as mudanças abrangentes necessárias para combater a mudança climática. Saber o que devemos fazer, e por que, não é motivador suficiente para redirecionar o rebanho. Também precisamos mudar nossos sistemas culturais — e isso significa apelar a nossos vieses naturais de novas maneiras e em grande escala.

Argumentarei que a revolução cultural necessária só pode ser alcançada por meio de uma compreensão profunda de como o ritual estrutura nossa vida cotidiana e como ele pode ser transformado. Na Parte Dois, argumentei que a rotinização surgiu com a disseminação da agricultura, possibilitando que identidades de grupo em maior escala se espalhassem e se estabilizassem. Neste capítulo, após quase 10 mil anos de rituais repetitivos, é hora de considerar aonde eles nos levaram. Pode parecer estranho avançar no tempo dessa maneira. Meu ponto aqui não é que os rituais permaneceram inalterados desde o Neolítico até agora. Muitas formas de rotinização são fenômenos modernos, que utilizam amplificadores, transmissões de rádio e outras tecnologias relativamente novas, operando em uma escala que teria sido impensável para os primeiros agricultores. No entanto, acredito que os mesmos efeitos básicos da rotinização persistiram ao longo da história mundial, desde as primeiras comunidades imaginadas dos primeiros agricultores até as superpotências da era espacial. A maneira como cooperamos — ou falhamos em cooperar — ainda é governada pelos vieses descritos na Parte Um e que foram transformados e aproveitados durante a ascensão das sociedades em larga escala na Parte Dois. Esses produtos de nosso passado evolutivo — nossa herança moderna — são como um cálice envenenado. Quando combinados às capacidades tecnológicas do mundo moderno — e ampliados para o nível de mais de 7 bilhões de pessoas —, nossos impulsos naturais agora representam uma ameaça existencial para nossa espécie. Talvez o exemplo mais marcante seja a maneira como nossos comportamentos de pastoreio, em larga escala, estão nos levando à beira do desastre ambiental. No entanto, assim como a rotinização pode ser nossa ruína, ela também pode ser nosso caminho para a salvação.

Este capítulo foca a maneira como a rotinização no mundo moderno molda a forma como extraímos recursos, criamos bens e serviços, compramos e vendemos commodities, geramos lucros e investimos. Esse sistema é conhecido como capitalismo. Ele passou a engendrar padrões tão amplos de pensamento e comportamento que muitas vezes é presumido, de forma errônea, como algo enraizado na natureza humana. No entanto, quando examinamos esse sistema através de uma lente antropológica, ele se revela apenas mais um exemplo de conformidade em massa — algo que tem nos levado a uma crise climática da qual talvez nunca nos recuperemos. Reconhecer e abordar o problema só se torna possível ao analisar nossos problemas ambientais atuais em uma linha de tempo muito mais longa.

A inaturalidade do capitalismo

A colonização de Papua-Nova Guiné pelas potências europeias nos séculos XIX e XX transformou profundamente a vida dos povos indígenas. Impôs uma paz relativa entre tribos antes em guerra. Introduziu postos de assistência e medicamentos que curaram os doentes e salvaram vidas. Forneceu acesso a ferramentas de aço que tornaram mais leves as tarefas que antes exigiam um esforço extenuante usando apenas machados de pedra. E proporcionou fontes baratas de proteína (por exemplo, peixe enlatado) e carboidratos armazenáveis (como arroz) que se tornaram alternativas atraentes à caça de animais e ao trabalhoso cultivo de raízes comestíveis. Entretanto, ao mesmo tempo, levou à imposição da lei e da ordem sob a mira de armas, forçou as pessoas a formas severas de trabalho servil e fez com que crenças e modos de vida nativos fossem declarados malignos e retrógrados. Uma das mudanças indesejadas mais angustiantes geradas pela colonização foi a destruição da floresta tropical para abrir caminho para estradas, empresas madeireiras e plantações comerciais.

No processo de tentar entender tudo isso, o povo baining com quem vivi em Papua-Nova Guiné começou a questionar muitas de suas tradições rituais. Alguns relatos que ouvi foram angustiantes de registrar. Por exemplo, as pessoas me contaram que, até a chegada dos europeus, elas consideravam suas formas tradicionais de vestimenta perfeitamente adequadas. Mas, então, foram ensinadas pelos missionários cristãos que exibir os seios nus era pecaminoso. Nesse momento, aprenderam a se envergonhar da própria cultura. Como consequência, abandonaram muitos de seus costumes locais, modificaram outros e, em alguns casos, adotaram costumes inteiramente novos — incluindo as vestimentas europeias. Muitos viam esse processo como um caminho para a salvação, uma maneira de construir uma nova relação entre o passado ancestral e a redenção futura, mas também foi traumático e difícil. Como declarou um dos meus amigos próximos na comunidade (tradução minha):

> Olhamos para o passado porque estamos perdidos no mundo do conhecimento do homem branco. Recordando nossos ancestrais, Adão e Eva, vemos que suas vidas eram boas no Paraíso. Mas eles pecaram e agora todos devemos trabalhar e sofrer. Assim, em nossa confusão hoje nos perguntamos: "Para onde iremos? Onde é nossa casa?" Todo o conhecimento do homem branco nos cegou para o que tínhamos antes. Hoje, a missão nos diz que Jesus surgirá para todos — aqueles que estão vivos e aqueles que morreram. Então nos perguntamos: "Quem trará de volta os *nossos* ancestrais? Muitas pessoas buscam conhecimento, mas nós... somos os últimos a recebê-lo. Então, quem transformará o mundo antigo em um mundo novo?"[4]

Durante o tempo em que vivi naquela comunidade, uma nova solução para o dilema estava sendo elaborada. Essa solução ia além da visão original do Kivung, estabelecida mais de duas décadas antes. No entanto, muitos argumentavam que ela estava em consonância com o espírito radical do movimento inicial. A solução foi embarcar em uma forma única de protesto contra a modernidade e a globalização, abandonando as roupas europeias e retornando às formas tradicionais de vestimenta, mas ainda mantendo o compromisso com a cosmologia católica infundida no Kivung. Aqueles que apoiaram esse retorno aos trajes tradicionais passaram a realizar uma série de rituais para ajudá-los a se reconectar com seus ancestrais. Muitas tradições da era pré-colonial há muito esquecidas foram ressuscitadas, mas algumas também foram adaptadas às novas circunstâncias. Todos esses processos foram acompanhados por uma profunda reflexão sobre a natureza e o significado dos rituais, tanto antigos quanto modernos, nativos e europeus.

Essa foi uma maneira eficaz de rejeitar a arrogância das missões e a crueldade do capitalismo. No entanto, não levou ao renascimento de todas as tradições locais, tal como a guerra tribal e as agonizantes formas de iniciação masculina. As pessoas escolheram um novo caminho que lhes permitisse manter a paz, a lei e a ordem, e desenvolver uma filosofia única do Kivung. Isso tinha duas dimensões. Uma enraizada em relações sagradas com os ancestrais nativos, modeladas por Koriam — uma figura semelhante a um guru universalmente reconhecida como o fundador original e pai espiritual de todo o movimento Kivung nos anos 1960. E outra fundamentada em política pragmática, liderada por um grupo de líderes nativos com alto nível de instrução determinados a defender os direitos dos membros do Kivung e a floresta tropical dos efeitos destrutivos do capitalismo extrativista. Esse último papel foi personificado por Francis Koimanrea, que se tornou governador da Província da Nova Bretanha Oriental (região na qual o Kivung foi estabelecido), defendendo a proteção da floresta tropical e liderando a resposta do país a catástrofes ambientais. O sistema de crenças e práticas que esses líderes ajudaram a estabelecer deu origem a uma comunidade pacífica e respeitadora da lei em uma escala rara em Papua-Nova Guiné — uma nação tragicamente assolada por algumas das taxas mais altas de crime violento do mundo. Diante desse cenário, as conquistas do Kivung foram ainda mais impressionantes.

Então, por que os seguidores do Kivung foram capazes de alcançar extraordinárias conquistas cooperativas enquanto outras regiões do país não? Parte da resposta para essa pergunta é que eles estavam dispostos a questionar os pressupostos básicos do capitalismo, baseando-se nas próprias histórias e tradições. Mas uma parte ainda mais notável da resposta está relacionada aos rituais. O surgimento do Kivung na década de 1960 ajudou a estabelecer um método duradouro de proteção ambiental. Os líderes do movimento utilizaram a rotinização para difundir e estabilizar um conjunto de crenças e práticas que preservaram e adaptaram modos de vida ancestrais, unindo a população contra os destrutivos impactos ambientais das empresas madeireiras e das operações de mineração.

A experiência do Kivung sugere uma maneira profunda de incorporar crenças e práticas ambientais sustentáveis. Apesar de muitos de nós percebermos e lamentarmos os impactos destrutivos do capitalismo global, raras vezes ponderamos sobre o que podemos fazer a respeito. Nem sempre é óbvio que governos centralizados e mercados capitalistas sejam apenas um modo de vida, e não o único ou o melhor para a humanidade em geral. Aqueles que tentam impor todo tipo de inovação — desde camisetas, escavadeiras e serrarias até seus sistemas prisionais — não costumam refletir muito sobre o que poderia ser aprendido ao ouvir as ideias dos povos nativos nas terras que ocupam à força. A razão pela qual é difícil questionar as normas globalizantes é elas serem amplamente rotinizadas. No cerne da vida cotidiana de todos os países do mundo na atualidade, há um conjunto de ideias compartilhadas sobre a vida econômica que parecem tão ubíquas e inevitáveis que é difícil imaginar a vida sem elas. Quando os rituais se tornam tão rotinizados, os modos de pensar e se comportar que eles engendram podem se tornar tão enraizados no tecido da existência diária que já não percebemos quão estranhos são.

Considere as seguintes frases: tudo tem um preço; tempo é dinheiro; é preciso dinheiro para ganhar dinheiro. Não apenas tais frases são familiares e clichês, mas as ideias por trás delas são tão óbvias que parecem indiscutíveis. No entanto, foi uma história muito diferente para as pessoas com quem fui viver na floresta tropical da Papua-Nova Guiné. Naquela parte do mundo, poucos objetos tinham preço. Casas eram feitas de materiais coletados na floresta circundante. Alimentos eram cultivados em hortas locais ou caçados e pescados. Café e cacau de fato tinham um valor monetário, mas sem outro uso. Pessoas que queriam dinheiro em troca de colheitas poderiam plantar árvores de café e cacau e vender seus frutos a intermediários, mas poucos viam o que esses produtos se tornavam após a venda. Eles eram não comestíveis em sua forma bruta, mas ninguém na vila tomava café ou comia chocolate, então os produtos finais do processo de manufatura eram misteriosos e, de fato, sem valor do ponto de vista local.

O dinheiro obtido com o cultivo comercial podia ser usado para comprar certos bens desejáveis — ferramentas de aço como facões e machados ou alimentos importados duráveis como peixe enlatado e arroz. Mas o dinheiro só era gasto dessa forma em ocasiões especiais — por exemplo, quando um facão quebrava após anos de afiação deixarem a lâmina cada vez mais fina. O único uso frequente para o dinheiro era colocá-lo em recipientes como presentes para seus ancestrais. Nesses receptáculos especiais nos templos da vila, as moedas se acumulavam. Mas não eram investidas para lucro. Tal ideia era estranha para as pessoas com quem vivi. Em vez disso, sempre que o dinheiro se acumulava, ele era levado para a sede do Kivung e utilizado para apoiar obras públicas para toda a comunidade — como postos de assistência ou escolas. Em uma ocasião, ele foi doado como uma grande contribuição de caridade para ajudar vítimas distantes de um ciclone na Austrália, apesar do fato de os beneficiários serem muito mais ricos, em sua maioria com seguro e amplamente assistidos por instituições de caridade locais e ajuda governamental.

Quando consideramos as vidas materiais dos seres humanos ao longo dos milênios, a busca pelo crescimento econômico como um fim por si só aparece no final dessa história. Não somos capitalistas naturais; somos coletores. Seres humanos em todo lugar ficam felizes em se envolver na colheita de frutas de arbustos, uma propensão que hoje em dia é explorada de maneira insensível pela indústria de jogos de azar, usando máquinas caça-níqueis com imagens de frutas que devem ser combinadas para obter uma recompensa. Os instintos de caça também são profundos nos seres humanos, muitas vezes de maneiras que são colocados em prática não só por caçadores e pescadores que de fato capturam animais, mas também por observadores de pássaros e trens que apenas rastreiam sua "presa" sem precisar abatê-la. Mas, embora sejamos produtores e consumidores naturais, não é óbvio que sejamos acumuladores naturais. Nossos instintos de coleta evoluíram em um mundo de alimentos perecíveis que não podiam ser armazenados ou transportados, então um instinto de acumulação faria pouco sentido nesse contexto.

À medida que as sociedades cresceram, a relação humana com as coisas se tornou mais complexa. A agricultura nos obrigou a nos estabelecer, e a produção de excedentes criou a possibilidade de que a riqueza pudesse ser armazenada e acumulada. Mas nada disso levou de forma inevitável à situação em que nos encontramos hoje. Porque no cerne da economia atual há uma ideia completamente estranha: que os humanos são maximizadores de utilidade.

Essa ideia, que teve origem na filosofia utilitarista dos filósofos britânicos Jeremy Bentham e John Stuart Mill no século XIX, propõe que as boas ações devem maximizar as contribuições para o bem-estar (sua "utilidade"). Desde que o economista Alfred Marshall colocou essa ideia no centro da economia na Inglaterra do final da era vitoriana e início da era eduardiana, ela se tornou fundamental para o modo de pensar da maioria dos economistas sobre o comportamento humano. Nesse contexto, quanto mais bens materiais adquirimos, mais utilidade (ou pelo menos utilidade potencial) ganhamos.

Mas também tem havido debates sobre a generalizabilidade e a coerência dessa ideia, em especial entre estudiosos que buscam entender o comportamento econômico em sociedades em que não há mercados monetarizados. Na minha disciplina de antropologia social, por exemplo, um debate tem persistido desde os anos 1950 sobre se o princípio da maximização da utilidade está presente em economias pré-capitalistas. De um lado estão os "formalistas" que argumentam que sim, desde que a utilidade seja interpretada de várias maneiras — não apenas como acumulação egoísta de ativos, mas como algo direcionado a metas sociais, tal como cumprir obrigações legais ou morais com base em princípios de troca ou ajuda caritativa. Do outro lado estão os "substantivistas" que argumentam que toda a ideia de maximização da utilidade é etnocêntrica — uma forma de pensar sobre tomada de decisões em uma economia de mercado capitalista que não faz sentido em uma sociedade tradicional orientada à produção de subsistência, à troca de presentes ou à redistribuição centralizada.

No entanto, tenho me perguntado se isso apresenta uma falsa dicotomia. Minha impressão é que tendências altamente orientadas a resultados e maximização de utilidade estão presentes em todas as sociedades — assim como práticas altamente ritualísticas e não utilitárias. Mas, em nossa sociedade, o lado "maximização de utilidade" dessa equação tem sido dominante por tempo demais, com implicações ambientais com um potencial devastador. E a solução está bem diante de nossos olhos: os modelos que os colonizadores deixaram de aprender com os colonizados e que o mundo contemporâneo como um todo falhou em aprender com a história.

Os rituais ocultos da vida econômica

No início de 2023, me vi em um pequeno barco cercado por políticos das Ilhas do Pacífico a caminho da pequena ilha de Iririki, próxima à capital de Vanuatu. Chegamos após a passagem de dois grandes ciclones que atingiram o país, causando imensos danos à infraestrutura e deixando muitas casas sem telhado, suprimentos de alimentos ou água corrente. O evento do qual estávamos participando foi organizado pelo ministro para mudanças climáticas de Vanuatu, Ralph Regenvanu, que liderava um esforço pioneiro para demonstrar quão rápido as nações do Pacífico poderiam eliminar os combustíveis fósseis. Isso resultou em um apelo por uma transição justa para um Pacífico livre de combustíveis fósseis, argumentando que a crise climática era "impulsionada pela ganância de uma indústria exploradora e seus facilitadores".[5]

Os políticos e ativistas que conheci em Iririki me deram motivos para acreditar que a maré pode finalmente estar mudando, revertendo o fluxo unidirecional de influência global dos países ricos para os países pobres. Menos de duas semanas depois, o ministro Ralph Regenvanu estava na sede da ONU em Nova York pedindo à Assembleia Geral que votasse para decidir se a Corte Internacional de Justiça deveria emitir um parecer jurídico sobre a responsabilidade climática que estabeleceria as obrigações legais das nações do mundo de proteger as pessoas e os ecossistemas mais afetados pelas mudanças climáticas. Foi um momento histórico. Todas as tentativas anteriores para que a CIJ analisasse questões relacionadas às mudanças climáticas haviam sido ignoradas devido à falta de apoio diplomático, mas dessa vez, enfim, o esforço teve sucesso. A resolução foi copatrocinada por 132 países e adotada em consenso. As ilhas de Vanuatu são o lar de muitos grupos de línguas indígenas, todos os quais — por uma extraordinária coincidência — podem traçar sua ancestralidade até os baining, com quem vivi, muitos anos antes, na Papua-Nova Guiné.[6] Assim como os baining, que ajudaram a desenvolver métodos para defender seu lar na floresta tropical das incursões destrutivas do capitalismo,[7] seus primos em Vanuatu agora estavam se mobilizando em um palco internacional para liderar a luta global contra as mudanças climáticas.

No cerne do choque de culturas entre interesses comerciais e grupos indígenas estão teorias contrastantes sobre a vida econômica. Colonizadores e corporações são como os formalistas na antropologia, que veem o mundo através da lente da economia de mercado. Grupos indígenas são como os substantivistas, que consideram as economias como integradas em sistemas sociais mais amplos. Mas todo o debate pode ser radicalmente reformulado se trouxermos à tona a distinção crucial entre posturas ritualísticas e instrumentais que descrevi no Capítulo 1. Para recapitular, adotamos uma postura instrumental quando nosso foco está em como o comportamento contribui de uma forma racional para um objetivo; adotamos uma postura ritualística quando presumimos que não há uma estrutura causal subjacente ao comportamento, e estamos focados em reproduzir convenções estabelecidas e cumprir obrigações sociais. A primeira é motivada pelo desejo de alcançar resultados materiais, a segunda pelo desejo de afiliação.

Uma vez que reconhecemos a presença de ambas as posturas na vida social humana, as posições de formalistas e substantivistas se tornam mais fáceis de conciliar. Os formalistas estão corretos ao afirmar que o raciocínio instrumental impulsiona a maximização da utilidade em todas as sociedades humanas, não apenas nas capitalistas. Mas os substantivistas têm razão ao afirmar que a maximização racional da utilidade não é o objetivo de todo comportamento econômico. Uma análise da postura ritualística permite perceber que nem todo nosso comportamento é ganancioso e orientado a bens materiais — e que grande parte é impulsionada pelo desejo de se afiliar ao grupo.

No entanto, se tanto o raciocínio ritual quanto o instrumental parecem desempenhar um papel na tomada de decisões econômicas em todas as sociedades, o equilíbrio entre os dois varia de modo considerável. Por exemplo, em muitas sociedades tradicionais, que não possuem moedas de uso geral e mercados de commodities, o equilíbrio entre motivações ritualísticas e instrumentais para atividade econômica pode favorecer mais a primeira. Ou seja, a motivação para produzir bens e participar de sistemas de troca e redistribuição pode ser fortemente influenciada pela conformidade, pela tradição e pelo respeito aos ancestrais, de maneiras que envolvem fundamentalmente manter relacionamentos sociais de longo prazo. Em contraste, em uma cidade moderna, transações econômicas envolvendo a aquisição de alimentos em supermercados ou a geração de lucros a partir de clientes podem ser efêmeras e superficiais — baseadas no raciocínio instrumental em vez de no desejo de aprofundar e estender relacionamentos sociais ou manter instituições.

Embora seja tentador colocar sistemas econômicos em um único continuum — mais ritualísticos (por exemplo, tradicionalistas) em uma extremidade ou mais instrumentais (como capitalistas) na outra —, a realidade é mais complexa. Pode-se argumentar que a maioria das sociedades, se não todas, são construídas em torno de pelo menos dois tipos de vida econômica orientados respectivamente para a obtenção de bens de valor material e bens de valor social. Uma ilustração simples disso é o circuito *kula* — um sistema de troca descrito nas Ilhas Trobriand, na Nova Guiné, por Bronislaw Malinowski, um dos fundadores da antropologia social. Os objetos *kula* — na forma de belos braceletes e colares de conchas — eram tradicionalmente trocados entre ilhas do Pacífico em direções opostas, criando um vasto circuito de trocas com colares viajando no sentido horário e braceletes no sentido anti-horário. Ao navegar entre as ilhas, os barcos levavam não só objetos *kula* para trocas, mas também bens úteis que poderiam ser permutados. O escambo era focado na obtenção de bens úteis com a melhor taxa possível — como é de se esperar em qualquer forma de negociação de mercado. As motivações de produtores e comerciantes tinham sobretudo uma orientação instrumental — focadas em obter os melhores negócios em relação ao esforço investido. Em contraste, a troca de objetos *kula*, com maior visibilidade pública e mais elaborada em termos cerimoniais, era o destaque social de cada viagem. O motivo da troca *kula* era adquirir status social oferecendo, de modo estratégico, seus objetos mais valiosos aos donos de objetos de maior valor, compelindo-os a retribuir com seus bens valiosos sob pena de perda de prestígio. Indivíduos tornaram-se famosos em toda a região como proprietários dos objetos *kula* mais prestigiosos, apesar da dificuldade de mantê-los. Esse sistema era dominado pela postura ritual, visando forjar relacionamentos entre doadores e receptores e, por fim, consolidar laços de aliança entre ilhas com base em regras normativas estabelecidas por tradições aceitas de modo universal.

O equilíbrio entre as posturas ritualística e instrumental na vida econômica dos habitantes das Ilhas Trobriand pode ser difícil de quantificar com precisão, mas ambas as perspectivas foram características predominantes das trocas, ainda que em graus variados. No escambo, o objetivo era altamente utilitário: obter bens materiais úteis para consumo. Na troca *kula*, por sua vez, o objetivo era muito mais ritualístico: obter bens de prestígio e mantê-los pelo maior tempo possível para preservar a conexão com um passado glorioso. No entanto, havia uma diferença de ênfase. No mundo do escambo, o foco era um pensamento mais instrumental voltado para satisfazer necessidades materiais, em vez de construir relacionamentos sociais fortes. Mas, no mundo da troca *kula*, o elaborado protocolo era mais marcante, e a ênfase era a afiliação, a aliança e a integração política, em vez de o mero consumo de bens.

Essa é a chave oculta para entender o comportamento econômico nos sistemas capitalistas — nos quais a maioria das pessoas (incluindo os habitantes das Ilhas Trobriand) está imersa hoje. Visto através da lente de um modelo de negócios, o comportamento no mercado é, em essência, materialista, impulsionado pela postura instrumental. Mas essa é apenas uma visão unilateral do nosso comportamento. Ao observar o mundo da vida econômica através da minha lente antropológica, ele parece bastante diferente. Sob essa perspectiva, a lógica da postura ritualística é estranhamente ubíqua, mesmo nos sistemas mais capitalistas. Por exemplo, mesmo um observador casual do sistema de classes inglês reconhecerá que no seu cerne está uma lógica muito semelhante à do circuito *kula*.[8]

Para a aristocracia inglesa, os equivalentes de braceletes e colares de conchas *kula* são terras e obras de arte relacionadas a linhagens de prestígio, idealmente associadas à realeza ou à linhagem sanguínea. Todos esses objetos mudam de mãos por meio de mecanismos de herança, apropriação ou conquista. Assim como os chefes trobriandeses procuravam se associar aos bens *kula* de maior prestígio e seus lendários guardiões anteriores, os novos-ricos em todos os lugares procuram se envolver em uma aura de ancestralidade nobre. Por exemplo, em Oxfordshire, condado onde moro, há uma longa tradição de financistas novos-ricos do centro financeiro de Londres comprando as casas históricas mais importantes que antes pertenciam a aristocratas. Ao que parece, nem mesmo os indivíduos que vivem em busca de maximizar o lucro estão imunes ao status oferecido por bens com passados ilustres. Da mesma forma, as corporações multinacionais competem para adornar suas salas de reuniões e saguões com obras de artistas famosos. E, assim como o dos chefes trobriandeses, o objetivo do capitalista na economia de prestígio da coleção de arte é adquirir objetos que conferem status e legitimidade pela associação com a tradição.

Mesmo se aceitarmos que, no conceito idealizado por economistas, o agente racional em uma sociedade capitalista seja em grande parte impulsionado pela criação de riqueza, claramente essa não é a história toda. Pode ser que a acumulação seja a utilidade que mais interessa aos líderes empresariais, mas, se assim for, não é sua única motivação. E nem é o objetivo mais natural ou intuitivo para os seres humanos. Portanto, a diferença entre as sociedades capitalistas, mais "instrumentais", e as economias baseadas em presente, mais "ritualísticas", é apenas uma questão de grau. E, com esse contexto histórico e etnográfico em mente, podemos começar a ver a maneira capitalista de visualizar e interagir com objetos materiais sob uma luz um pouco diferente. Em minha opinião, a implicação mais fundamental dessa percepção é que a dominância da cultura materialista no cerne do capitalismo não é nem natural nem dádiva de Deus — e, na verdade, maneiras de ser menos "instrumentais" estão sempre logo abaixo da superfície.

E isso significa que nossos estilos de vida e objetivos podem ser alterados. Na verdade, poderíamos substituí-los por um conjunto bastante diferente de hábitos que, com prática e esforço, poderiam em breve se estabelecer como um "novo normal" — um conjunto de maneiras de pensar sobre a vida econômica que se tornam tão enraizadas na vida diária quanto qualquer um dos rituais rotinizados que agora dominam nossos sistemas de produção, consumo, marketing e transação. De fato, isso é algo que eu testemunhei em primeira mão, como explicarei a seguir.

Conformidade e capitalismo

A maneira como o Kivung abordou o problema de como defender sua floresta tropical dos estragos provocados pelo capitalismo foi tão genial quanto simples. Seus líderes estabeleceram um sistema altamente rotinizado de doações monetárias. Em um nível, o objetivo disso era apenas instrumental. Os membros do Kivung se propuseram a acumular um fundo centralizado de recursos por meio de um sistema de tributação, que poderia ser usado para financiar as metas ambientais do movimento, desde apoiar a eleição de seus líderes para cargos em governos provinciais e nacionais até atrair formas de investimento estrangeiro alinhadas com as aspirações baining de proteção a suas terras ancestrais. Entretanto, em outro nível, o objetivo era entendido em termos de um elaborado quadro moral, no qual as doações eram interpretadas através da lente da postura ritualística. Cada doação era dirigida aos ancestrais do grupo, de maneira semelhante às oferendas de alimentos colocadas nos templos. E toda a ideia de atrair investimento estrangeiro era interpretada pelos membros do Kivung em um nível mais profundo, com o significado de que suas doações serviriam para persuadir os ancestrais a retornarem. A noção de "investidores estrangeiros" era apenas um código para ancestrais. Quando os ancestrais "investidores" retornassem, eles trariam consigo a influência política e econômica necessária para afastar os efeitos destrutivos da exploração capitalista. Esse novo paraíso na Terra seria onde os fiéis do Kivung viveriam uma vida de luxo e conforto. Não haveria sofrimento, doença ou morte. E os forasteiros que tentassem roubar suas terras e recursos seriam punidos.

A reação padrão de muitos estrangeiros ao Kivung foi descartá-lo como um sistema de crenças delirante que depositava todas as esperanças para o futuro em uma intervenção sobrenatural que nunca aconteceria. No entanto, isso ignorou uma verdade muito mais profunda e importante sobre o Kivung. Ele fornecia uma motivação poderosa para seus membros comuns contribuírem para um novo sistema político e econômico dedicado à proteção da antiga floresta tropical. O restante do mundo pode aprender com seu exemplo — não espalhando uma visão milenarista, mas olhando além das crenças do Kivung sobre o retorno dos ancestrais para os objetivos mais fundamentais do movimento e seus métodos de implementação. O que o Kivung alcançou foi uma maneira de combinar o ritual rotinizado e o pensamento instrumental em um plano coletivo potente para enfrentar questões ambientais urgentes. Isso é exatamente o que o mercado capitalista por si só tem dificuldade de realizar.

Afinal, o mundo capitalista não carece de ideias sobre como um sistema econômico melhor poderia parecer. Considere a noção de capitalismo consciente, que sugere que a própria criação de riqueza deve ser um processo em que metas pró-sociais estejam presentes desde o início.[9] Ou considere o conjunto igualmente inovador de propostas para reformular a economia que vem da minha colega em Oxford, Kate Raworth. Assim como os substantivistas antropológicos dos anos 1950, Raworth argumenta que as economias precisam ser entendidas como inseridas em sistemas sociais maiores. Mas isso não é verdade apenas para economias tradicionais de trocas; vale também para mercados de commodities. Raworth postula que a economia mainstream — que enfatiza a maximização do Produto Interno Bruto (PIB) por meio da troca de mercado e a minimização da interferência governamental — é ao mesmo tempo limitada e insustentável, porque ignora a dependência de nossas economias de recursos finitos não renováveis (sem mencionar custos ocultos como infraestrutura e criação de filhos). A solução, argumenta Raworth, é imaginar a economia mundial como um donut.[10] O anel interno é o mínimo para uma sociedade justa: que atende às necessidades de provisão de comida, água, moradia, energia, emprego, saúde pública, educação, paz, e assim por diante. O anel externo representa um conjunto de limitações ecológicas que, se ultrapassadas, colocariam em risco a própria base da vida: coisas como um clima estável, uma camada de ozônio protetora, água doce suficiente, ar limpo, oceanos saudáveis, e assim por diante. O lugar ideal para qualquer sistema econômico é em algum lugar da massa do donut. Ele não deve invadir de forma imprudente o espaço circundante, poluindo os oceanos, perfurando a camada de ozônio ou desencadeando mudanças climáticas. Mas também não deve cair no buraco no meio, ficando aquém na provisão das necessidades básicas.

Então, parece-me que o problema que enfrentamos não é a falta de pensamento visionário sobre como uma economia melhor poderia ser em teoria — mas, sim, a questão mais complicada de como incorporar esses ideais elevados na prática. Um dos desafios enfrentados por pensadores livres como Raworth é persuadir líderes empresariais a romper com as arraigadas normas do mercado. No cerne, o capitalismo é altamente ritualístico. Seus valores principais são sustentados por rituais rotinizados, praticados na discrição das salas de reunião e dos encontros de negócios, mas enraizados em medos de ridicularização e exclusão que surgem desde cedo no desenvolvimento humano, antes mesmo de as crianças irem para a escola. Lembre-se de que, desde muito cedo, os humanos anseiam pela aceitação do grupo e temem a exclusão. Os empresários não são diferentes. O que os outros pensarão se eles começarem a perseguir objetivos diferentes das medidas convencionais de sucesso: participação de mercado, receita de vendas, retorno sobre o investimento...?

E, ainda assim, se a rotinização é a raiz de nossos problemas, ela deve também fazer parte da solução. Assim como os seguidores do Kivung conseguiram transformar seu comportamento coletivo ao adotar novos rituais, todos nós também podemos. Considere quantas vezes esforços para promover mudanças no comportamento coletivo tiveram sucesso quando muitos pensaram que seria impossível, até mesmo na memória recente. Quando eu era estudante universitário nos anos 1980, era normal fumar nas salas de aula da minha universidade, bem como em ônibus, trens e aviões. Cânticos racistas e fascistas ecoavam nas arquibancadas dos jogos de futebol. A perspectiva de casamento gay parecia impensável. Em alguns desses casos — na Grã-Bretanha, por exemplo —, houve uma impressionante mudança de hábitos, de modo que, uma vez que os novos comportamentos se tornaram difundidos e rotinizados, rapidamente começou a parecer que as coisas sempre foram assim. Hoje se alguém acendesse um cigarro em uma sala de aula ou em um ônibus em minha cidade natal, Oxford, as pessoas ao redor ficariam chocadas; é preciso um esforço real para lembrar uma época em que não teria sido assim.

Muito do trabalho necessário para pensar de forma diferente se resume à adoção de novos rituais e normas. Esses novos rituais podem ser disseminados por influenciadores dentro de empresas e organizações individuais. Por exemplo, imagine se os cardápios dos restaurantes costumassem incluir uma estimativa da pegada de carbono ao lado dos valores calóricos, ou se as escolas fossem obrigadas a ensinar às crianças os efeitos das escolhas de consumo na mudança climática? Ou e se tabus alimentares baseados em religião — como as proibições de comer carne de porco — fossem reformulados em torno de preocupações ambientais, como uma proibição de comer carne bovina, que é uma das causas mais prejudiciais de emissões de carbono no planeta? E se, dada a urgência da crise climática e suas implicações globais, todos os principais festivais e celebrações rituais ao redor do mundo fossem redesenhados para incorporar elementos de ação pró-ambiental?

É importante lembrar que a rotinização ritual não é de forma alguma um fenômeno exclusivo da religião. O comunismo soviético introduziu de maneira semelhante uma infinidade de festivais revolucionários repetitivos, celebrações memorialísticas e feriados especiais, além de ritualizar muitos aspectos da vida doméstica cotidiana para promover lealdade ao Estado.[11] O Partido Comunista Chinês também estabeleceu muitos novos rituais para substituir tradições folclóricas mais antigas — incluindo o canto de slogans padronizados e marchas sincronizadas em desfiles militares. Lembro-me ainda de ouvir esses anúncios públicos enquanto viajava pela China em 2008. De maneira semelhante ao lúgubre chamado dos minaretes do Islã, transmissões públicas através de alto-falantes garantiam que, toda manhã e todo entardecer, meu dia começasse e terminasse ao som de canções revolucionárias. Desse modo, o Partido Comunista sistematizou de forma eficaz práticas religiosas populares como parte do novo quadro ideológico incorporado aos hábitos da vida diária.[12] Nem mesmo a sociedade ocidental moderna tem sido imune a essa lógica sedutora. Embora os efeitos possam ser mais sutis, considere como a música tocada em lojas de roupas em shoppings e nas principais ruas tenta influenciar nosso comportamento de consumo quando estamos escolhendo roupas e adornos corporais. Mas e se instituições seculares hoje usassem essas mesmas técnicas para rotinizar rituais coletivos visando criar estilos de vida mais sustentáveis? Mesmo que não possamos imaginar os governos das democracias liberais transmitindo slogans ambientalistas ao estilo soviético em nossos espaços públicos, talvez possamos imaginar essas mudanças nas mensagens de nossas indústrias de entretenimento.

Celebridades e artistas exercem influência extraordinária sobre a conformidade: a inclinação para imitar o que outras pessoas fazem não pelos benefícios instrumentais, mas pelo desejo de ser como elas. Do ponto de vista da crise climática, isso pode significar ir além dos argumentos instrumentais fornecidos pela ciência e também prestar atenção nas pessoas que desejamos imitar.

Se você é religioso, esses modelos podem ser seus líderes espirituais; se é torcedor de futebol, podem ser os jogadores de destaque do seu time; se você é fã de música popular, pode ser um cantor. Na atualidade, apenas algumas dessas celebridades estão preocupadas o suficiente com a crise ambiental global a ponto de mobilizar seus seguidores e imitadores a se importarem também. No entanto, apesar de ocuparem paisagens morais e culturais muito diversas, essas celebridades são capazes de nos ajudar a nos unir em prol de objetivos comuns. Por que não há um fórum institucional bem estabelecido para explorar essas posições de status com potencial de influenciar nossas sociedades — algo equivalente à canonização, aos troféus da Copa do Mundo ou aos prêmios Grammy para celebridades que lideram ações contra a crise climática? Por que não há nem sequer um esforço contínuo por parte de líderes de pensamento e dos provedores de mídia para incentivar, persuadir ou de outra forma induzir as pessoas que mais queremos imitar a levar essa responsabilidade a sério?

Tais ideias podem parecer um tanto otimistas. No entanto, na teoria, elas poderiam ser implementadas com rapidez, com o mesmo tipo de liderança inspiradora que já gerou movimentos populares pelo direitos civis ou concertos do Live Aid. Na atualidade, há uma lacuna esperando para ser preenchida por esses ativistas. Há agora um amplo consenso de que a crise climática requer ação urgente e que mudanças de comportamento em grande escala, em especial nos países mais ricos, precisam fazer parte da solução. Grande parte da batalha já está ganha. No entanto, mudanças em nossos hábitos coletivos de pensamento e comportamento também devem ser catalisadas por uma liderança corajosa em todos os níveis da sociedade — mas em especial entre aqueles que têm o privilégio de ser modelos culturais — para coordenar ação e nos conduzir na direção certa. Mesmo que nossos políticos ávidos por votos sejam em sua maioria seguidores da opinião pública em vez de líderes, nossos ícones culturais podem se dar ao luxo de correr mais riscos. Além disso, os riscos podem ser menores do que parecem. Hoje em dia a maioria das pessoas é um participante do capitalismo global e, nesse sentido, todos estamos nos movendo juntos. Mas o rebanho está assustado. Estamos prontos para uma mudança de direção.

Ritual e renascimento da mentalidade de futuro

Se houvesse paparazzi nas tradicionais chefaturas da Melanésia, você os encontraria disparando suas câmeras nos pomposos eventos de troca de braceletes e colares de concha: os pontos altos das viagens *kula* dos habitantes das Ilhas Trobriand. Mas, no plano de fundo, transações comerciais muito menos óbvias e mais mundanas estariam ocorrendo, mais focadas na distribuição de bens úteis ao redor das ilhas, em vez de nas cerimônias de trocas de objetos de arte, nos discursos sendo proferidos e no seu impacto nas alianças e obrigações entre as ilhas. Essa prosaica atividade econômica era em grande parte instrumental em seus objetivos materiais e em suas motivações. E, portanto, tais transações também se baseavam em um pensamento de curto prazo. Os bens mudavam de mãos de acordo com as necessidades atuais, e não visando metas de longo prazo. Com a troca de objetos *kula*, era o oposto — todos os presentes e contrapartidas eram calculados para maximizar oportunidades futuras e criar obrigações. Com o tempo, essas obrigações forçariam os parceiros de troca a cederem os bens mais prestigiosos e com as histórias mais ilustres, forjando alianças políticas robustas e duradouras entre ilhas distantes. Tal visão de futuro era essencial para a coexistência pacífica das chefaturas.

O escambo e o capitalismo são semelhantes em parte porque ambos tendem a ser motivados por estratégias egoísticas e de relativo curto prazo, em vez de preocupações futuras e pró-sociais. É verdade que a busca pelo lucro em uma economia capitalista envolve planejamento e investimento para o futuro, mas, em geral, o objetivo é impulsionar formas de crescimento que são insustentáveis e, portanto, mal-adaptadas para o florescimento futuro. A adoção de uma mentalidade instrumental egoísta ligada ao ganho pessoal — em vez de uma mentalidade ritual ligada ao pertencimento ao grupo e a resultados pró-sociais — pode estar nos tornando mais míopes.

Compreender isso pode ter consequências importantes para a maneira como gerenciamos o meio ambiente global. Dada a escala em que se pode esperar que danos irreversíveis ao planeta ocorram nas décadas e nos séculos futuros devido às decisões tomadas hoje, é alarmante a falta de visão de futuro e a indecisão com que os governos têm respondido. A questão crucial, então, é como podemos esperar reduzir o imediatismo e aumentar a determinação para adotar novos estilos de vida em massa e em escala global. Aqui, também, rituais rotinizados podem ser a solução. No Capítulo 4, argumentei que, em civilizações passadas, a repetição frequente dos costumes, das crenças e das práticas do grupo ajudou nossos ancestrais a se tornarem mais orientados para o futuro. Vimos, por exemplo, as casas de história de Çatalhöyük, que possibilitaram que as pessoas passassem a se ver como parte de uma tradição muito mais profunda que continuaria muito além de suas vidas. E analisamos como o aumento no ritmo da vida ritual teria encorajado uma perspectiva mais orientada para o futuro.

Isso não é mera conjectura. Na verdade, agora temos evidências experimentais sólidas que demonstram que enxergar a vida coletiva através da lente da postura ritualística melhora nosso autocontrole e nos torna mais capazes de adiar a gratificação. Nosso principal objetivo era descobrir se o processo de socialização em um sistema que exige a participação em rituais rotinizados tornaria as pessoas mais capazes de priorizar recompensas maiores no longo prazo em detrimento de recompensas menores no curto prazo. Concordamos que seria importante comparar pessoas em um país ocidental com perfil mais moderno e em uma sociedade tradicional mais ritualística, para que pudéssemos estabelecer se os efeitos da nossa manipulação experimental funcionariam em qualquer ambiente. Isso nos levou a Vanuatu, onde muitas pessoas ainda seguem estilos de vida tradicionais.

Nosso ponto de partida foi que participar de um ritual rotinizado envolveria mais concentração e autorregulação do que apenas adquirir uma nova habilidade instrumental. Aprender uma habilidade envolve focar o objetivo final e ver como os passos envolvidos ajudam a alcançá-lo. Nesse sentido, você só precisa imitar ações que ajudam a produzir o resultado desejado e pode ignorar todo o resto. Rituais são diferentes. Lembre-se de que, quando adotamos uma postura ritualística em um comportamento, sentimos a necessidade de fazer tudo o que a pessoa que estamos imitando faz, especialmente se as ações parecerem deliberadas. Isso requer muito mais concentração. Significa que você deve prestar muita atenção a cada pequeno detalhe — não pode descartar os elementos que parecem "sem sentido". De forma ainda mais onerosa, é preciso manter esse nível de atenção até que a sequência de ações seja aprendida. Nossa hipótese era que a autodisciplina necessária para aprender um ritual — e repeti-lo ao longo do tempo — tornaria as pessoas menos impulsivas do que quando estavam aprendendo uma nova habilidade prática. Dessa forma, a rotinização poderia, por sua vez, levar a uma maior orientação para o futuro.

Se isso estiver correto, os benefícios de participar de rituais rotinizados podem ser mais substanciais e duradouros se começarmos cedo, tentando influenciar o desenvolvimento de mentes ainda em formação. Então, minha aluna Veronika Rybanská recrutou por volta de cem crianças com cerca de 7 anos de idade em cada país — Vanuatu, no Pacífico, e Eslováquia, na Europa — para participar de nosso estudo ao longo de três meses enquanto frequentavam a escola.[13]

Antes do início do estudo, foram medidos o autocontrole e a capacidade de adiar a gratificação em cada criança. A primeira medida baseou-se em uma versão da tarefa "da cabeça aos pés" usada por psicólogos para medir a capacidade das crianças em controlar seus movimentos. A criança participante recebeu uma série de instruções rápidas tais como: "Toque sua cabeça", "Toque seus pés",

"Toque seus ombros" ou "Toque seus joelhos". Quando ficou claro que a criança dominava a habilidade de executar essas instruções de maneira correta, foi solicitado que agisse de maneira a contrariar as ordens de uma forma sistemática — por exemplo, tocar os ombros quando instruída a tocar os joelhos, ou tocar os pés quando instruída a tocar a cabeça. A capacidade da criança de seguir esses comandos enganosos, de acordo com as regras estabelecidas, proporcionou uma medida da função executiva. Enquanto isso, para testar sua capacidade de adiar a gratificação, as crianças receberam um doce e foram informadas de que, se (e somente se) conseguissem esperar até o retorno do experimentador, receberiam dois. O experimentador então deixava a criança sozinha com o doce por até quinze minutos. Se a criança tocasse, cheirasse ou provasse o doce, o teste terminava e o número de minutos que ela conseguiu resistir era registrado.

Os testes das crianças foram realizados conforme planejado, e em seguida elas foram divididas e designadas para um dos três grupos, no qual permaneceriam pelos próximos três meses: uma condição ritual, uma condição instrumental e um grupo de controle. As crianças designadas para as condições ritual e instrumental eram retiradas da sala de aula duas vezes por semana, em grupos de oito a dez, para participar dos chamados "jogos de círculo", originalmente projetados para melhorar a capacidade de autorregulação das crianças. Durante cada sessão, as crianças participavam de seis jogos, com duração total entre 30 e 45 minutos. Na condição ritual, os participantes recebiam instruções que enfatizavam a natureza convencional da atividade bem como a importância de seguir as regras, por exemplo, lembrando-lhes que "sempre foi feito desta maneira". Em contraste, na condição instrumental, as crianças recebiam instruções que enfatizavam os benefícios práticos e os objetivos pedagógicos, lembrando-lhes que "se fizermos dessa maneira, aprenderemos sobre diferentes animais". As crianças designadas para o grupo de controle não participaram dos jogos de círculo. Após três meses de repetição, a função executiva das crianças e sua capacidade de adiar a gratificação foram medidas mais uma vez.

Embora experimentos em ambientes de campo sejam difíceis de implementar e com frequência fracassem, esse produziu um conjunto claro de resultados compatíveis em ambos os países. Como previsto, as crianças no grupo de controle mostraram o menor progresso tanto da função executiva quanto da capacidade de adiar a gratificação. As crianças na condição instrumental se saíram muito melhor. Mas os participantes que mais se beneficiaram da intervenção foram os na condição ritual: aqueles que foram informados para não focar o que poderiam aprender, mas apenas que "sempre foi feito desta maneira".

Tivemos nossas primeiras evidências experimentais claras de que, mesmo entre crianças europeias altamente seculares, a participação em rituais promove a autorregulação e o pensamento orientado para o futuro. E isso foi uma descoberta com implicações surpreendentes. Se nossos rituais rotinizados caírem em desuso, nossa capacidade de adiar a gratificação será prejudicada e nossa orientação para o futuro, mais influenciada por um pensamento de curto prazo. Isso sugere que as sociedades que estão abandonando seus rituais e tradições mais rápido também estão minando suas capacidades de pensamento de longo prazo. Considere por um momento o que isso significa para os processos de secularização. De acordo com dados da pesquisa Pew de 2014, cada geração de norte-americanos nascida desde os anos 1920 participou menos de rituais religiosos rotinizados do que a anterior. Aqueles nascidos antes de 1945 eram os mais propensos a orar diariamente e frequentar serviços religiosos pelo menos uma vez por semana em 2014. Os baby boomers eram participantes menos frequentes em ambos os tipos de ritual, os membros da Geração X ainda menos, e os millennials, os com menor frequência de todos.[14] Esses padrões não são exclusivos dos EUA. Pesquisas mostram que adultos jovens em muitos países relatam taxas mais baixas de afiliação a religiões organizadas em comparação com seus ascendentes.[15] Embora o declínio dos rituais não seja a única causa de nossa pandemia de pensamento de curto prazo, parece improvável que esteja ajudando.

Por outro lado, poderia um retorno aos rituais rotinizados ajudar a nos tornar mais orientados para o futuro? Algumas evidências sugestivas vêm da pesquisa sobre os efeitos da frequência regular de participação em serviços religiosos entre pessoas sem-teto, em especial em relação aos padrões de abuso de substâncias.[16] Por exemplo, em um estudo com 380 indivíduos sem-teto no Canadá, aqueles que participavam com mais frequência de cultos religiosos apresentaram taxas significativamente mais baixas de consumo de álcool, opioides e cocaína em comparação com os participantes menos frequentes. Uma explicação possível é que a participação em rituais rotinizados incentiva os usuários de droga a se preocuparem mais com o futuro e, portanto, com os efeitos prejudiciais em longo prazo do abuso de substâncias, em vez do prazer imediato da próxima dose. Isso também é consistente com a descoberta de que a frequência de comparecimento à igreja nos Estados Unidos está associada a doações para causas religiosas e seculares, além de voluntariado — sugerindo preocupações elevadas com o futuro, tanto neste mundo quanto no próximo.[17]

Não seria exagerado considerar nossa dependência de combustíveis fósseis e o consumo excessivo de carne como formas de vício. Mas, assim como com os usuários de drogas, uma solução para nossa dependência pode estar na reintegração de rituais rotinizados em nosso comportamento de consumo. Essa é uma ideia controversa. Entre os ativistas ambientais, a ideia de que os consumidores podem mudar o mundo é polarizadora. Alguns argumentariam que colocar o ônus da responsabilidade sobre os indivíduos, em vez de nas corporações e nos governos, é uma manobra cínica para desviar a atenção daqueles que deveriam arcar com os custos de tornar nossos hábitos de consumo mais verdes.[18] Por exemplo, reformular os danos ao meio ambiente causados pelos combustíveis fósseis como um problema que só pode ser resolvido se os consumidores utilizarem seus veículos de forma mais responsável, ou se os turistas escolherem destinos de viagem mais próximos, permite que as empresas de petróleo e as companhias aéreas continuem com estratégias de marketing e precificação que incentivam o consumo excessivo em benefício de suas indústrias destrutivas. Políticos também parecem ávidos para adotar políticas que transferem a responsabilidade para que cidadãos reduzam suas pegadas de carbono individuais, a fim de desviar a atenção da necessidade de políticas públicas menos populares, ou até suicidas do ponto de vista político, que são realmente necessárias. Mas eu discordo, ao menos em parte. Embora a mudança estrutural seja de fato necessária, ela não ocorrerá sem grandes mudanças tanto nas normas quanto no comportamento da maioria. A estratégia de "greenwashing", ou "maquiagem verde", só funciona enquanto não atrapalha o objetivo das indústrias poluidoras de nos fazer consumir mais de seus produtos. Tais indústrias têm muito a temer em relação a mudanças em nossa mentalidade individual que levem a uma modificação generalizada de comportamento. O motivo pelo qual corporações como a BP podem se dar ao luxo de investir em campanhas publicitárias que apoiam comportamentos de consumo mais verdes é que o pensamento instrumental tem um efeito tênue sobre o comportamento (pense nos alertas de saúde nos maços de cigarro). Por outro lado, os poderosos interesses consolidados nas indústrias que mais contribuem para as mudanças climáticas deveriam de fato temer o poder das massas enraizado na conformidade, na religiosidade e no tribalismo. São esses recursos da natureza humana que poderiam enfim virar o jogo contra os poluidores.

Um ponto de partida potencialmente transformador poderia ser mudar nossos hábitos alimentares. A comensalidade — o simples ato de comer juntos — tem sido um elemento central do ritual doméstico por muitos milênios. Os primeiros sinais de seu declínio nos tempos modernos tornaram-se aparentes com o surgimento dos chamados "jantares diante da TV" e atingiram novos patamares com o aumento do entretenimento online fornecido por smartphones, tablets e computadores. Será que algo tão simples quanto a ressuscitação dos rituais coletivos à mesa poderia nos ajudar a ser mais voltados para o futuro e, por sua vez, mais focados no futuro de nosso planeta? Comer juntos oferece oportunidades ilimitadas para construir novas formas de ritualização rotineira: aquelas que servem aos interesses da sociedade como um todo e à saúde planetária em particular. Cantinas escolares seriam um dos ambientes mais óbvios não apenas para oferecer opções mais verdes, mas também para ritualizar hábitos alimentares coletivos, talvez até integrando ambientes de consumo e aprendizado ao transformar refeitórios em salas de aula eficazes e locais cerimoniais que apoiam agendas verdes e inovações. Mas isso não precisa parar na infância. Nossa vida está repleta de potenciais locais para a comensalidade, desde restaurantes até cafeterias no local de trabalho.

Novas tecnologias também poderiam ser usadas para reintroduzir rituais rotinizados em nossa vida. Por exemplo, aplicativos de smartphone poderiam ser usados para direcionar os consumidores para decisões de compra mais orientadas ao futuro no dia a dia. A ciência da arquitetura da escolha (nudging) identificou, no contexto ambiental, dezenas de intervenções eficazes em alterar o comportamento de maneiras que reduzem nossos efeitos prejudiciais ao meio ambiente. De fato, uma recente metanálise concluiu que "nudges" digitais repetitivos para ação pró-ambiental são "incrivelmente bem-sucedidos", levando os participantes a modificar seu comportamento ao tomar banhos mais curtos e otimizar o consumo de aquecimento e eletricidade.[19] Tais intervenções podem assumir diversas formas. Considere o exemplo do MyEarth, um aplicativo que rastreia as pegadas de carbono dos indivíduos e lhes dá lembretes diários dos efeitos de suas ações. Esse método é infinitamente escalável: imagine um aplicativo que calcula de forma instantânea os benefícios relativos de comprar um produto barato com uma vida útil estimada mais curta e um produto de alta qualidade com garantia vitalícia. Se isso mudasse o comportamento do consumidor para produtos mais duradouros, nossa cultura de descarte seria direcionada de modo gradativo para algo ecologicamente sustentável. No entanto, o mais crucial é que os efeitos dos nudges só podem perdurar se os comportamentos que eles desencadeiam se tornarem incorporados por meio da rotinização, como argumentei no Capítulo 4.

À medida que a tecnologia se torna mais sofisticada, também aumentam as possibilidades de rotinizar suas consequências mais benéficas. Imagine se seus gastos regulares com alimentos pudessem ser usados para fornecer feedback semanal ou mensal sobre o impacto ambiental de seus padrões de compra ao longo do tempo, ou seu desempenho em relação às metas de consumo que você estabeleceu? Esses dados poderiam ser usados para gerar projeções automáticas de como seus padrões de consumo afetariam o meio ambiente ao longo de anos ou décadas. Simulações poderiam ser executadas para mostrar como tais efeitos se ampliariam se fossem incorporados em sua comunidade local ou fossem adotados na forma de hábitos de consumo nacional ou global. As possibilidades são infinitas.

Como vimos, induzir o ritual rotinizado requer esforço, em especial em um mundo que está se secularizando em ritmo acelerado. Portanto, os educadores também têm um papel importante em ajudar a rotinizar hábitos de consumo sustentável como parte do processo de socialização. Priorizar qualidade e durabilidade a benefícios imediatos baseados em preço e conveniência é uma habilidade que não pode ser adquirida facilmente sem apoio. E é aqui que se faz necessário o incentivo dos formuladores de políticas. Se uma das funções-chave da educação formal é cultivar hábitos que contrariem os efeitos prejudiciais da publicidade, então rotinas sustentáveis de comportamento do consumidor podem ser consideradas parte essencial de um currículo abrangente.

Os hábitos de consumo são parte tradição e parte habilidade. São padrões coletivos de comportamento adquiridos por meio de uma combinação de imitação e experiência passada, influenciados por modelos e provedores de informação. Queremos que esses modelos e provedores sejam indústrias e anunciantes com interesses próprios opostos aos dos consumidores? Ou pelo menos parte da responsabilidade por difundir estratégias de consumo deve ficar com cuidadores, comunidades, escolas e governos? Se for o último caso, os hábitos e as habilidades de consumo podem começar a assumir formas diferentes.

No processo de colonização da Papua-Nova Guiné, funcionários governamentais e missionários holandeses, alemães, britânicos e australianos se propuseram a levar esclarecimento a pessoas que consideravam primitivas. Raras vezes ocorria a eles que poderiam se beneficiar da sabedoria dos grupos indígenas. No entanto, as lições que aprendi dos seguidores do Kivung têm um valor inestimável não apenas para países ricos e prósperos que já se beneficiaram dos recursos saqueados dos mais pobres, mas para toda a humanidade.

Grande parte deste capítulo foi dedicada a essas lições. Por exemplo, foi no Kivung que entendi pela primeira vez a importância da rotinização como meio de mudar comportamentos em escala e fomentar uma abordagem às ações coletivas mais voltada para o futuro. Mas talvez a visão mais importante que levei do Kivung foi que podemos agir em conjunto para desafiar as normas hegemônicas e as estruturas de poder que nos dominam. Quando o Kivung foi estabelecido, as pessoas já sabiam que estavam diante de uma encruzilhada. Elas poderiam, se quisessem, seguir o caminho dos colonos europeus se vestindo com roupas europeias, frequentando igrejas e estabelecendo negócios comerciais como empresas de exploração florestal ou plantações de copra, café ou cacau. Os atrativos desse caminho eram evidentes. Incluíam acesso a bens desejáveis, escolas para seus filhos e a promessa de cuidados médicos para os doentes e idosos. Ainda mais convincente para alguns era a perspectiva de se afiliar aos europeus e trabalhar com eles nos negócios, no governo e no serviço público. Mas também havia desvantagens óbvias nessa abordagem. Os tipos de negócios que poderiam ser estabelecidos de maneira realística eram em sua maioria destrutivos para a floresta tropical da qual a vida das pessoas sempre dependeu. O dano causado ao ambiente pelas empresas de exploração florestal e pelas plantações comerciais já era dolorosamente evidente, e estabelecer mais do mesmo só pioraria o problema. Além disso, a admissão ao clube dos colonizadores e missionários não proporcionou as formas de igualdade que os povos indígenas mereciam.

Assim, os seguidores do Kivung se reuniam para elaborar um plano melhor. E, para isso, adotaram um processo democrático. Comunidades inteiras se reuniam para discutir os prós e os contras de várias políticas, e o faziam não apenas uma ou duas vezes, mas de maneira regular. Na verdade, a palavra "kivung" em tok pisin (o idioma comercial mais falado na Papua-Nova Guiné) significa "reunião" ou "se reunir". As deliberações dos seguidores do Kivung eram realizadas em mais de cem reuniões por ano em cada vila do movimento, escalando para muitos milhares de reuniões no movimento como um todo. Esses encontros eram regidos por uma estrutura inspirada nos Dez Mandamentos do Antigo Testamento, e, durante as reuniões realizadas duas vezes por semana em cada vila, as pessoas discutiam cada uma das dez leis em sequência, reiniciando após cada ciclo de cinco semanas, o que lhes possibilitava explorar as implicações de cada lei para uma grande variedade de desafios enfrentados por suas comunidades e chegar a soluções criativas e consensuais. De certa forma, essas reuniões se assemelhavam às "assembleias de cidadãos" encontradas em algumas democracias liberais:[20] estruturas nas quais amostras representativas da população geral de um país se reúnem para debater problemas — informadas por conselhos de especialistas — e chegar a soluções, muitas vezes bem melhores do que as alcançadas pelos parlamentares.

Por meio desse processo deliberativo, o movimento Kivung desenvolveu uma estratégia vencedora. Os adeptos concluíram que os povos da floresta tropical deveriam unir forças com seus senhores coloniais, mas nos próprios termos. Visto que entrar no sistema capitalista teria significado degradar seu ambiente, decidiram restringir o envolvimento na agricultura comercial e implementar uma proibição coletiva de vendas de terras para empresas de exploração florestal e plantações comerciais. Da mesma forma, receberiam as visitas dos oficiais de patrulha coloniais de maneira amigável e cooperativa, mas resolveriam todos os problemas de crime e conflito internamente, deixando pouco para a polícia estatal se preocupar. Ao manter essa distância digna do sistema de administração colonial, as comunidades nativas se protegeriam contra as piores formas de intimidação e exploração. Por fim, eles se esforçariam para infiltrar os escalões superiores do governo, estabelecendo seus líderes em posições proeminentes tanto nas assembleias nacionais quanto provinciais, aproveitando o poder eleitoral dos membros do Kivung como forma de votar em bloco. Sua abordagem foi altamente bem-sucedida, permitindo que as comunidades que aderiram ao movimento mantivessem a lei e a ordem, protegessem suas terras de maneira mais eficaz contra a invasão de interesses comerciais externos e obtivessem representação de seus interesses coletivos no governo.

Esse foco na tomada de decisão coletiva não significa que o Kivung tenha eliminado os líderes. Pelo contrário, cada aldeia tinha seus líderes que conduziam as discussões nas reuniões comunitárias regulares, e a estrutura do Kivung como um todo era ao mesmo tempo hierárquica e centralizada. No entanto, a organização foi configurada e praticada de maneira a incentivar o planejamento coletivo por meio de discussões abertas e debates.

Nosso futuro também dependerá da interação entre nossos sistemas de tomada de decisão e os tipos de líderes que escolhermos. Precisaremos de líderes científicos para fornecer aos nossos eleitores e assembleias de cidadãos informações confiáveis sobre os mecanismos de causa e efeito — problemas de natureza instrumental. Mas também precisaremos de líderes em quem possamos confiar para nos ajudar a resolver problemas e implementar soluções no que tange a relacionamentos humanos e tecido moral da sociedade. O Kivung produziu líderes de ambos os tipos: um guardião da tradição, na forma de Koriam, que se comunicava com os ancestrais e ajudava as pessoas a interpretar as dez leis, mas também um grupo mais jovem de líderes com alto nível de instrução, como Koimanrea, capazes de navegar pelo mundo exploratório da política, do governo e do comércio. No entanto, o que esses líderes tinham em comum era a coragem de defender os interesses de suas comunidades, mesmo quando isso significava dizer verdades inconvenientes e persuadir. A confiança e o respeito necessários para isso também eram derivados da construção de consenso e da rotinização. E isso, por sua vez, exigia coragem por parte dos seguidores: apoiar ideias que às vezes eram desafiadoras ou surpreendentes, correr o risco de exclusão e ridicularização por parte daqueles que não se juntaram ao Kivung, e seguir uma nova direção porque acreditavam nela. Esse é o tipo de coragem que todos precisamos ter agora se quisermos superar a ameaça representada pela emergência climática.

Capítulo 8

Religiosidade à Venda

Eu me vi cercado por milhares de pessoas, muitas delas com as mãos erguidas, balançando suavemente de um lado para o outro ao som da música. Estávamos todos fascinados pelo palco iluminado onde cantores se moviam em sincronia ao microfone. À direita do palco havia uma grande banda — bateristas, guitarristas, baixistas, um naipe de metais — e à esquerda, um coral com cerca de vinte membros. De vez em quando, eu avistava técnicos se movimentando nos bastidores, ajustando equipamentos e adereços. Mas a maioria dos olhos estava voltada para a gigantesca tela no alto, na qual os rostos dos líderes ao microfone eram exibidos sob uma iluminação perfeita e transmitidos ao redor do mundo. Não era um concerto de rock. Era um culto religioso cristão em um domingo comum em Singapura.

Visite o site da New Creation Church e verá imagens de jovens atraentes, com aparência alegre e próspera, sorrindo para você e entre si. As imagens se misturam com slogans como: "Bem-vindo à nossa família", "Estamos aqui para você". E propagandas da New Creation Television anunciam: "Transmitindo o evangelho ao mundo para que todos possam ver a beleza de Jesus e a perfeição de sua obra". Ao observar ao redor do vasto auditório, notei que muitas pessoas eram de fato jovens e atraentes como aquelas no site, vestidas com roupas ocidentais casuais, exibindo marcas da moda. Todos tinham tomado o vinho e provado a hóstia que representam o sangue e a carne de Cristo. Mas havia pessoas demais — na casa dos milhares — para que pudessem formar uma fila ordenada diante do pastor. Em vez disso, receberam o sacramento sagrado em seus assentos em pequenas cápsulas distribuídas no auditório por inúmeros voluntários. Eram semelhantes às cápsulas usadas em máquinas de café, mas com uma tampa removível, contendo a hóstia, e uma seção de plástico abaixo contendo o vinho. Milhares desses "bocadinhos" sagrados produzidos em massa haviam sido consagrados de uma só vez.

O auditório onde a congregação se reuniu ocupava o piso superior de um enorme shopping center, projetado para permitir que os visitantes pudessem fazer compras e adorar a Deus em uma única visita. Desde o glamoroso entretenimento até as catracas e os atendentes que nos guiavam para nossos assentos, tudo naquele ambiente carregava as marcas registradas e as características típicas da comercialização. Fiquei impressionado com quantas pessoas agora tratam a religião de maneira semelhante a um shopping. No caso de Singapura, cerca de três quartos dos cidadãos se identificam como de etnia chinesa, a maioria dos quais são budistas, enquanto os demais são em grande parte uma mistura de cristãos e taoístas. O restante da população é quase toda composta por malaios ou indianos, o que significa que também há um número significativo de hindus e muçulmanos no país. Além disso, cada uma dessas religiões possui diversas variantes, evidenciando que a quantidade e a diversidade de produtos no shopping religioso são impressionantes. Além disso, os singapurenses gostam de explorar diferentes opções. Muitos dos que cantavam e sacudiam as mãos ao meu lado nessa vasta congregação também observavam crenças e práticas tradicionais chinesas com suas famílias, incluindo a veneração aos ancestrais. Alguns também frequentavam regularmente templos budistas.[1] Várias pessoas com quem conversei iam aos cultos da igreja cristã em parte para melhorar seu inglês ou para ajudar os filhos a aprender o idioma.

Ao me juntar à multidão que saía do auditório na megaigreja em Singapura, observei as prateleiras na loja de souvenires repletas de sermões já ministrados na igreja disponíveis para compra. Muitos tinham títulos que abordavam problemas emocionais e psicológicos comuns: "Supere a culpa e a condenação" ou "Transforme suas frustrações em conquistas". Alguns sermões prometiam fortuna e sucesso ou melhorias na saúde e no bem-estar. Outros ofereciam maneiras de lidar com conflitos ou reduzir o estresse. A New Creation Church não é apenas um lugar para assistir a palestras motivacionais e sermões inspiradores. Aqueles que se entregam a Jesus recebem em troca uma grande variedade de benefícios práticos: acesso a terapeutas, visitas hospitalares, recintos para casamentos, cuidados infantis, aconselhamento de luto, grupos para mães e bebês, redes de apoio social e muito mais. Atrativos como esses podem ajudar a explicar por que o cristianismo carismático se tornou a religião de crescimento mais rápido em Singapura e também por que a marca tem se expandido rapidamente em todo o mundo.[2]

Embora possa ser tentador menosprezar o cristianismo comercializado da New Creation Church como uma forma cínica de explorar a credulidade das pessoas, isso significaria ignorar as importantes funções sociais e psicológicas que as religiões evangélicas desempenham. A New Creation Church, assim como muitas outras formas de religião evangélica, atende a uma ampla gama de necessidades humanas básicas que não são facilmente supridas por outros mecanismos ou que são acessadas de maneira mais conveniente em um ambiente religioso. Embora os produtos e serviços à venda sejam na maioria formas de apoio psicológico e social que, em teoria, poderiam ser obtidos de fontes seculares — como conselheiros, babás, terapeutas, livros de autoajuda, clubes sociais, entre outros —, o cristianismo carismático oferece tudo isso em um único local.[3]

A New Creation Church gera receita em parte por meio de um sistema de dízimo, ao qual os membros podem fazer pagamentos regulares. Em um aspecto, isso é concebido como uma expressão de gratidão a Deus pelos diversos tipos de benefícios conferidos pela organização religiosa. Como o site da igreja declara: "Amados, a Bíblia prega a doação a Deus por meio dos nossos dízimos e ofertas. Acreditamos que doar é um ato de adoração e agradecimento ao Senhor, nossa resposta a Ele por tudo o que Ele fez por nós."[4] Em outro aspecto, é análogo ao pagamento antecipado de taxas de associação a um clube, proporcionando acesso às suas várias instalações.[5] De modo crucial, também proporciona o contato com membros cujo compromisso com as crenças e os valores da igreja sinaliza sua confiabilidade como parceiros cooperativos.[6] Igrejas evangélicas proporcionam acesso a potenciais empregados, parceiros comerciais ou oportunidades de trabalho, e até atuam como agências de namoro por meio do contato com futuros cônjuges. O sistema de dízimo também permite que os valores e os incentivos sejam ajustados para os diferentes clientes a fim de maximizar a receita. Espera-se que os membros mais ricos de igrejas que operam nesse sistema paguem mais do que os mais pobres. Quando as pessoas enfrentam períodos de dificuldade, essas igrejas podem ajustar suas demandas para se adequar aos recursos de seus fiéis.[7]

Em parte, organizações como a New Creation Church são sem dúvida atrativas porque exploram nosso viés de religiosidade. Mas elas não o fazem apenas para enriquecer os líderes carismáticos — também são benéficas para seus membros. Assim como as religiões moralizantes que surgiram com a ascensão e a disseminação da axialidade descrita no Capítulo 5, as formas contemporâneas de cristianismo evangélico cumprem funções sociais valorizadas pelas pessoas. Nesse ponto, também, percebo ressonâncias com o Kivung. Muitos dos críticos do movimento o consideravam um culto, que oferecia a falsa promessa de recompensas sobrenaturais. No entanto, ele proporcionou uma maneira de unir uma parte desprovida e politicamente dominada do país contra os interesses comerciais exploradores e destrutivos, além de fornecer a tão necessária infraestrutura em áreas rurais. A New Creation Church não envolve apenas a promessa de intervenções mágicas; ela também oferece um meio de abordar problemas sociais de maneiras práticas.

Portanto, o significado da New Creation Church não está em representar uma forma radicalmente nova de religião ou organização social. Em muitos aspectos, ela está cumprindo a exata função que igrejas de rápida expansão têm desempenhado há milênios. Seu significado está enraizado na maneira como apela para nosso antigo viés de religiosidade usando as mais recentes inovações da mídia de massa e da publicidade. Para o recém-chegado, pode parecer repugnante, ou ao menos estranho, ver uma religião com roupagens de publicidade, eventos glamorosos e cultura popular. Mas e se fosse o contrário? E se a verdade mais chocante sobre a mídia de massa de hoje e a forma como os produtos são vendidos online fosse o fato de que elas assumiram furtivamente o status de nossas religiões organizadas mais recentes? E se a mídia e a publicidade estiverem explorando nosso viés de religiosidade apenas para ganhar dinheiro de maneiras viciantes e parasitárias — em vez de nos fornecer o tipo de apoio social e psicológico que de fato precisamos — e ainda sem a menor intenção de salvar nossa alma? E se agora estiverem fazendo isso de maneiras mais maquiavélicas do que os métodos adotados pela megaigreja mais popular de Singapura, tornando-os quase imperceptíveis e, portanto, impossíveis de resistir?

Animismo e publicidade

A publicidade comercial explora os mesmos tipos de vieses que o cristianismo evangélico — mesmo que isso esteja longe de ser óbvio se não olharmos de perto. Mas, ao contrário da maioria das religiões organizadas na história humana, que ajudaram a unir as sociedades, a indústria publicitária nos leva à tentação e a formas de consumismo em massa que servem aos interesses de uma pequena minoria de indivíduos incrivelmente ricos, à custa da sociedade como um todo. Os sumos sacerdotes dessa nova forma de religião não são papas, aiatolás ou imperadores divinos, mas agências de publicidade.

A publicidade começa a reivindicar nossas almas desde a infância. Isso ficou evidente para mim quando estudava como as crianças são socializadas em sistemas de crenças nos quais rituais e agentes sobrenaturais têm um papel proeminente. Quando estava solicitando uma bolsa ao Conselho Europeu de Pesquisa para estudar esses processos, enfatizei a importância da pesquisa sobre a socialização das crianças em um mundo onde as religiões organizadas continuam a ter um impacto profundo no funcionamento de muitas sociedades e nas tensões geopolíticas ao redor do mundo. Mas, após receber o financiamento, fiquei ainda mais interessado no fato de que também enchemos a mente de nossas crianças com uma grande variedade de ideias sobre super-heróis, quimeras humano-animais, fantasmas, bruxas, extraterrestres e uma série de outros seres sobrenaturais. Em parte, isso é menos sério porque consideramos essas ideias como pura ficção. No entanto, essas ideias também moldam as formas como seremos explorados mais tarde quando adultos.

Pense no Papai Noel.[8] As crianças são levadas a imaginar esse personagem barbudo e alegre, vestido de vermelho, como um ser sobrenatural capaz de visitar os lares de um número imenso de crianças, por meio dos mesmos tipos de violação da física intuitiva que encontramos em todas as religiões. Papai Noel apresenta uma vertiginosa gama de ideias minimamente contraintuitivas. A história envolve a violação de intuição da gravidade (renas voadoras), coerência e solidez dos objetos (associada a métodos miraculosos para entrar nas casas das crianças) e capacidades de leitura mental (a habilidade de determinar quem é comportado ou malcriado). Essas bases intuitivas podem ajudar a explicar por que essa tradição encanta e fascina um vasto número de pessoas, de todas as idades; e por que seu valor comercial é tão impressionante: uma pesquisa de 2016 estimou que as vendas de fim de ano representam mais de 1 trilhão de dólares nos EUA,[9] mais do que o PIB anual da maioria dos países.

Se o Natal tem servido de pretexto para a comercialização de princípios intuitivos tanto da religião organizada quanto da tradição popular, ele não é único. Pode-se argumentar que outros feriados públicos fazem o mesmo. O Halloween, por exemplo, pode ser visto como uma forma de exploração comercial das mesmas intuições minimamente contraintuitivas que prevalecem em religiões selvagens em todo lugar. Assim como o Papai Noel, a bruxa estereotípica do Halloween muitas vezes é imaginada desafiando a gravidade (voando em uma vassoura em vez de um trenó), tal como o vampiro (com uma capa que lembra asas de morcego). As propriedades contraintuitivas dos zumbis — outro favorito do Halloween — são particularmente interessantes do ponto de vista psicológico. Nesse caso, somos convidados a imaginar um agente com propriedades físicas padrão (sem habilidade especial para desafiar a gravidade, a solidez dos objetos ou as expectativas de coerência), mas com uma psicologia não padrão; em geral são seres sem livre-arbítrio e, em filmes populares, sem funções cognitivas normais (incapazes de falar, raciocinar ou planejar de maneira normal).[10] Em vez disso, o zumbi é dotado de traços psicológicos bastante incomuns, como uma dependência de canibalismo e, em particular, consumo de cérebros crus. Em 2022, a National Retail Association estimou que o valor do Halloween nos EUA ultrapassava os US$10 bilhões. Formas similares de crença religiosa "selvagem" podem ser encontradas no Dia de Ação de Graças nos EUA (a veneração aos ancestrais) e no Ano Novo Chinês (um dragão cuspidor de fogo sendo um estudo de caso interessante da atratividade da violação da biologia intuitiva). O Dia de Ação de Graças custa aos norte-americanos cerca de US$1 bilhão por ano apenas na compra de perus; em 2019, por outro lado, o valor das vendas associadas às celebrações do Ano Novo Chinês foi estimado em cerca de US$150 bilhões.[11]

Embora a comercialização do viés da religiosidade seja abundante em muitos feriados públicos, seus benefícios para os consumidores são muito menos óbvios. Mesmo que reconheçamos que estamos sendo manipulados pela publicidade sazonal, muitas vezes presumimos que é apenas uma diversão inofensiva — uma desculpa para gastar dinheiro e mimar as crianças. Mas muitas das necessidades que satisfazemos por meio desses eventos no calendário ritualístico são criadas de forma artificial por indústrias lucrativas, não por problemas existentes clamando por uma solução.

Entretanto, a exploração da religião selvagem não termina com a compra de produtos que são apenas inúteis. Publicitários são habilidosos em nos atrair com produtos que nos fazem mal e prejudicam o meio ambiente (commodities viciantes como tabaco sendo exemplos extremos). Uma das técnicas mais comuns usadas para nos fisgar é fazer com que os produtos pareçam pessoas. Assim como as religiões selvagens em todos os lugares antropomorfizam a natureza (enxergando formas e influências humanas em todos os lugares), os publicitários fazem o mesmo ao comercializar produtos. O antropólogo Stewart Guthrie dedicou sua longa carreira para estudar como a indústria publicitária utiliza a mesma psicologia antropomórfica que nossas obras mais sagradas de iconografia religiosa. Ele identificou miríades de exemplos de anúncios apresentando objetos humanizados.[12] Um mostra máquinas de café com botões e alavancas configurados como rostos discutindo qual café é melhor; outro mostra um telefone adornado com um capelo — o chapéu usado em cerimônias de graduação — afirmando que aquele aparelho passou em mais testes do que um ganhador da prestigiada bolsa Rhodes. Outro ainda mostra uma cerveja não alcoólica destinada a uma clientela esportiva, no qual a garrafa de cerveja da marca aparece vestida com roupas de tenista. Tive o privilégio de assistir a várias palestras de Guthrie, e suas apresentações de slides exibindo anúncios antropomórficos têm se diversificado de modo impressionante ao longo dos anos. Observar as imagens nas palestras de Guthrie, justapostas a baixos-relevos, esculturas, pinturas murais e arquitetura monumental extraídos de tradições religiosas de todo o mundo ao longo dos milênios, é uma experiência impactante.

Guthrie se baseia no trabalho do sociólogo Irving Goffman — que já nos anos 1950 se interessava pela forma como temas de gênero, sexo e fertilidade eram usados como "iscas" tanto em imagens religiosas quanto em anúncios publicitários.[13] Mas, enquanto a isca traz apenas decepção para o peixe desavisado quando é engolida, o anúncio com teor sexual, assim como o santuário decorado, proporciona uma recompensa na forma de leve excitação fisiológica — embora seja algo que nos "capture" lentamente. Com o tempo, nosso desejo por essas recompensas se torna a base para a dependência. E, como observa Guthrie, uma das consequências comuns dessa forma de dependência é o reforço de estereótipos de gênero que tornam as mulheres passivas ou subservientes.[14]

As marcas estão cada vez mais capazes de quantificar os efeitos de tal publicidade antropomórfica em seu sucesso comercial. Em 2022, uma revisão de mais de cem artigos sobre o tema concluiu que retratar marcas comerciais como mais humanizadas pode aumentar a preferência, a lealdade e a disposição para pagar um preço premium pelos produtos.[15] O interessante é que o que mais parece influenciar as preferências dos consumidores é o grau em que as marcas comerciais são conceituadas como agentes com mente própria. Da mesma forma que nossos antepassados atribuíam agência a animais, árvores e montanhas, nós agora atribuímos agência às marcas.[16] Podemos acompanhar esse fenômeno convidando os consumidores a fornecer avaliações para organizações que revelem o quanto elas são percebidas como humanizadas. Estudos nessa área concluem que pessoas consideram marcas como Nike, Microsoft e Coca-Cola como relativamente carentes de agência humanizada, sendo mais ou menos comparáveis a árvore, planta doméstica e micróbio, respectivamente.[17] Por outro lado, marcas como UNICEF ou Teach for America são muito mais parecidas com pessoas, alcançando pontuações próximas às de um elefante ou um corpo. Em algum lugar no meio estão marcas como Facebook e Google, cujas pontuações as colocam em pé de igualdade com uma formiga e um peixe, respectivamente, ou, em um aspecto ainda mais positivo, uma marca como Disney, que se aproxima da pontuação de um pássaro ou um rato. Por essas medidas, o mundo das marcas parece muito semelhante ao universo animista do xamã. E, assim como os líderes de culto atraem seguidores fiéis, evidências de pesquisas de marketing indicam que o antropomorfismo de marca produz lealdade a marcas favoritas,[18] maior engajamento nas redes sociais,[19] cultivo de relacionamentos personalizados com produtos preferidos[20] e disposição para pagar mais caro, se necessário, para preservar esses relacionamentos.[21]

Uma das consequências da publicidade baseada na exploração de nosso viés de religiosidade é que ela pode levar não apenas à promoção antropomórfica positiva de marcas que as agências publicitárias desejam vender, mas também à demonização de marcas que desejam suprimir. Assim como guildas e especialistas religiosos costumam acusar seus rivais de serem delirantes, subversivos e até satânicos, estratégias semelhantes ocorrem no mundo da publicidade. Esse fenômeno é conhecido como "antropomorfismo reverso" e envolve a vilificação de marcas, da mesma forma que organizações religiosas tradicionalmente classificam seus concorrentes como malignos, ímpios ou heréticos.[22] Um exemplo marcante disso é a curiosa história da margarina.[23] A margarina foi criada na França durante as guerras napoleônicas em resposta à necessidade de fornecer à marinha uma forma de gordura espalhável que não ficasse rançosa durante longos períodos no mar. Ela nunca se popularizou na França, mas encontrou um mercado próspero nos EUA, onde foi amplamente utilizada na alimentação militar durante a Segunda Guerra Mundial e no período de racionamento pós-guerra. A indústria de laticínios nos EUA identificou essa movimentação como uma ameaça séria à manteiga e instigou repetidas campanhas para promover a ideia de que a margarina não era apenas um produto menos saboroso, mas prejudicial e antinatural, associado até mesmo à bruxaria. Segundo David Bremner Henderson, congressista republicano do século XIX, enquanto a manteiga era mencionada na Bíblia, a primeira menção de margarina na história vem das bruxas descritas na peça *Macbeth*, de Shakespeare. Vermont, em 1884, e New Hampshire e West Virginia, em 1891, aprovaram novas legislações que exigiam que a margarina fosse tingida de rosa para torná-la menos palatável, graças ao lobby da indústria de laticínios.[24] Essa batalha sobre o que as pessoas deveriam passar no pão foi, em certo nível, uma questão de mera concorrência entre indústrias rivais, mas foi conduzida da mesma maneira que religiões rivais disputam a conquista de seguidores. A margarina foi acusada não apenas de ser menos palatável, mas de ser impura, contaminante e maligna.

O uso generalizado da publicidade antropomórfica não é apenas uma peculiaridade de interesse acadêmico, mas constitui uma ameaça significativa para a sociedade em geral — ao explorar nosso viés de religiosidade para nos vender coisas de que não precisamos e que prejudicam o planeta. Existe uma solução? Uma resposta tem raízes em nosso passado coletivo. Ao longo dos milênios, as religiões organizadas tentaram domar nossas propensões a acreditar em seres e forças sobrenaturais desenvolvendo corpos elaborados de doutrina e prática que exigiam treinamento extensivo e repetição para serem dominadas. Como parte desse esforço, muitas dessas religiões — desde variedades puritanas do cristianismo até formas iconoclastas do jainismo — proibiram ou restringiram o uso de antropomorfismo na arte e na arquitetura religiosa. Por exemplo, é por isso que até hoje em grande parte do mundo muçulmano os desenhos decorativos evitam representações de agência, em especial em suas manifestações humanas ou divinas.

Se quisermos combater o flagelo da publicidade em nossa saúde física, mental e social, poderíamos considerar fazer algo semelhante. O mecanismo tradicional das religiões organizadas foi estabelecer sistemas de educação formal que ofereçam correções sistemáticas às nossas compreensões teológicas intuitivas equivocadas e à nossa inclinação pelo minimamente contraintuitivo em detrimento do teologicamente correto.[25] E, ainda assim, nossos sistemas seculares de educação hoje fazem pouco para corrigir as realidades distorcidas que a indústria publicitária agora transmite a cada nova geração impressionável. Não é obrigatório aprender na escola sobre os perigos da modificação do comportamento, ou da dismorfia corporal, ou das falsas promessas da indústria cosmética. Os professores não são obrigados a informar nossas crianças sobre os benefícios da reciclagem de roupas, da redução do desperdício de alimentos ou da diminuição da nossa pegada de carbono. Acima de tudo, nossos currículos nacionais não nos ensinam sobre os truques psicológicos e os algoritmos de modificação de comportamento que os publicitários usam para nos vender produtos, nem como gerenciá-los.

Mesmo que as reformas na educação pública estejam avançando de maneira lenta, soluções mais rápidas para os problemas criados pelos excessos dos publicitários podem surgir de novas tecnologias. Um exemplo convincente está no aplicativo para smartphones conhecido como Moralife: Banco de Dados do Consumidor Global. O Moralife começou como um banco de dados de produtos alimentícios, mas está sendo gradualmente expandido para incorporar uma gama mais ampla de bens de consumo populares. Funciona assim: cada item no banco de dados é avaliado de acordo com uma classificação quantificável e clara em uma escala moral de alta a baixa (ou seja, bom a ruim). O aplicativo rastreia informações factuais em constante mudança sobre os cinquenta principais alimentos básicos e as empresas multinacionais que os produzem e fornecem. Para cada tipo de item, como um pão de forma, analistas especializados atribuem avaliações às principais marcas de acordo com várias dimensões éticas, como seu impacto ambiental (por exemplo, pegada de carbono), nível humanitário (se são ou não aprovadas por entidades de proteção animal), quão exploratórias são (salários, condições de trabalho), e, para cada um desses aspectos, elas recebem uma pontuação atualizada por verificações anuais. Essas pontuações podem ser agregadas para que os consumidores saibam, a qualquer momento, a classificação ética geral de uma baguete integral, por exemplo. Essas informações são compiladas por um aplicativo especial compatível com a maioria dos smartphones, tablets e computadores, de modo que suas compras semanais possam ser calibradas de acordo com um padrão moral de sua escolha. Questões mais importantes para você, como a redução das emissões de carbono ou o bem-estar animal, podem ser ponderadas para se adequarem às suas prioridades éticas. Em outras palavras, você pode decidir como calibrar seu impacto moral como consumidor. À medida que mais consumidores votam em seus aplicativos, mais supermercados e varejistas terão que se adaptar — e espera-se que a iniciativa se espalhe para mais e mais empresas e produtos. Ao contrário de artigos de jornal e feedback online de clientes — que podem ser difíceis de interpretar ou comparar —, o Moralife atribui pontuações a uma ampla gama de commodities com base em critérios consistentes, permitindo que você compare todo tipo de produtos.

Como você pode obter o aplicativo? Infelizmente, não é possível. O Moralife é apenas um produto da minha imaginação. Mas dispositivos semelhantes poderiam ser desenvolvidos com relativa facilidade. Já existem aplicativos que permitem aos consumidores adotarem um posicionamento moral em relação a produtos que não atendem a padrões éticos. Por exemplo, o Buycott afirma oferecer aos compradores acesso aos segredos obscuros por trás das histórias dos produtos por meio da leitura dos códigos de barras — permitindo aos clientes informar aos fornecedores que estão boicotando seus produtos com apenas um clique.[26] Ideias semelhantes são empregadas em aplicativos como DoneGood e Orange Harp.[27] Se lançados em larga escala, tais aplicativos poderiam ajudar a tirar o controle dos publicitários e colocá-lo nas mãos dos consumidores.

No entanto, aplicativos desse tipo precisariam de financiamento e apoio adequados para se tornarem mais difundidos. Ao examinar a vasta história da humanidade, a gestão eficaz e o controle da religião selvagem, em geral, exigiram mais do que apenas o compromisso moral da população. Também costumavam depender de esforços contínuos de sacerdotes centralizados e sistemas hierárquicos de controle para manter uma ortodoxia estável. Em sociedades seculares, funções semelhantes ainda são necessárias; mas isso exige legislação e órgãos reguladores eficazes. Fabricantes e importadores poderiam ser obrigados por lei a fornecer as informações éticas necessárias para que aplicativos como Moralife se tornem certificáveis pelos órgãos oficiais e disponíveis ao público. Já nos acostumamos a legislações que exigem que os produtos exibam informações relacionadas à saúde. A sugestão de incluir dados relacionados às dimensões éticas dos produtos apenas amplia mais essa ideia.

Viés moral e as notícias

Assim como a religião selvagem foi comercializada por meio do branding, o papel moralizador das religiões organizadas tem sido cada vez mais assumido pela mídia, em especial em países altamente secularizados. No entanto, ao contrário das religiões organizadas, o papel da mídia em estabelecer e impor tendências no pensamento moral não está voltado para as necessidades das sociedades como um todo, mas, sim, para interesses minoritários. Enquanto as religiões moralizantes que moldaram o mundo moderno conseguiram explorar nossas intuições morais de maneiras que serviram aos interesses da cooperação em escalas cada vez maiores, a manipulação dessas mesmas intuições pela mídia está tendo um efeito profundamente nocivo na sociedade, reduzindo nossa confiança em líderes políticos e instituições democráticas, e promovendo o populismo e a polarização.

Ao fazer isso, a mídia também apela para nossos mais profundos vieses intuitivos. Quando vivíamos em comunidades pequenas, em que todos se conheciam, as notícias envolviam sobretudo informações socialmente estratégicas sobre relacionamentos amorosos, quem estava acumulando riqueza, mentindo, roubando, se aproveitando sem contribuir e assim por diante. Na maioria dessas histórias noticiáveis, haveria transgressores e vítimas, e provedores e consumidores de notícias seriam muito sensíveis às consequências reputacionais dessas informações. O termo comum para isso é *fofoca*.

Grande parte do que chamamos de "notícias" no mundo contemporâneo apela a intuições semelhantes, mesmo quando retratam temas como política e atualidades. Após uma análise de 1.276 artigos de notícias na imprensa do Reino Unido em um único mês, os pesquisadores concluíram que o que leva os jornalistas a decidirem se uma história é "noticiável" se resume a dez critérios principais, que, de modo ideal, se juntam para criar uma história cativante.[28] A história envolve pessoas ou organizações poderosas? Celebridades? Contém sexo, drama, escândalo ou outros temas instigantes ou de "interesse humano"? É surpreendente? É perturbadora (envolve conflito ou tragédia)? Inspiradora (envolve heroísmo, novas curas)? Impactante? É relevante para as preocupações e os interesses das pessoas? Tem conexão com outras histórias recentes? Está alinhada com os interesses do jornal? A maioria desses critérios são ingredientes para fofocas interpessoais tanto quanto eventos de grande significado público. Em particular, um fio condutor entre todos esses critérios é que uma boa história deve incorporar temas moralmente salientes. Quem está mentindo? Quem está agindo de modo egoístico? Quem está trapaceando? Quem está sofrendo? Quem está sendo covarde? Quem são os valentões? Histórias com apelo moral positivo envolvendo heróis, inovadores, salvadores e santos têm um nicho claro nesse modelo, mas, como os eventos ruins atraem mais atenção do que os bons, eles geram mais interesse público e, portanto, mais tempo de exposição na mídia.

Existem razões evolutivas pelas quais eventos negativos são mais chamativos do que os positivos. Por exemplo, superestimar os riscos pode salvar vidas e, portanto, é um custo que vale a pena pagar. No entanto, isso não significa que não tenhamos interesse em boas notícias. Elas também têm seu lugar entre os dez principais critérios que fazem uma história passar pelo crivo do editor médio de um jornal. Mas o que todas as histórias tendem a ter em comum é que de alguma forma elas são moralmente salientes e em geral isso é negativo — enfatizando os transgressores, os detalhes macabros de seus crimes e o processo de punição.

Em uma comunidade de relações pessoais, quanto mais socialmente danosa for a transgressão comentada, mais provável é que ela se transforme em algo mais do que simples fofoca e se torne um problema abordado em um ambiente público. Comunidades em todos os lugares têm fóruns, informais ou legais, para esse tipo de questão e o que acontece nesses contextos pode ser lembrado ou (em muitas sociedades letradas) registrado de forma mais sistemática de modo a ser usado como precedente ao lidar com situações análogas no futuro. A noticiabilidade de todos esses eventos em uma comunidade pode, em algum momento, decorrer do fato de que eles têm potenciais consequências para as outras pessoas. Os membros da comunidade têm um interesse pessoal em garantir que a maneira como as transgressões são tratadas não seja prejudicial para si mesmos ou para o grupo de parentesco. As pessoas não apenas podem lembrar quem fez o quê a quem com base na observação direta, mas também, graças à evolução da linguagem, por meio de informações de segunda mão. Assim, relatos de testemunhas oculares, provas circunstanciais e opinião pública acabam se tornando características-chave da aplicação de normas e punições. A gestão eficaz da reputação agora se torna vital para a sobrevivência e a reprodução.

Ao sintonizar em um canal de notícias em qualquer lugar do mundo, você logo é fisgado por narrativas que chamam a atenção por sua saliência moral (e, em consequência, por sua capacidade de gerar lucro para seus propagadores). Mas, enquanto notícias desse tipo poderiam ter sido muito importantes para consumidores em uma sociedade de pequena escala — na qual todos conheceriam pessoalmente os protagonistas —, em um Estado centralizado, qualquer valor prático diminui. As transgressões morais de figuras públicas que não conhecemos e cujas vidas pessoais não nos afetam de forma direta são interessantes porque temos uma predisposição evolutiva para nos importar com esses assuntos. No entanto, essas questões talvez sejam menos significativas do que saber se essas pessoas estão gerenciando com competência as complexas instituições burocráticas que administram ou investindo sabiamente o dinheiro público em projetos que escapam à nossa compreensão intuitiva.

Os efeitos nocivos dessa situação não se limitam a nos distrair com fofocas. A mídia de notícias que nos alimenta o tempo todo com histórias sensacionalistas e chamativas também é nociva para a confiança e a coesão social. Como vimos no Capítulo 5, à medida que as sociedades cresceram, formas rotinizadas de identidade compartilhada forneceram uma das principais maneiras de manter a confiança em grandes comunidades. Com o tempo, o surgimento de religiões moralizantes proporcionou formas de aumentar a confiança na integridade moral de outros membros da sua sociedade, em especial de detentores de altos cargos. À medida que os mecanismos para gerar confiança e legitimidade diminuem com a contínua secularização, cresce a necessidade de instituições que promovam cooperação e confiança. Infelizmente, a indústria de notícias está exacerbando essa necessidade em vez de supri-la.

Existe uma alternativa? Vamos imaginar por um momento que as notícias tivessem um propósito diferente — por exemplo, informar e educar os cidadãos para torná-los mais pró-sociais e críticos, participantes ativos dos sistemas políticos nos quais vivem. Se esse fosse o objetivo explícito da reportagem jornalística, isso mudaria a maneira como as notícias são produzidas e distribuídas. Em resumo, significaria repensar o que torna um acontecimento noticiável.

Noticiabilidade não deve ser confundida com debates sobre a qualidade da informação. Já é bastante aceito que muitos órgãos-chave da sociedade devem exercer controle rigoroso sobre a qualidade da informação em prol da exatidão e do equilíbrio. Por exemplo, a ciência médica busca garantir que a eficácia de um determinado tratamento seja testada por meio de ensaios randomizados controlados em grandes populações, em vez de decidida pela opinião que mais gera cliques nos sites de notícias. Da mesma forma, os sistemas legais tentam distinguir entre boatos e fatos demonstráveis. Um pouco do espírito dessa abordagem até está presente na reportagem jornalística — por exemplo, na forma de mecanismos de verificação de fatos. Mas a questão se uma determinada notícia é precisa — ou mesmo se representa as opiniões de pessoas de uma seleção equilibrada de grupos de interesse ou partidos políticos — não deve ser confundida com noticiabilidade.

Na verdade, a questão da noticiabilidade é, na minha opinião, o tema mais fundamental, mas também o mais subexplorado na crítica aos meios de comunicação. Mesmo os empreendimentos jornalísticos mais louváveis têm dificuldade em lidar com esse problema. Por exemplo, a revista *New Internationalist*, fundada em 1973, se descreve como isenta da influência de magnatas da mídia e anunciantes corporativos. Ela se esforça para cobrir temas relevantes para a humanidade como um todo — indo além das manchetes exibidas em veículos de notícias populares e explorando as causas subjacentes e as ramificações mais amplas de acontecimentos e tendências globais. No entanto, o que falta na autodescrição da revista é um relato detalhado de como seus jornalistas e editores determinam a noticiabilidade.

Se nós, o povo, formos, por algum meio democrático, o árbitro final da formulação de políticas no interesse da humanidade em geral, então em um cenário ideal a população mundial estaria bem informada sobre os problemas de cooperação que todos enfrentamos. Nossas intuições sobre em quais acontecimentos mundiais devemos focar nossa atenção seriam ampliadas e talvez até suplantadas por uma abordagem mais rigorosa à questão da noticiabilidade. Podemos considerar isso como um processo de domesticação da religião selvagem, ou nesse caso em específico de domesticação da "moralidade selvagem". A moralidade "natural" é facilmente explorada por interesses comerciais para impulsionar histórias que nos tornam mais bitolados e antagônicos. No entanto, se o propósito dos meios de comunicação, como um dos pilares do processo democrático, é compartilhar informações relevantes para a saúde e o gerenciamento de problemas sociais, então o que deve tornar um evento noticiável é seu impacto no funcionamento — para melhor ou pior — de sociedades complexas em grande escala. Isso envolveria um apelo muito mais sutil às nossas intuições morais, possibilitando-nos ponderar impulsos conflitantes à luz dos impactos de alternativas complexas para as políticas públicas. Resumindo, o desafio é atualizar a indústria das notícias em pelo menos alguns milhares de anos.

Um processo desse tipo dificilmente será liderado pelo mercado, uma vez que o objetivo final do jornalismo é vender notícias e obter lucros. Uma maneira de lidar com a onipresença do lucro na publicação de notícias pode ser reavivar e reformar os meios de transmissão pública. A principal vantagem desse enfoque é que permitiria que programas de notícias e atualidades fossem financiados pelos contribuintes e, portanto, se tornassem relativamente independentes de interesses comerciais arraigados e das necessidades dos anunciantes. No entanto, para colher os benefícios dessa independência, os meios de transmissão pública precisariam ser administrados de forma a priorizar a noticiabilidade em detrimento da audiência.

Possíveis critérios para a noticiabilidade poderiam incluir: primeiro, a notícia identifica um problema de escala suficiente para ser uma questão de preocupação pública? Nesse sentido, a manchete apócrifa "homem morde cachorro" seria menos noticiável do que novas evidências estatísticas de que os ataques de cachorros estão fora de controle. Com muita frequência, as políticas públicas são impulsionadas por medos provocados por eventos tão raros que equivalem a problemas insignificantes. Nos círculos jurídicos, há o princípio de que casos difíceis geram leis ruins (ou seja, casos extremos são uma base frágil para leis gerais). Segundo, o evento tem ramificações significativas? Por exemplo, tem efeitos mais amplos e duradouros em algum aspecto da sociedade ou da geopolítica e, em caso afirmativo, quais? Ao tornar esses efeitos o foco principal, as notícias seriam transformadas em uma narrativa coerente sobre mudanças no cenário político ou econômico, em vez de um processo de tópicos fragmentados. Terceiro, o problema identificado é passível de ser corrigido — e, em caso afirmativo, como? Direcionar o foco das notícias para as soluções aumentaria a qualidade do debate público, sobretudo se priorizasse problemas estruturais e seus remédios práticos em detrimento de transgressões individuais e processo punitivo. Se um país, ou uma coalizão de países com mentalidades semelhantes, liderasse uma abordagem mais criteriosa para a provisão de informações relevantes, ela poderia servir como prova de conceito, possibilitando que governos ao redor do mundo adotem, modifiquem e desenvolvam métodos para instituir critérios de noticiabilidade para as informações fornecidas a seus cidadãos como uma obrigação estatutária. Para ser considerado noticiável, bastaria que o acontecimento atendesse a qualquer um desses critérios.

Provavelmente, a formação de cidadãos bem informados por meio da provisão de notícias relevantes nunca substitua o que hoje chamamos de "notícias". Ainda haverá amplas oportunidades para os meios de comunicação comerciais venderem espaços publicitários disseminando fofocas sensacionalistas e narrativas divisivas. No entanto, cidadãos bem informados serão capazes de começar a enxergar tudo isso como um mero espetáculo secundário. Já existem evidências de que quanto mais instruída é uma pessoa, menos tempo ela passa assistindo aos telejornais.[29] Talvez, quanto mais bem informados nos tornarmos sobre eventos realmente relevantes, menos interesse teremos no tipo de notícia que hoje em dia domina nossa mídia ou, no mínimo, menos propensos seremos a deixar que isso influencie nossas crenças e ações como cidadãos.

Contágio moral e redes sociais

A cooperação humana se baseia nas punições por terceiros: ações para sancionar transgressões contra outras pessoas.[30] Há evidências convincentes de que, mesmo antes de sabermos falar, esperamos que as pessoas que se comportam de maneira imoral (por exemplo, que não compartilham itens de forma justa) sejam punidas por terceiros e que comportamentos virtuosos sejam recompensados.[31] Esse princípio está no cerne de todos os sistemas de justiça criminal, desde as formas mais simples de execução coletiva de psicopatas perigosos em sociedades de caçadores-coletores até os julgamentos mais elaborados conduzidos nos tribunais modernos.[32]

Esse comportamento é descrito como punição altruística. A palavra "altruísmo" é usada nesse contexto para indicar que o punidor tem um ônus não recompensado. Ou seja, a ação punitiva não é um ato de retaliação, mas de serviço público, realizado no interesse da justiça e para proteção de todos. Naturalmente, aqueles que aplicam a punição não ficam de fato sem recompensa, então pode ser um pouco enganoso descrevê-los como altruístas. Por exemplo, as estruturas de recompensa do cérebro são ativadas quando testemunhamos transgressores recebendo um castigo merecido.[33] Na verdade, a arquitetura neural para a punição tem um alto nível de especialização. Exames de imagem cerebral mostram que o córtex pré-frontal está especialmente envolvido na tomada de decisões relacionadas à severidade das punições necessárias para diferentes tipos de crimes.[34] Usando técnicas semelhantes, eu e meus colaboradores descobrimos que a atividade nessa mesma região cerebral foi afetada pelos níveis de fusão medidos em torcedores de futebol ao decidir se deveriam ou não administrar punições a torcedores de times rivais.[35] Claro, os aplicadores da punição também podem receber benefícios materiais pela administração da justiça, como é óbvio no caso dos salários recebidos por policiais, advogados, juízes, carcereiros e executores. Mas, mesmo nos casos em que não somos pagos para punir, obtemos benefícios na forma de feedback reputacional positivo. Em todas as sociedades humanas, tradicionais ou modernas, as pessoas são admiradas por enfrentar valentões, mentirosos, trapaceiros e ladrões. A raiz dessa admiração está no fato de que todos sabemos que isso envolve riscos e, portanto, exige coragem.

O problema é que as plataformas de redes sociais estão reduzindo esses riscos de maneira sem precedentes, ao mesmo tempo que ainda conferem benefícios reputacionais praticamente de graça. Mesmo que você nunca tenha pensado nisso em termos dos custos e benefícios da punição por terceiros, a situação que estou descrevendo será familiar para qualquer pessoa que tenha passado um tempo significativo nas redes sociais. Em 2012, Mark Zuckerberg declarou que nossa capacidade de usar as redes sociais para compartilhar e consumir informações — em especial nossa capacidade de endossar e espalhar notícias e comentários de que gostamos ou, com a mesma facilidade, criticar pessoas e repostar informações prejudiciais para a reputação em um piscar de olhos — havia atingido um "ponto de inflexão". Nos anos seguintes, muito já se discutiu sobre o fato de subitamente passarmos a viver em uma era de ouro da represália pública. As redes sociais criam um ambiente no qual as pessoas podem humilhar, hostilizar e criticar umas às outras com notável facilidade; Chris Wetherell, o criador do botão de repostar do Twitter/X, certa vez o comparou a entregar uma arma carregada a crianças de 4 anos.[36] Do ponto de vista antropológico, é o velho problema da punição por terceiros (nesse caso, a humilhação pública) sendo usado por motivos egoísticos (reconhecimento pessoal). Embora esse tipo de sinalização tenha evoluído para facilitar a cooperação no grupo, tais comportamentos nas redes sociais podem ter consequências sociais menos benignas. E as ramificações sociais nocivas são complexas.[37] No entanto, elas apontam para um grande dilema decorrente da transformação dos meios de comunicação sob a égide do capitalismo. Esse dilema envolve as diversas maneiras pelas quais nossos instintos punitivos e atos de humilhação pública polarizam nossas sociedades em vez de reforçar a cooperação.

A nova era de humilhação pública provocada pelas redes sociais é nociva em parte porque se baseia em outra de nossas intuições mais profundas: o medo de contágio. Em parte, ser associado a más companhias é tão arriscado porque nossa tendência a rotular membros de um grupo da mesma maneira está arraigada em nossas ideias sobre contágio. No Capítulo 2, descrevi não apenas como a religião selvagem está enraizada nas intuições pan-humanas sobre objetos físicos, dualismo mente-corpo e vida após a morte, mas também nas várias crenças essenciais e no medo de contágio. Mecanismos de compartilhamento online exploram os medos de contágio *moral*. Se uma ideia parece ter se tornado um tabu generalizado, com base em nossa percepção das atitudes online, naturalmente tendemos a nos dissociar de pessoas que defendem tais ideias e talvez também daqueles que se alinham a elas em um contexto público. Esse medo de contágio moral tem raízes na mesma psicologia que nos faz relutar a usar roupas que pertenciam a um assassino, como se a mácula moral pudesse ser contagiosa. Por nos permitir tomar partido com apenas um clique, as redes sociais incentivam a rejeição automática de questões que poderiam ser discutidas de forma útil, em vez de rapidamente excluídas do que é digno de debate.

Imagine que você está em um grupo que declarou um determinado comportamento como tabu (digamos, o consumo de pornografia) e um dos membros foi considerado culpado de praticar esse comportamento (ou seja, assistir à pornografia). A menos que você sinta um forte senso de lealdade ao transgressor, pode rapidamente se afastar dele. As razões pelas quais o consumo de pornografia é proscrito em sua comunidade podem não ter grande influência sobre seu desejo de se distanciar dele. Você pode desaprovar a pornografia por considerá-la explorativa, coercitiva, degradante, viciante ou por questões de pudor ou devoção religiosa. Ou pode simpatizar secretamente com o transgressor porque considera a pornografia uma indústria legítima ou porque a consome escondido. Mas, em qualquer dessas hipóteses, o comportamento externo pode ser o mesmo: distanciar-se do malfeitor. As redes sociais exploram exatamente essa lógica. Elas tornam menos custoso apoiar a maioria, ao mesmo tempo em que aumentam os custos da dissidência. Um estudo com usuários suecos do Facebook mostrou que as pessoas têm mais que o dobro de probabilidade de endossar uma postagem de um usuário desconhecido (clicando no botão "curtir") se já tiver sido endossada por três usuários desconhecidos em comparação com apenas um.[38] Os autores do estudo concluíram que esse comportamento foi motivado pelo desejo de benefícios reputacionais por meio da conformidade (estima, respeito ou popularidade junto aos outros usuários). Esses sinais de baixo custo fornecem, de modo cumulativo, evidências do que "todo mundo" acredita, criando uma impressão superficial de consenso sobre questões morais e desencorajando a dissidência.

Os problemas que isso representa para o debate público são mais intensos quando a cultura julgadora das redes sociais se choca com questões sobre as quais existem cisões morais profundas. A tendência de temer o "contágio" moral não é algo novo — as pessoas sempre buscaram evitar ou humilhar aqueles cujas opiniões políticas consideram repulsivas, e isso não pode ser atribuído à internet ou ao botão de repostar. Mas o que mudou é a escala na qual podemos tomar partido nessas questões e os efeitos que isso pode ter no diálogo coletivo.

Vamos pegar o exemplo da Polônia. Em outubro de 2020, o tribunal constitucional da Polônia decidiu que o aborto em caso de anomalias fetais deveria ser proibido, desencadeando protestos nacionais em uma escala sem precedentes desde a queda do Muro de Berlim. Pouco depois dos protestos, me juntei a colegas na Polônia para projetar uma pesquisa detalhada investigando como as intuições morais fundamentaram ambos os lados do debate em uma amostra de mais de quinhentos cidadãos poloneses.[39] Nós nos concentramos especialmente nas maneiras pelas quais nossos sete princípios morais embasaram o pensamento dos apoiadores e dos opositores ao aborto. Como descrito no Capítulo 2, havíamos identificado sete formas de cooperação que as sociedades ao redor do mundo consideram moralmente boas: ajudar os parentes, ser leal ao seu grupo, retribuir favores, ser corajoso, demonstrar deferência aos superiores, compartilhar coisas de maneira justa e respeitar a propriedade alheia.[40] Agora, nos propusemos a examinar como as plataformas de rede social exploram essas intuições universais — muitas vezes usando-as, paradoxalmente, para polarizar ainda mais o debate.

As descobertas foram surpreendentes: embora todos compartilhassem as mesmas intuições morais, elas estavam sendo aplicadas de maneiras contrastantes à questão do aborto. Os poloneses antiaborto foram muito mais propensos a priorizar a deferência à autoridade, o cuidado com os parentes e a coragem — sugerindo que eram mais impactados por notícias que enfatizassem como os defensores do aborto demonstraram desrespeito (por exemplo, em relação à religião), falta de comprometimento com os valores familiares (por exemplo, priorizando metas egoístas e individualistas) e covardia (por exemplo, relutância em enfrentar os desafios e as responsabilidades de criar um filho, em especial uma criança com anomalias congênitas). Em contraste, descobrimos que os apoiadores pró-escolha valorizavam mais a lealdade ao grupo do que seus opositores, sugerindo que eram mais propensos a se sensibilizar com histórias que enfatizavam a solidariedade de uma sororidade ou de uma comunidade ideológica liberal. Isso indicaria que existem de fato algumas diferenças de opinião sobre moralidade, mesmo que todos compartilhem as mesmas suposições intuitivas básicas.

E esse é o problema das redes sociais. A existência de um amplo consenso *e* genuínas diferenças morais significa que nossas intuições morais estão vulneráveis para serem exploradas. Se um site conseguisse isolar essas diferenças de orientação moral dentro de câmaras de eco, poderia gerar um enorme engajamento — ao mesmo tempo em que ajudaria a consolidar as divisões políticas e ampliar as lacunas entre campos opostos. Ao que parece isso é exatamente o que estava acontecendo no caso polonês. Na análise de quase 1 milhão de posts no Twitter polonês, pesquisadores da Universidade da Pensilvânia descobriram que a comunicação entre influenciadores de ambos os lados, que de fato discutisse visões e preocupações uns dos outros, era rara.[41] Em um cenário em que antes poderia haver um debate que pudesse caminhar para algum tipo de consenso, as redes sociais criaram um ambiente que ajuda a consolidar divisões preexistentes.

O que deve ser feito? Uma forma que pode ser eficaz para permitir que defensores de perspectivas opostas trabalhem juntos para alcançar resultados políticos mais consensuais e informados é estabelecer assembleias de cidadãos, mencionadas no capítulo anterior. Após muitos anos de impasse político sobre a questão do aborto na Irlanda, uma assembleia de cidadãos composta por 99 indivíduos conseguiu formular um conjunto de recomendações que permitiu ao povo da Irlanda como um todo resolver a questão por meio de um referendo, cujo resultado foi a revogação das leis que proibiam o aborto. Parece ter havido várias razões pelas quais esse processo levou a um consenso tão claro sobre um tema que antes parecia insolúvel.[42] Uma delas foi que a assembleia era composta por cidadãos que tinham pouca oportunidade de alcançar posições de poder em virtude de suas deliberações. Eles foram selecionados da população geral como um corte transversal representativo, mas sem esperança ou expectativa de atuar de novo em função semelhante. Outro fator-chave foi que suas discussões foram embasadas por opiniões de especialistas, possibilitando que analisassem e debatessem as descobertas das pesquisas e suas implicações de maneira cuidadosa e metodológica. E ainda outra razão foi o debate ter sido conduzido seguindo princípios rigorosos, que incluíam abertura, respeito e colegialidade.

O que possibilita que todas essas características desejáveis integrem o debate e a tomada de decisão em uma assembleia de cidadãos, mas aparentemente sejam impossíveis de serem alcançadas nas redes sociais, é que os custos da punição por terceiros são reais e é preciso enfrentar seus críticos e oponentes cara a cara. Portanto, é necessária muita coragem para defender determinada visão, pois há o risco de expor as fragilidades de seu argumento e, como resultado, perder o apoio de seus pares. Os participantes do debate, portanto, precisam melhorar a qualidade de seus argumentos e evitar retóricas mal consideradas. Adeptos de pontos de vista opostos não podem menosprezar, "descurtir" ou cancelar ideias ou pessoas que consideram inconvenientes. E, como resultado, o consenso tende a se formar em torno de pontos de vista mais moderados, incorporando uma variedade de perspectivas inter-relacionadas. Esse processo identifica, de forma natural, os pontos em que nossas intuições morais subjacentes compartilhadas se sobrepõem e utiliza esses pontos como base para construir em vez de dividir.

No entanto, a história mostra que problemas de ação coletiva em larga escala raramente são resolvidos apenas por indivíduos ou mesmo pequenos grupos. Embora as assembleias de cidadãos tenham um papel importante a desempenhar na contraposição aos efeitos corrosivos das redes sociais, também precisamos de mecanismos eficazes de governança impostos de cima para baixo — porque as redes sociais quase nunca se autorregulam com eficácia em grande escala. Isso se aplica também às plataformas de rede social. Já em 2011, surgiram discussões defendendo a exclusão do botão de repostar. Na época, o que preocupava os usuários não era tanto o potencial para Estados hostis semearem discórdia ou para bullies online vitimizarem os vulneráveis, mas uma nítida deterioração na qualidade do debate público.[43] No entanto, o Twitter/X decidiu manter o botão, mesmo muito tempo depois de ser responsabilizado pelo aumento do populismo e da polarização.

A extensão pela qual a regulamentação pode ser necessária para diferentes tipos de atividades online varia bastante. Fóruns de baixo risco, como sites de hobbies, podem precisar de regulamentação mínima, enquanto aqueles que influenciam os resultados das eleições ou promovem extremismo político necessitam de meios mais rigorosos. A questão pode não ser se a regulamentação é necessária, mas em que medida, de onde obtemos nossos modelos de regulamentação e como decidimos quais modelos implementar. Um primeiro passo pode ser algo tão simples quanto projetar todas as plataformas de maneira a limitar o número de vezes que as mensagens podem ser encaminhadas para grupos maiores. O WhatsApp tem introduzido tais políticas de tempos em tempos e elas parecem eficazes, ao menos, em retardar a propagação de fake news.[44]

Ao longo da história mundial, arranjos de governança cada vez mais sofisticados e elaborados têm sido necessários para ampliar a cooperação. Esse processo levou milhares de anos, à medida que grupos que adotavam estratégias bem-sucedidas gradualmente superavam aqueles que não o faziam. Mas agora, com as tecnologias avançando em alta velocidade, não podemos nos dar ao luxo de depender do método de tentativa e erro para eliminar inovações prejudiciais. Mais urgente do que nunca, precisamos de sistemas de governança que façam uso de pontes muito mais sólidas entre recomendações de políticas baseadas em pesquisas e órgãos reguladores — aqueles que tiram as decisões políticas mais importantes das mãos de interesses particulares e as colocam nas dos cidadãos trabalhando em parceria com instituições confiáveis de produção de conhecimento, como universidades bem administradas e corporações de meios de comunicação de propriedade pública.

Quando vemos países dominados por governos autoritários teocráticos, a religião organizada parece desatualizada, enraizada em princípios legais antigos, normas ultrapassadas sobre gênero e sexualidade e teorias sobre as origens humanas que a ciência há muito tempo refutou. Mas, se a religião está aqui para ficar, como argumentei nos Capítulos 2 e 5, então precisamos de alguma forma de aproveitar e regular esse aspecto da natureza humana. Ao longo da maior parte da história humana, a religião organizada forneceu apoio institucional e ideológico para o cultivo de nossas prioridades morais na sociedade em geral. Com a separação entre Igreja e Estado durante o Iluminismo europeu, a responsabilidade pela regulação da religiosidade selvagem tornou-se um assunto privado de religiões e indivíduos, em vez de uma função do governo. Isso é menos verdadeiro em Estados islâmicos e regimes comunistas. Mas, agora que grande parte do mundo está, ao menos em teoria, organizada em torno de princípios de democracia parlamentar, livres dos ditames de autoridades religiosas específicas, isso deixou um vácuo na regulação de nossas predisposições e susceptibilidades religiosas selvagens. Esse vácuo foi ocupado por anunciantes, conglomerados de notícias e plataformas de redes sociais.

Argumentei que essa tendência na forma como gerenciamos a religiosidade selvagem no mundo moderno tem sido em grande parte prejudicial para consumidores, cidadãos e sociedades. As religiões organizadas moldaram e refinaram as preocupações morais da sociedade ao longo de extensos períodos de debate teológico, adaptando-se continuamente às necessidades da sociedade em constante mudança. Mas, hoje, nossas sensibilidades morais estão sendo exploradas apenas para vender produtos, transformando as plataformas tecnológicas nos novos templos que atraem adoradores. No entanto, tenho argumentado que a gestão de nossas predisposições e susceptibilidades religiosas e morais seria melhor exercida pela sociedade civil do que por interesses comerciais. A maneira mais eficaz de fazer isso é por meio de uma combinação de democracia de base e regulamentação de cima para baixo. Dessa forma, nossa religiosidade natural pode ser gerida por instituições seculares em prol da cooperação em larga escala, e não apenas para enriquecer ainda mais as elites. Se quisermos introduzir essa regulamentação de maneiras mais justas e inclusivas, então teremos que enfrentar os efeitos nocivos da publicidade, das mídias e das plataformas de tecnologia de forma mais direta e decisiva. No próximo capítulo, argumento que também precisamos enfrentar outro conjunto de questões que no mundo moderno estão rapidamente alcançando um ponto de crise: os problemas do tribalismo, da guerra e da exclusão.

Capítulo 9

Tribalismo Hoje

Em 31 de julho de 1994, eu estava voltando para casa pela avenida Ormeau, em Belfast, carregado com sacolas de compras. Minha mente estava atordoada por um incidente que acabara de presenciar no caixa do supermercado, onde vi uma jovem mãe batendo repetidamente em seu filho pequeno por chorar na fila. Esses pequenos atos de violência poderiam ser normais no lar da criança, mas pesavam em minha mente. O impulso de intervir, de sugerir uma maneira alternativa de reagir à aflição da criança, produziu uma série de cenários simulados na minha cabeça — todos os quais percebi que terminariam mal. Fui despertado dos meus pensamentos por uma série de tiros, a poucos metros de distância. Dois homens estirados em uma poça de sangue na calçada. Os corpos mortos pertenciam a dois conhecidos líderes paramilitares lealistas: Joe Bratty e Raymond Elder. Nos dias e nas semanas que se seguiram, os dois casos de violência — a surra na criança e o assassinato dos dois homens — logo se conectariam em minha mente, o impacto emocional de um se misturando ao do outro. Era quase como se fossem aspectos do mesmo evento, talvez resultado de alguma intangível causa comum.

Este capítulo é, em parte, um esforço para encontrar essa causa comum. Desde o terrorismo e a guerra até os assassinatos de gangues e o hooliganismo no futebol, grande parte da violência que presenciamos no mundo moderno é resultado de três forças antigas: amor ao endogrupo, ódio ao exogrupo e normas que toleram o uso ou a ameaça de força física. Entender por que esse coquetel de ingredientes é tão volátil constitui um passo necessário para prevenir seus efeitos mais destrutivos.

Bratty e Elder foram mortos por membros do Exército Republicano Irlandês (IRA, na sigla em inglês), que, por gerações, lutou por uma Irlanda unida entre o norte de predominância protestante e o sul de predominância católica. Mas, no verão de 1994, os ventos da mudança enfim começaram a soprar e ambos os lados do conflito estavam à beira de um cessar-fogo; que acabaria levando a um histórico acordo de paz na Irlanda do Norte. Semanas antes dos assassinatos de Bratty e Elder, o Comando Militar Lealista Combinado (uma organização guarda-chuva que representa uma variedade de grupos paramilitares díspares que se opõem a uma Irlanda unida) parecia estar prestes a pôr fim ao combate. Algumas pessoas afirmavam que o IRA estava eliminando alvos lealistas como acerto de contas antes de qualquer negociação de paz. Outras achavam que os assassinatos eram uma estratégia visando o futuro, baseada na lógica de que nenhuma paz em longo prazo seria possível enquanto extremistas violentos como Bratty e Elder continuassem a ocupar posições de liderança.

Nos Capítulos 3 e 6, argumentei que a fusão de identidade pode motivar a disposição para lutar e morrer quando o endogrupo é ameaçado. Ela pode explicar por que o IRA estava disposto a executar os assassinatos na avenida Ormeau, mesmo diante dos altos riscos de morte, seja por lealistas armados ou por membros da Polícia Real do Ulster (RUC, na sigla em inglês). Quando os membros do IRA abandonaram a van e correram para se esconder, contaram com o apoio de parte da comunidade local, que os protegeu da RUC durante a fuga. É provável que muitos membros dessa comunidade também estivessem fusionados.

Na verdade, quanto mais tempo eu passava na Irlanda do Norte, mais suspeitava que grande parte da motivação para lutar e morrer na guerra entre nacionalistas e lealistas era enraizada não apenas no ódio, mas no amor — em especial no amor pela família e pela comunidade. Muitas vezes fiquei impressionado com as semelhanças entre tribos em guerra em Ulster e em regiões da Papua-Nova Guiné, onde histórias de disputas e violência eram abundantes.

Não só a escala de muitos dos ataques e contra-ataques era comparável, com ambos os lados conhecendo muitos de seus inimigos pelo nome e pela reputação, mas os líderes de várias organizações paramilitares na Irlanda do Norte também me lembravam dos chamados "grandes homens" nas Terras Altas da Nova Guiné. Ambos lutavam não apenas no campo de batalha, mas também em guerras altamente ritualísticas — fosse na forma de festas melanésias ou de marchas da Ordem de Orange. Acima de tudo, ambas as formas de hostilidade e violência intergrupal estavam profundamente enraizadas na história. Na Nova Guiné e na Irlanda, desde que a memória social alcança, grupos locais em conflito têm resolvido suas disputas por meio de violência olho por olho, invasões e guerra de guerrilha baseadas nos sentimentos viscerais de sofrimento compartilhado e intensa lealdade ao grupo, bem como na sede de vingança que isso inevitavelmente gera.

Naquela época, eu não tinha palavras para descrever esse processo em detalhes. Mas, em retrospecto, desconfio que estava testemunhando os mesmos processos que mais tarde estudaria em muitos outros conflitos ao redor do mundo — por vezes em uma escala muito maior. A fusão de identidade — que evoluiu para apoiar a resiliência e a cooperação em pequenos grupos — agora une grupos maiores nunca vistos na história humana, em grande parte devido ao aumento da cobertura midiática. Hoje em dia, as notícias podem disseminar sentimentos de experiência compartilhada no nível de diásporas transnacionais e religiões mundiais. Até pouco tempo, o compartilhamento de experiências intensas e pessoalmente transformadoras se limitava a experiências diretas e presenciais de eventos como cerimônias patrocinadas pelo Estado ou massacres e invasões em larga escala. Mas, com o desenvolvimento de formas mais sofisticadas de comunicação e cobertura midiática, experiências intensas podem ser compartilhadas de maneira vicária quase instantaneamente — por meios que variam de imagens jornalísticas até vídeos nas redes sociais. Isso fornece um mecanismo radicalmente novo para experiências compartilhadas e fusão estendida em populações muito maiores.

Como resultado, o apoio à ação militar pode ser gerado de maneira muito rápida em vastos territórios, em alguns casos levando tanto Estados quanto grupos armados não estatais a formas violentas de conflito intergrupal. E essa é uma competição em que não há como vencer. Como vimos no Capítulo 6, a capacidade de unificar populações em torno de políticas belicistas era tanto uma maldição quanto uma bênção: apesar de todos os seus horrores, o conflito violento servia como um mecanismo primário para aumentar a complexidade social. Hoje, é o oposto. O poder destrutivo cada vez maior das armas significa que a guerra impulsionada por instintos tribais em grande escala só pode levar a humanidade por um caminho de autodestruição.

Os problemas gerados por essas formas recém-ampliadas de tribalismo não se manifestam apenas na maneira como combatemos nossos inimigos, mas também na forma como aplicamos punições dentro do grupo. Durante a maior parte da história humana, a noção de encarcerar grandes parcelas da população como um meio de prevenção da violência era desconhecida. No entanto, nos últimos dois séculos, isso se tornou uma prática-padrão em todos os países do planeta. A maioria das democracias liberais da atualidade encarcera e exclui grandes parcelas da "tribo", estigmatizando-as como membros de exogrupos e impedindo sua readmissão, mesmo que os custos para a sociedade sejam severos e os benefícios obscuros. O que impulsiona esse modo socialmente disfuncional de punição é o mesmo tipo de tribalismo que motiva todas as formas de ódio ao exogrupo. Mas a estigmatização de criminosos não é justificada com base em classe, casta ou raça (pelo menos não de maneira aberta ou explícita), mas em termos morais.

Neste capítulo, argumento que o antídoto para essas disfunções não é menos tribalismo, mas, sim, mais. Se os mecanismos de fusão e identificação que herdamos de nossos antepassados podem nos levar a guerras e outros conflitos intergrupais, eles também podem nos libertar deles. Em vez de pensar no tribalismo apenas como um problema que precisamos resolver tentando suprimi-lo ou eliminá-lo, faz mais sentido considerá-lo um recurso que pode ser usado para o bem ou para o mal. O tribalismo pode nos levar a encarcerar grandes parcelas da população, mas também pode ser usado para reintegrá-las ao convívio. O tribalismo pode escalar a guerra, mas também pode ser usado de forma estratégica para produzir o efeito oposto.

Décadas depois, passei a acreditar que esse fato explica o elo perdido entre aqueles dois atos de violência: a criança sendo esbofeteada no supermercado e o atentado do IRA contra Bratty e Elder. A violência não é uma consequência inevitável do tribalismo. Pelo contrário, muitas vezes é usada de maneira estratégica, e até relutante, quando o tribalismo sai do controle. Talvez o IRA acreditasse que seu ataque isolado ajudaria a encerrar ciclos de violência em larga escala no longo prazo; talvez a mãe no supermercado acreditasse que bater em seu filho ajudaria a socializá-lo em um mundo onde a violência é normal. Isso não quer dizer que qualquer uma das partes estava correta em sua análise ou que suas ações fossem justificadas — apenas reconhece que o vínculo entre fusão de identidade e formas violentas de ação pró-grupo não é automático.

A fusão só se transforma em violência quando alternativas pacíficas são consideradas insuficientes ou menos eficazes, assim como quando a violência é, pelo menos em teoria, normativamente aceitável como forma de lidar com conflitos. Compreender esse processo — e encontrar maneiras de intervir — é o primeiro passo para reduzir a violência ao redor do mundo.

Fusão, mídia e extremismo violento

Cerca de dez anos após deixar a Irlanda do Norte, eu estava em um escritório úmido no coração de Jacarta, sentado diante de Nasir Abbas. Antes um membro sênior da organização terrorista indonésia Jemaah Islamiyah, Abbas recebeu seu treinamento militar no Afeganistão e, depois, ajudou a criar um campo de treinamento para jihadistas nas Filipinas. O propósito de minha visita era conversar sobre seu trabalho com terroristas condenados nas prisões indonésias — realizado com a assistência da polícia e dos serviços de segurança indonésios no mais alto nível.

Você pode se perguntar: por que terroristas condenados aceitariam trabalhar com ele — sem mencionar com agências de segurança pública e antiterrorismo da Indonésia? Essas perguntas rodopiavam na minha mente enquanto eu tentava me manter focado no propósito da reunião, que era entender como o apoio ao extremismo violento pode ser alimentado por histórias de violência e injustiça retratadas pela mídia. Nasir Abbas e seus colegas da Universidade Persada Indonésia vinham desenvolvendo uma técnica para estudar como terroristas condenados iniciaram o caminho da radicalização. Eles convenceram muitos detentos a contar suas histórias de vida usando a metáfora de um rio. Cada participante do estudo traçava seu curso de vida em uma folha de papel, começando com seu nascimento, a fonte do rio, e, em seguida, registrando momentos-chave da vida ao longo do curso, à medida que o rio serpenteava pela paisagem. Mas, enquanto em um rio normal esses marcos poderiam ser uma aldeia, uma fazenda, um campo de arroz ou um trecho de deserto, os pontos à margem do rio retratavam momentos sombrios, ligados a experiências de indignação, autorreflexão moral, violência, prisão e encarceramento.

Em nossa conversa, eu era constantemente distraído pela minha curiosidade sobre o próprio Abbas. Ele era afável, inteligente e de fala mansa, com um ocasional toque de humor ao mencionar as ironias de amar a Deus ao mesmo tempo que travava guerra. Eu achava difícil imaginá-lo planejando ataques terroristas. Queria saber mais sobre o rio da vida dele, começando com suas experiências de radicalização na escola, o impacto das cenas de atrocidades cometidas contra muçulmanos na televisão, como ele convenceu seu pai a deixá-lo ir para o Afeganistão para receber treinamento militar, como ele passava seus momentos de folga na linha de frente, aprendendo a usar armas leves e operar mísseis guiados. Ansiava por ouvir sobre seu trabalho nas Filipinas, como ele se envolveu na rede de aliados e agentes de bin Laden, e como ele se sentiu sobre os bombardeios em Bali e outras atrocidades. Como ele acabou sendo preso na Indonésia e desafiando os soldados armados a matá-lo, desferindo socos e chutes para provocá-los a atirar? Em uma entrevista publicada anteriormente, Abbas contou que refletiu muito sobre por que não havia sido morto pelos guardas — que, afinal, tinham sido treinados para atirar quando provocados. Na verdade, isso provou ser um dos marcos-chave no rio de sua vida. Ele concluiu que o propósito de Deus era que ele mudasse seu curso e ajudasse nos esforços de desradicalização do governo indonésio, em vez de retornar ao seu trabalho nos campos de treinamento jihadistas.[1]

Foi uma grande reviravolta. O caminho para o extremismo violento havia começado mais de trinta anos antes, quando Abbas era um adolescente. Ele lia artigos de jornal com descrições vívidas dos sofrimentos de muçulmanos no Afeganistão nas mãos das tropas russas — uma experiência que o lançou em um caminho que, por fim, o levaria ao terrorismo. Embora Abbas se lembre do impacto que essas notícias de jornal tiveram sobre ele como adolescente no início dos anos 1980, esse já estava se tornando um caminho ultrapassado para a radicalização. Imagens em movimento estavam rapidamente substituindo a palavra escrita como forma de compartilhar experiências com as vítimas de atrocidades distantes relatadas nas notícias. De acordo com pesquisas realizadas pelo projeto Profiles of Individual Radicalization in the United States (PIRUS), o número de extremistas violentos de todos os tipos cujo caminho para a radicalização começou com reportagens de televisão aumentou drasticamente na segunda metade do século XX.[2] A ascensão das mídias sociais no século XXI exacerbou o problema: entre 2005 e 2010, apenas 27% das pessoas radicalizadas nos EUA foram influenciadas pelas mídias sociais, comparado a 73% entre 2011 e 2016.[3]

No Capítulo 6, vimos como a fusão estendida em grandes grupos em geral decorre de experiências compartilhadas emocionalmente intensas, que também são parte integrante das identidades pessoais: o "caminho imagístico" para a fusão. Novas formas de mídia tornaram isso possível em uma escala sem precedentes. Hoje, vivemos em um mundo em que atos de violência contra grupos religiosos e étnicos em regiões como os Bálcãs e o Oriente Médio são experienciados de maneira vicária online ou pelas telas de televisão. Imagens de violência são transmitidas não apenas por meio de reportagens de jornalistas na linha de frente, mas também em imagens postadas nas redes sociais feitas em smartphones e câmeras de vídeo de pessoas comuns que vivem em zonas de guerra ao redor do mundo. Um exemplo marcante disso é a forma como os eventos durante a Primavera Árabe foram compartilhados por milhões de pessoas no Sudeste Asiático, unificando muçulmanos ao redor do mundo por meio de experiências de sofrimento compartilhadas por dispositivos móveis e televisores.

Evidências de nossas pesquisas na Indonésia sugerem que o compartilhamento vicário dessas experiências pode ter um impacto profundo na coesão de grupos em larga escala. Em um de nossos primeiros estudos sobre esse tópico, meus colaboradores e eu coletamos dados de 1.320 muçulmanos em Jacarta, para estudar como experiências compartilhadas de maneira vicária entre os muçulmanos da Indonésia deram origem à fusão estendida com um grande número de pessoas.[4] Em particular, queríamos comparar esses processos entre vários grupos religiosos em um espectro que vai do moderado e pacífico ao linha-dura e belicoso. Para esse fim, focamos a coleta de dados em três segmentos da população: muçulmanos que frequentavam a mesquita, mas não estavam associados a nenhuma organização ativista; membros da Nahdlatul Ulama (NU), uma organização muçulmana moderada; e membros do Partido da Prosperidade e Justiça (PKS, na sigla em indonésio), um grupo fundamentalista mais linha-dura afiliado à Irmandade Muçulmana no Egito e a outras organizações islamistas transnacionais. Pedimos aos participantes que escrevessem sobre as experiências que consideravam mais definidoras tanto para si mesmos quanto para os grupos muçulmanos aos quais pertenciam, incluindo "todos os outros muçulmanos na Indonésia". Como as pessoas pesquisadas eram livres para escolher quais experiências focar, houve bastante diversidade nas escolhas dos respondentes. No entanto, encontramos diferenças claras entre as várias categorias de participantes. Membros do público em geral eram mais propensos a focar a condenação do governador de Jacarta em 2017 pelo crime de blasfêmia, após ele ter sido acusado de insultar o Islã ao se referir a um verso do Alcorão em um de seus discursos de campanha. Para muitos moderados na população em geral, a sentença de dois anos de prisão imposta ao governador Ahok foi severa demais e muitos foram às ruas protestar contra a decisão. Em contraste, os linha-dura na Indonésia também saíram para protestar, alegando que a punição foi muito leniente. A polarização sobre essa questão foi alimentada pela cobertura midiática que enfatizava temas de sofrimento compartilhado, ocasionado por intolerância religiosa e leis de blasfêmia no caso da população em geral e insultos ao Islã no caso dos linha-dura.

Na medida em que as experiências de sofrimento eram percebidas como compartilhadas e transformadoras, isso previa os níveis de fusão a grupos amplos de compatriotas indonésios, da mesma forma que experiências compartilhadas diretamente impulsionam a fusão local em grupos relacionais. Mas, ao focar experiências compartilhadas de maneira vicária em larga escala, conseguimos perceber como eventos reportados na mídia poderiam ter impactos transformadores nas pessoas — não apenas em suas identidades pessoais, mas também na forma como isso afetava suas relações com vastas comunidades imaginadas. Se você pertence a um grupo que defende doutrinas e políticas linha-dura, como o PKS, crenças extremistas se tornam seus valores sagrados — ao passo que, se você pertence a um grupo moderado, como a NU ou a população em geral, crenças mais tolerantes se tornam seus valores sagrados. O apoio à ação coletiva é fomentado pela mídia de acordo com as normas e os valores dos grupos que nos são importantes.

À medida que os relatos de zonas de guerra se tornam cada vez mais imersivos, eles registram não apenas os efeitos devastadores de bombas e balas no terreno, mas também os sofrimentos de crianças em hospitais e idosos chorando diante das câmeras, todos narrando suas experiências de dor e perda. Os feeds de notícias não estão mais apenas nos informando sobre eventos mundiais, estão nos encorajando a vivenciá-los de maneiras cada vez mais viscerais. As telas de televisores, computadores e smartphones estão eliminando os limites entre experiência vivida e narrativa, e entre grupos relacionais e comunidades imaginadas. E a capacidade da mídia de alimentar a fusão estendida e a disposição para lutar aumentou muito à medida que a cobertura dos horrores da guerra se tornou cada vez mais próxima e pessoal.

Não são apenas os meios de comunicação convencionais que estão, cada vez mais, contribuindo para o poder da fusão estendida em mobilizar conflitos de maneira eficiente e rápida ao redor do mundo. Vimos isso em muitos países envolvidos na Primavera Árabe em 2011. Como é notório, a reação em cadeia dos movimentos revolucionários no Norte da África e no Oriente Médio começou quando imagens de protestos de rua, capturadas por smartphones, se tornaram virais na internet após o suicídio do vendedor ambulante Mohamed Bouazizi, aos 26 anos, na Tunísia. Em países como a Líbia, cidadãos atuando como jornalistas amadores postaram imagens dos conflitos em curso em plataformas de mídia social como Facebook, YouTube e Twitter, provavelmente impulsionando a fusão estendida entre os revolucionários mencionados no Capítulo 6. Conforme eventos dramáticos eram disseminados via smartphones e tablets, eles alimentaram a unificação em massa e os protestos por toda a região. Desde então, as plataformas tecnológicas se consolidaram ainda mais como ferramentas essenciais na mobilização de populações em torno de objetivos políticos.

Um exemplo claro disso é o uso do Twitter pelo fundamentalismo islâmico militante no Afeganistão. Em abril de 2021, após o anúncio da retirada da OTAN, o Talibã lançou uma ofensiva contra o governo afegão, que era apoiado pelos EUA. Os insurgentes queriam criar um novo Estado islâmico implementando sua versão da lei Sharia, mas, na teoria, suas chances de sucesso pareciam muito pequenas. Eles não tinham caças, artilharia pesada ou treinamento militar profissional, e estavam em significativa desvantagem numérica em relação ao exército afegão. No entanto, conseguiram derrubar o governo e tomar o país à força por meio de ondas sucessivas de ofensivas bem-sucedidas, que pareciam desmantelar as forças de oposição. Como isso foi possível? De acordo com um relatório de 2022 de um consórcio de pesquisadores de conflitos, um fator importante no sucesso do Talibã foi sua capacidade de utilizar o Twitter como arma.[5] O relatório — coescrito por Brian McQuinn, o colega que me acompanhou em Misrata em 2011 — demonstrou que os líderes e apoiadores do Talibã usaram o Twitter para criar fortes sentimentos de sofrimento compartilhado e indignação moral na população geral do Afeganistão, além de encorajar membros do exército oficial a desertar. Os pesquisadores analisaram a atividade em 63 contas reivindicadas pelo Talibã, que, segundo o relatório, geraram mais de 2 milhões de seguidores usando o botão de repostar para disseminar propaganda antigoverno. Esses tuítes incluíam imagens chocantes de atrocidades atribuídas a ataques de drones dos EUA, evidências de deserções em massa por parte do exército afegão e relatos de outros supostos crimes de guerra contra o povo afegão. O relatório argumentou que o uso do Twitter pelo Talibã desempenhou um papel crucial na tomada do poder, fortalecendo o apoio aos rebeldes de maneiras que exploraram imagens de sofrimento compartilhado e contribuíram para o colapso no apoio ao governo.

O compartilhamento vicário de experiências transformadoras pela mídia e as formas de fusão estendida que ele gera só aumentarão em escopo e intensidade à medida que as tecnologias de comunicação gerarem reportagens cada vez mais imersivas. Podemos até desejar que o jornalismo focasse mais as implicações geopolíticas-chave dos conflitos e as estratégias para soluções pacíficas, em vez das histórias que alimentam paixões humanas e sede de sangue, mas estas últimas são as que mais atraem o público.

Mas isso não significa que a situação seja desesperadora. Há duas razões para otimismo. A primeira é que temos métodos cada vez mais eficazes para determinar quando e onde a fusão estendida tem o potencial de produzir efeitos positivos na cooperação pacífica em vez de resultados destrutivos e mortais. A segunda é que a fusão estendida sozinha não é o problema — na verdade, há muitas consequências positivas em poder compartilhar experiências em escalas cada vez maiores. O verdadeiro problema surge quando a fusão estendida se combina com percepções de ameaça de exogrupos e normas que toleram ou incentivam a violência. Como cada uma dessas oportunidades pode ser utilizada em benefício coletivo?

Detectar o extremismo violento antes que os terroristas ajam não é fácil, mesmo com um profundo entendimento da psicologia dos endogrupos. Para cada potencial extremista violento, pode haver inúmeras pessoas que expressam crenças extremas, mas não representam uma ameaça real. Programas de segurança pública e desradicalização podem, portanto, não estar identificando os sinais que de fato importam. Como resultado, podem acabar perseguindo as pessoas erradas — aquelas que expressam formas extremas de ódio a exogrupos, mas não são uma ameaça real à segurança. Em alguns países, incluindo o Reino Unido, fazer declarações públicas encorajando o apoio a grupos banidos é um crime que acarreta pesadas penas de prisão, mas é questionável se essa abordagem reduz o risco de terrorismo. Pode ter o efeito oposto de aumentar as percepções de ameaça, opressão ou perseguição de exogrupos.

Para ajudar a desenvolver ferramentas de diagnóstico mais eficazes, juntei-me a Julia Ebner, especialista em pesquisa infiltrada em grupos extremistas, e Chris Kavanagh, especialista em estatísticas com quem trabalhei por vários anos para desenhar e implementar diversos projetos usando medidas de fusão. O desafio era encontrar uma nova maneira de identificar indivíduos de alto risco na multidão, com base em pistas reveladas sem que eles estivessem cientes disso. Não estávamos buscando fornecer evidências para fundamentar prisões, mas, sim, estabelecer sinais que indicassem risco, para que intervenções eficazes pudessem ser tentadas antes que fosse tarde demais.

Em nosso primeiro estudo, analisamos a linguagem usada em quinze manifestos escritos por uma amostra diversificada de ativistas.[6] No extremo radical estavam terroristas condenados que realizaram ataques mortais na Europa e nos EUA, bem como líderes de organizações violentas de direita e islâmicas. No extremo moderado incluímos manifestos de reformistas que defendiam várias formas de justiça social ou ação sobre a crise climática. No meio, incluímos os manifestos de indivíduos que defendiam ideologias extremas tanto de esquerda quanto de direita, mas que não haviam se envolvido em atos de autossacrifício violento.

Nosso objetivo era buscar uma linguagem nesses manifestos que indicasse a combinação letal que impulsiona o extremismo violento, como vimos no Capítulo 3: fusão, ameaça pelo exogrupo, normas que toleram a violência e crenças desumanizadoras. Para identificar os autores dos manifestos com alto nível de fusão, precisávamos de uma maneira de detectar sinais reveladores em seus escritos. Optamos por focar a linguagem que se referia aos laços de parentesco e biologia compartilhada como um proxy confiável. Isso se baseou no crescente conjunto de evidências que coletamos, mostrando que, quando as pessoas se fundem, elas percebem os outros no grupo como família e usam a linguagem de parentesco para expressar isso.[7] Então, codificamos como evidência de ameaça percebida do exogrupo todas as instâncias de linguagem que indicavam que um inimigo odiado estava agindo de maneiras que prejudicavam o endogrupo. Foram recrutados 24 alunos para analisar a linguagem usada nos manifestos. Garantimos que eles não estivessem cientes de nossas previsões, para minimizar quaisquer efeitos de viés na interpretação dos sinais de fusão e ameaça. A análise descobriu que 89% dos manifestos que exibiam a combinação de preditores letais foram escritos por indivíduos que depois cometeram atos de extremismo violento. Por outro lado, aqueles que escreveram manifestos de ideologia extrema, mas que não eram violentos, não exibiam essa combinação de atributos.

É claro que detectar potenciais assassinos na multidão é apenas um aspecto do desafio enfrentado pelos esforços de contraterrorismo. Também há a questão de como impedir que as pessoas se tornem extremistas violentos. Se o modelo de "fusão mais ameaça" é central nesse processo, então as intervenções precisam abordar as raízes da própria fusão. Nossa pesquisa sugere que os dois principais caminhos para a fusão são as percepções de experiência compartilhada e os sentimentos de parentesco. Ao contrário de convicções políticas e religiosas que as pessoas podem disfarçar por medo de perseguição ou prisão, experiências pessoais e laços familiares são tópicos sobre os quais as pessoas costumam refletir e falar livremente. A conexão entre esses tópicos e a disposição para lutar nem sempre é óbvia. Mas é por isso também que eles podem apresentar um ponto de partida ideal para enfrentar a violência contra exogrupos.

Na teoria, se as pessoas estiverem dispostas a falar sobre as experiências de vida e os relacionamentos que fundamentam seu compromisso com o grupo, também é possível reformular suas ideias sobre o compartilhamento da essência do grupo, que é o cerne de muitas formas de extremismo violento. Uma ideia central aqui é que, quando as pessoas se reúnem com regularidade para discutir suas experiências e falar sobre pontos de conflito, elas podem descobrir que as experiências dos membros do endogrupo são mais diversas do que imaginavam, e que as semelhanças das experiências *entre* grupos são maiores do que anteriormente considerado.

Uma razão pela qual costumamos superestimar o quanto nossos próprios pensamentos e sentimentos são compartilhados com o grupo se deve ao chamado "viés de falso consenso" — a tendência de presumir que aquilo que você pensa e faz é o que os outros também pensariam e fariam.[8] Por exemplo, se você tem uma visão negativa das pessoas de outro grupo, é provável que presuma que a maioria dos membros do seu grupo compartilha dessa atitude; enquanto que, se você tem opiniões positivas sobre um exogrupo, é provável que atribua as mesmas opiniões à maioria das pessoas no seu grupo. No entanto, se você ouvir atentamente o que outros membros têm a dizer sobre as essências definidoras do grupo, poderá descobrir algumas divergências surpreendentes, assim como sobreposições com exogrupos, reformulando e refinando suas relações tanto dentro quanto entre as comunidades. Fomentar diálogos dessa forma pode aplacar a força do paroquialismo e da xenofobia, reduzindo as tendências ao extremismo violento na periferia do grupo, mas também levando a atitudes mais moderadas no núcleo.

Muitas vezes isso pode ocorrer de maneira natural em conflitos sectários assim que os acordos de paz entram em vigor, nem que seja apenas pelo fato de que a redução do risco de punição por falar abertamente encoraja as pessoas a compartilhar suas experiências de forma mais pública. Na Irlanda do Norte, em meados da década de 1990, isso foi bastante perceptível nos clubes de comédia, nos quais os comediantes passaram a falar sobre experiências de sofrimento compartilhadas em ambos os lados do conflito, o que antes era impensável. Meus colaboradores e eu também observamos efeitos positivos comparáveis na fusão entre divisões sectárias em Bangsamoro, depois que a região obteve autonomia em relação às Filipinas em 2019, após uma história de violência intensa e prolongadas negociações de paz. Uma vez que as armas foram deixadas de lado, descobrimos que os mesmos sentimentos de fusão que antes impulsionavam o extremismo violento poderiam se tornar uma força para a reconciliação.[9]

Tribalismo na era da destruição mútua assegurada

Ao longo da história registrada, o sucesso dos grandes exércitos do mundo tem dependido de altos níveis de coesão militar: desde os exércitos da Grécia Antiga até os jihadistas e cruzados do Oriente Médio. Pesquisas psicológicas contemporâneas mostram que a fusão une as forças combatentes como nenhum outro tipo de cola social. Mas, hoje, isso representa uma ameaça existencial. Se as armas mais destrutivas ao nosso dispor ainda fossem espadas, arcos longos, projéteis de canhão ou mesmo balas e bombas convencionais, os exércitos mais coesos do mundo — em especial aqueles alimentados por radicalismo e ideologias revolucionárias — poderiam acabar prevalecendo sobre adversários menos comprometidos. No entanto, agora alcançamos um patamar na evolução da tecnologia militar em que a fusão estendida dentro dos exércitos aumenta a possibilidade de destruição mútua assegurada devido à proliferação de armas nucleares e ao espectro de formas cada vez mais letais de guerra biológica.

O problema tem origens em características enraizadas de nossa psicologia coletiva. Viver em grandes grupos nos torna propensos a formas simplistas de pensamento "nós contra eles". Quando nos alinhamos com comunidades imaginadas com base em etnia ou religião doutrinária, tendemos a ver uns aos outros cada vez mais como recortes superficiais em vez de indivíduos complexos com características únicas e histórias pessoais. Rotular as pessoas dessa forma melhora a eficiência de certos tipos de interações entre estranhos, mas também pode levar a uma estereotipação simplista e a um pensamento "nós contra eles". Para piorar a situação, a identificação e a fusão estendida com ideologias de grupo podem exacerbar várias formas de preconceito associadas a estereótipos negativos. Por exemplo, quando nos identificamos fortemente com uma posição ideológica, torna-se mais difícil aceitar pontos de vista contrários. E, como nossa pesquisa com fundamentalistas religiosos na Indonésia sugere, a fusão estendida pode solidificar ainda mais o compromisso ideológico, aumentando nossa resistência à refutação baseada em argumentos ou evidências.

Pode parecer que esse problema é inevitável. Em uma sociedade grande, em que as interações anônimas são frequentes, muitas vezes é bastante eficiente adotar estereótipos simplistas em interações efêmeras. Os estereótipos servem como regras práticas para fazer inferências sobre as pessoas, que nos ajudam a prever seus comportamentos e nos ajustar de acordo. Depender demais dessas regras práticas não faria sentido em grupos pequenos, pois temos informações muito mais detalhadas e matizadas sobre outros membros do grupo e podemos fazer previsões mais precisas sobre suas prováveis reações em diferentes contextos do que qualquer estereótipo simplista permitiria. Isso pode ajudar a explicar por que as pessoas têm dificuldade em conciliar seus estereótipos e suas experiências pessoais. Por exemplo, ao fazer um comentário racista, a pessoa pode sentir um desejo repentino de especificar: "Claro, não o fulano" (referindo-se a algum amigo ou vizinho do grupo étnico em questão que ela conhece muito bem e que "obviamente" não se encaixa nesse estereótipo). Os estereótipos parecem mais aplicáveis apenas aos "outros", os que são mais típicos do grupo a que pertencem, mas sobre os quais, aparentemente por mero acaso, sabemos muito pouco. Quanto mais tempo e esforço investimos em conhecer alguém, mais rica se torna nossa compreensão desse indivíduo, e menos adequados os estereótipos parecem ser.

Se somos propensos a pensar de maneira muito simplista sobre pessoas que não são como nós, o que acontece quando isso é ampliado para o nível das relações internacionais? Pouco depois do fim da Guerra do Vietnã, pesquisadores desenvolveram um construto chamado "complexidade integrativa" — ou "IC", na sigla em inglês.[10] A abreviação era pronunciada como "I see" [eu vejo], transmitindo de forma clara a ideia de ser capaz de ver os pontos de vista de outras pessoas e reconhecer a natureza multifacetada do mundo social ao nosso redor.

A complexidade integrativa é uma medida da capacidade das pessoas de integrar múltiplas perspectivas e suas ramificações ao raciocinar sobre um problema específico. Considere, por exemplo, as diferenças entre duas cláusulas do Tratado de Versalhes.[11] A primeira (Artigo 231) dizia o seguinte:

> Os Governos aliados e associados declaram, e a Alemanha reconhece que a Alemanha e os seus aliados são responsáveis, por deles ter sido a causa, por todas as perdas e por todos os prejuízos sofridos pelos Governos aliados e associados e pelos seus cidadãos em consequência da guerra que lhes foi imposta pela agressão da Alemanha e dos seus aliados.

No entanto, como resultado de intensas negociações entre diplomatas representando tanto a Alemanha quanto as Nações Aliadas, a segunda cláusula (Artigo 233) reconheceu muitas mais contingências potenciais que precisariam ser consideradas:

> Esta Comissão estudará as reclamações e dará ao Governo alemão a equitativa faculdade de ser ouvido... A Comissão estabelecerá simultaneamente um cronograma de pagamentos prevendo as épocas e as espécies de liquidação pela Alemanha da totalidade de sua dívida num período de trinta anos, a partir de 1º de maio de 1921. Se, contudo, dentro do período mencionado, a Alemanha faltar ao pagamento da sua dívida, o saldo devedor poderá ser transferido para os anos seguintes, a critério da Comissão, ou poderá ser liquidado por outra forma, nas condições que os Governos aliados e associados, em conformidade com o processo previsto na presente Parte do presente Tratado, vierem a determinar.

Enquanto a segunda cláusula considera uma variedade de resultados possíveis e como eles devem ser tratados (alta IC), a primeira é pouco mais do que uma atribuição simplista de culpa (baixa IC). É importante enfatizar que baixa IC não significa "ruim" e alta IC "boa". Em uma emergência, é desejável que as comunicações utilizem baixa IC porque avaliações e planos de ação precisam ser simples e a implementação, inquestionável. No entanto, quando há tempo para refletir sobre as ramificações de um curso de ação que envolve muitas partes com objetivos e perspectivas divergentes, uma alta IC com frequência gera resultados muito melhores.

Os pesquisadores descobriram que, quando os governos estão se preparando para lançar um ataque contra outro país, os níveis de IC em suas comunicações diminuem. Em contraste, as comunicações dos países que estão sendo atacados tendem a aumentar, só diminuindo para níveis equivalentes aos do agressor depois que a guerra já começou.[12] Isso também ocorre em relação aos extremistas: estudos sobre as declarações feitas por grupos terroristas sugerem que os níveis de IC diminuem significativamente à medida que os ataques se tornam iminentes, indicando que a capacidade de processar a complexidade dos conflitos intergrupais diminui à medida que o engajamento com a violência se fortalece.

Uma baixa IC pode contribuir para conflitos intergrupais porque a rigidez dogmática, o pensamento unidimensional e a dificuldade em integrar diversas fontes de informação potencialmente relevantes dificultam a identificação de resultados vantajosos para todos em situações hostis. Por exemplo, se você está pronto para emitir ultimatos sem considerar se seu inimigo tem capacidade para cumpri-los, pode eliminar caminhos mais promissores para a resolução de conflitos. Uma baixa IC também pode nos levar a atribuir as falhas alheias a deficiências inerentes, não a problemas resolúveis pelos quais as pessoas não são responsáveis, ao mesmo tempo em que promove uma confiança injustificada em nossas próprias opiniões e julgamentos. Essas características tendem a resultar em culpabilização improdutiva e senso de superioridade moral, agindo como obstáculos para negociações e compromissos produtivos.

Na medida em que uma baixa IC contribui para o dogmatismo e a hostilidade em relação aos exogrupos, pode tornar mais difícil navegarmos com segurança pela era nuclear. No entanto, um ponto reconfortante é que o oposto também é verdadeiro. Há evidências de que níveis mais elevados de IC levam a soluções mais cooperativas em negociações entre adversários.[13] E há evidências de que a IC pode ser aumentada com relativa facilidade. Seria um erro pensar na IC alta ou baixa como equivalentes a traços de personalidade ou níveis de QI. Estes últimos são características mais ou menos fixas de nossa composição psicológica individual, que carregamos conosco ao longo da vida em muitos contextos diferentes que encontramos. Mas a IC é altamente dependente do contexto e, portanto, pode ser maleável. Posso mostrar uma alta capacidade para integrar ideias complexas em um domínio — digamos, ao ajudar um amigo a lidar com os desafios de um grande revés, tal como um relacionamento fracassado ou perda de renda —, mas de repente me tornar dogmático e inflexível em certos tópicos sobre os quais tenho opiniões rígidas, em especial quando o pensamento tribal entra em jogo. Mesmo nossos líderes mais inteligentes e experientes podem demonstrar pensamento rígido quando se trata de conflitos intergrupais e guerra.

Por exemplo, é difícil negar que Tony Blair foi um primeiro-ministro britânico extremamente bem-sucedido, que com certeza teria alta pontuação em medidas de IC em uma ampla gama de tópicos durante a maior parte de seu mandato. No entanto, quando se tratava da questão da ameaça representada por Saddam Hussein no Iraque, Blair estava preparado para arriscar tudo, incluindo a própria carreira, para lançar uma invasão em conjunto com as forças dos EUA. Embora uma decisão tão monumental em geral exigisse sólidas informações de inteligência *in loco*, a decisão de Blair parece ter sido facilmente influenciada por evidências circunstanciais da intenção de Saddam em usar armas de destruição em massa. Após a invasão de 2003, descobriu-se que não havia tais armas no Iraque. Além disso, as forças aliadas invasoras não tinham planos adequados para estabelecer um sistema de governo pacífico pós-invasão. Instintos viscerais parecem ter suplantado quaisquer outras considerações.

Líderes políticos não precisam cair em tais armadilhas, pois podem tomar medidas para superar a tentação de atender a impulsos movidos por baixa IC. Em termos práticos, isso pode significar suplantar a disposição para lutar, quando a fusão e a ameaça conspiram com a capacidade militar para motivar invasões e intervenções militares. Quando os instintos tribais estão mais exacerbados, precisamos nos apoiar mais fortemente em evidências do que em palpites, e em modelagem rigorosa em vez de propaganda. Precisamos de princípios robustos e defensáveis para guiar a política externa, como a adoção de interferência mínima para obtenção de um benefício humanitário máximo. Precisamos que as intervenções sejam orientadas para o futuro e não focadas exclusivamente na mitigação de sintomas em curto prazo. Precisamos encontrar maneiras de fomentar o realismo e controlar a autoconfiança excessiva na guerra como solução para desavenças internacionais.[14]

As implicações práticas desse tipo de pesquisa para abordar problemas de previsão e prevenção de conflitos são promissoras. Estudos sobre o papel da IC em conflitos internacionais já demonstraram sua relevância em áreas das relações internacionais associadas a previsão, inteligência e diplomacia.[15] Na medida em que a deterioração da IC é mensurável e suas implicações para o risco de guerra são bastante estabelecidas, ela poderia ser usada de forma mais sistemática por especialistas em relações exteriores e diplomatas para ajustar estratégias de comunicação e prevenir potenciais colapsos em negociações pacíficas.

Um papel semelhante poderia ser imaginado para o tipo de análise de processamento de linguagem natural que eu e meus colaboradores desenvolvemos em esforços para prever e evitar atos de terrorismo.[16] Como expliquei no início deste capítulo, nossos métodos poderiam ser usados para identificar aqueles mais propensos a realizar atos de extremismo violento em um grupo muito maior de extremistas ideológicos, mas o mesmo enfoque poderia ajudar a identificar quais líderes autoritários serão os próximos a surpreender o mundo ao lançar ataques ou invasões que, de uma perspectiva mais prática e dura, parecem imprudentes ou irracionais. Em minha faculdade, na Universidade de Oxford, Julia Ebner e eu criamos um projeto para investigar as bases psicológicas do extremismo institucionalizado em Estados autocráticos, intitulado "Quando os déspotas se tornam letais", com o objetivo de apoiar esforços de prevenção precoce de conflitos na política externa do Reino Unido.[17]

Além do nível dos Estados individuais, um fórum óbvio para desenvolver um arcabouço mais abrangente e rigoroso para tais abordagens seria as Nações Unidas. Ao expandir seu papel atual na manutenção da paz internacional e na diplomacia preventiva, a ONU poderia intensificar seus esforços de modo a aproveitar o poder elucidativo das novas ciências do tribalismo — especialmente a teoria da fusão e a pesquisa sobre IC — para desenvolver intervenções precoces antes que os conflitos se intensifiquem, em vez de assumir uma postura mais reativa após derramamentos generalizados de sangue. Estabelecer uma unidade mais eficaz de previsão e gestão de conflitos dentro da ONU seria relativamente simples, mas, para que ela tenha o poder de superar formas mais paroquiais de tribalismo e a baixa IC que elas produzem, a ONU precisaria se tornar uma força muito mais robusta em assuntos globais do que é na atualidade.

Ampliadas, tais abordagens representariam um enfoque mais rigoroso e empírico para a política externa do que nunca. No entanto, ao mesmo tempo, elas estariam reavivando o tradicional papel das religiões organizadas discutido nos primeiros capítulos — mas agora no âmbito secular das relações internacionais, e não no domínio de crenças espirituais ou teístas. As doutrinas desse novo contexto podem estar fundamentadas em teorias seculares de coesão em vez de ideias religiosas ou teológicas, mas não seriam menos convincentes em termos psicológicos nem menos impactantes do ponto de vista social. Ao oferecer uma ruptura sistemática do pensamento "selvagem" ou intuitivo e substituí-lo por um corpo de pensamento mais coerente e consistente, essas novas abordagens aproveitariam o poder preditivo dos métodos científicos, em vez de apelos ao poder da oração baseados na fé.

Retornando para a tribo

No início de 2023, me encontrei com o político Andrew Solomon Napuat em um bar à beira-mar em Porto Vila, capital de Vanuatu. Enquanto o aguardava, eu observava a vasta extensão do oceano através das folhas das palmeiras, mas me peguei pensando nas prisões que vi pelo caminho, com celas claustrofóbicas e altas cercas com arame farpado. Quando Napuat chegou, os garçons o reconheceram de imediato e se apressaram para atendê-lo com toda deferência. Depois de nos acomodarmos em nossas cadeiras, comecei perguntando sobre suas experiências como ministro de Assuntos Internos no governo central. Mas ele logo inverteu os papéis, e me vi relatando minhas experiências na pesquisa com ex-presidiários. Contei a ele que poucos dias antes tinha visitado uma prisão na Austrália, onde funcionários do alto escalão compartilharam suas dúvidas pessoais sobre a eficácia do encarceramento como método de prevenção ao crime ou reabilitação de criminosos. Descrevi como algumas das histórias mais trágicas que ouvi dos detentos em Queensland estavam relacionadas ao tratamento dispensado aos aborígenes australianos.

Napuat assentiu. Ele explicou que o sistema europeu de justiça criminal era parecido com a linha de produção de uma fábrica. Diante da suspeita da ocorrência de um crime, a polícia e os advogados passariam meses reunindo provas relevantes para o caso. O processo seria muito caro e demorado. Depois de um tempo, todas as informações coletadas seriam apresentadas em um tribunal, o que também poderia ser um processo muito prolongado. Por fim, uma sentença seria proferida. Se o réu fosse considerado culpado, geralmente seria condenado a uma pena de prisão, durante a qual o prisioneiro seria mantido a um grande custo para o erário público, mas sem contribuir para a sociedade. E, quando fosse libertado, a reintegração seria difícil. O ex-detento voltaria para casa e encontraria a família sofrendo, os filhos negligenciados, e todos esses problemas sociais que afligem os inocentes passariam a contribuir para novos ciclos de crime.

A imagem descrita por Napuat soava tanto sombria quanto familiar. Mas qual seria a alternativa? Sua resposta foi rejeitar o modelo colonial e adotar um modelo melanesiano mais tradicional. Segundo o costume antigo, quando alguém cometia um crime, todos se reuniam, sem demora, no *nakamal* — o local tradicional de reunião — para discutir o que havia acontecido. Todos teriam uma oportunidade de se manifestar — transgressores, vítimas e espectadores. A comunidade ouviria atentamente e contribuiria. Após todos serem ouvidos, o chefe tomaria uma decisão. Uma punição ou uma compensação seria imposta, e o assunto seria resolvido. Mesmo que o perdão fosse difícil, ele deveria ser tentado. O objetivo do sistema tradicional era restaurar a harmonia da forma mais rápida e definitiva possível. Em geral, todo o processo de estabelecer a culpa e impor a punição levava apenas um dia, sem exigir um processo legal demorado ou um sistema de encarceramento dispendioso que apenas perpetuaria o problema. Napuat queria saber qual sistema eu achava melhor.

Graças ao passado colonial da Europa, quase todas as sociedades no mundo hoje operam uma versão do sistema demorado construído em torno de polícia, advogados, tribunais e prisões. Prisões são tão onipresentes que quase ninguém percebe o quão disfuncional é excluir parte da tribo, ao encarcerar pessoas em vez de restaurar a paz, dissuadir futuras transgressões e reintegrar ex-ofensores de volta ao convívio. E, no entanto, se tal sistema nunca tivesse existido, é inimaginável que escolheríamos criá-lo do zero.

Para começar, reiterados estudos sugerem que o encarceramento não reduz o risco de comportamento criminoso futuro.[18] No entanto, deixando de lado as estatísticas, o que os estudos de criminologia parecem mostrar, de modo reiterado, é que a melhor maneira de reduzir os riscos de reincidência entre ex-detentos é garantir que eles estabeleçam conexões positivas com uma comunidade respeitadora da lei — por exemplo, assumindo responsabilidades com a família, em um trabalho ou em uma organização voluntária. O acesso à educação, cuidados de saúde e moradia também é fundamental. Depois de listar todos os fatores conhecidos por reduzir o risco de reincidência, uma criminologista me contou que ainda não tinha lido um único estudo que mostrasse que a prisão é o que impede um ex-ofensor de voltar ao crime.[19]

O encarceramento reduz as chances de uma pessoa ser aceita de volta à comunidade — o exato oposto do que é necessário para prevenir futuros crimes. Mesmo antes de suspeitos serem julgados e considerados culpados, muitas vezes eles são mantidos presos por algum tempo. Seja inocente ou não, isso pode ter um efeito devastador nos rendimentos e relacionamentos de um prisioneiro, aumentando o risco de ele recorrer ao crime por desespero após sua libertação.[20] Lidar com comportamento criminoso — ou suspeito de ser criminoso — ao remover pessoas da tribo poderia ser menos prejudicial se pelo menos elas tivessem famílias de apoio ao seu redor. Mas aqueles que acabam na prisão costumam carecer até dessa forma mais básica de apoio social.

O fracasso de nossa abordagem atual à justiça criminal está enraizado na falta de compreensão do poder e dos riscos associados às identidades tribais humanas. Para entender melhor essas questões, eu me juntei a Robin Fitzgerald, uma criminologista da Universidade de Queensland, na Austrália, para medir o nível de fusão de ex-prisioneiros na região de Brisbane com grupos de pessoas respeitadoras da lei. Descobrimos que os níveis de fusão com a família entre os indivíduos em liberdade condicional eram muito mais baixos do que na população em geral.[21] Também chamaram a atenção os níveis muito mais baixos de fusão com o país do que seria típico na população. Em entrevistas, os indivíduos em liberdade condicional contaram sobre as surras que recebiam dos pais, os longos períodos que passaram vivendo nas ruas e como eram distanciados dos irmãos. Considerando que para ex-detentos as oportunidades de acessar educação, moradia ou empregos eram muito piores do que para a maioria das outras pessoas, os sentimentos de alienação não são surpreendentes. Os participantes de nosso estudo transmitiram seu sentimento de exclusão da tribo descrevendo como as pessoas na rua costumavam menosprezá-los como desajustados, mal disfarçando seu desprezo ou atravessando a rua para evitar contato. Para muitos que saíam da prisão, o mais parecido com membros da família eram outros detentos, talvez aqueles com quem compartilhavam a cela. No entanto, essas não são as companhias mais necessárias para uma reintegração bem-sucedida na sociedade mainstream.

Essas formas de depreciação de exogrupos contribuem para o risco de reincidência entre ex-ofensores. Ex-detentos que acabam presos em um ciclo de reincidências podem nunca encontrar uma nova tribo à qual pertencer. Mas mesmo aqueles que encontram podem enfrentar mais problemas. Se forem excluídos da sociedade mainstream e até mesmo de suas próprias famílias, as únicas tribos restantes podem ser aquelas focadas em atividades ilegais, como tráfico de drogas, prostituição, fraudes na internet, roubo, violência ou terrorismo. Essas tribos não realizam feiras de carreiras nem eventos educacionais e não anunciam vagas em sites de emprego ou jornais; em vez disso, são formadas por redes relacionais e boca a boca. A prisão proporciona um terreno poderoso para o recrutamento dessas tribos. Afinal, para aqueles que estão isolados e excluídos da sociedade mainstream, uma tribo "ruim" é melhor do que nenhuma. Em muitos casos, as tribos disponíveis para aqueles com antecedentes criminais oferecem formas poderosas de vínculo grupal, fornecendo um substituo desesperadamente necessário para famílias ausentes ou disfuncionais. Quando os únicos grupos disponíveis são os criminosos, não é surpreendente que eles atraiam membros com facilidade. Existem muitas gangues de rua e organizações terroristas hábeis em recrutar excluídos.

Para um antropólogo interessado em tribos com inclinações criminosas às margens da sociedade, os torcedores de futebol violentos proporcionam um foco interessante para a pesquisa. Em parte, isso se deve ao fato de que os grupos em si são legalizados, mesmo que algumas de suas atividades não sejam. Mas também porque seus membros costumam ser mais acessíveis do que a maioria dos grupos terroristas, das gangues criminosas organizadas ou das organizações paramilitares. Além disso, dado o amplo apelo do futebol ao redor do mundo, os grupos extremos de torcedores podem ser comparados entre diferentes países. Assim, eu e meus colaboradores temos coletado dados de torcedores extremistas de futebol em quatro continentes, o que nos permite estudar o papel da fusão na motivação de comportamentos ilegais, como a violência de torcidas. Por exemplo, na América do Sul, nossa pesquisa tem se concentrado em membros de grupos de "superfanáticos" conhecidos como "torcidas organizadas" — similares aos ultras na Europa continental ou às "firmas" dos hooligans no Reino Unido —, em geral originários de favelas urbanas. Embora aparentemente focados em apoiar seus times de futebol, tais grupos muitas vezes também estão envolvidos no submundo criminoso do Brasil, incluindo tráfico de drogas, extorsão e lavagem de dinheiro, usando violência não apenas para intimidar torcedores de grupos rivais, mas também para manter o domínio em guerras de facções.

Nossa pesquisa revelou algo muito importante e surpreendente: a violência criminosa em grupos de superfanáticos não se deve a desajustamento, mas a tribalismo deslocado. Embora os fãs que se juntam a grupos hooligans violentos como esses sejam, com frequência, retratados pela mídia como indivíduos desviantes, nossas investigações sugerem que a violência associada aos grupos extremistas de torcedores tem muito mais a ver com o amor ao grupo.[22] Os superfanáticos eram mais violentos do que os torcedores comuns em todas as nossas medidas (que incluíam históricos de violência real, bem como a disposição expressa de cometer atos violentos). Não é surpresa eles também estarem mais fortemente fusionados ao grupo. No entanto, eles não eram mais "desajustados". Quando medimos sua capacidade de gerenciar relacionamentos interpessoais e ambientes de trabalho ou disposição para se envolver em atividades sociais e de lazer com membros da família, eles não diferiam dos torcedores comuns. O maior apego a uma tribo — mesmo uma que se envolva em atividades ilegais — parece proporcionar resultados sociais e psicológicos melhores do que ter associações tribais mais fracas ou, pior ainda, não pertencer a tribo alguma. O que nosso sistema de justiça criminal parece fazer é minimizar o número de grupos respeitadores da lei aos quais ex-detentos podem se juntar e maximizar as oportunidades de ingressar em organizações criminosas violentas. É difícil imaginar uma maneira mais eficaz de aumentar as taxas de criminalidade e reincidência.

Tudo isso nos leva de volta à pergunta de Napuat: que tipo de sistema de justiça criminal queremos? Como membro do parlamento, Napuat tinha como missão mudar a política governamental dos sistemas burocráticos ocidentais, criados em torno de advogados, juízes e prisões, para uma abordagem tradicional em que os crimes são punidos dentro das comunidades e a harmonia social é restaurada com mais rapidez. Mas, independentemente dos méritos da visão de Napuat para Vanuatu, achei difícil imaginar isso transplantado para minha cidade natal, Londres. Isso significaria criar um *nakamal* para cada bairro local e estabelecer um sistema de chefes, além de um conjunto elaborado de rituais e sistemas de troca para garantir altos níveis de coesão comunitária, cooperação e consenso — tudo isso parecia improvável. Mas o experimento mental foi frutífero de algumas maneiras. Eu me vi refletindo que uma característica das instituições legais tradicionais da Melanésia parecia ser claramente superior às que evoluíram em meu país: o princípio de que após pagar pelos crimes deve haver o perdão e a reinclusão.

Uma vez que alguém acaba dentro de um sistema de justiça criminal ocidental, é difícil sair. Ao carregar um registro criminal e ser libertado para um mundo com poucas perspectivas e uma rede de apoio inadequada, muitos ex-detentos são condenados a uma vida de reiterados encarceramentos. Se quisermos resolver esse problema, precisamos começar oferecendo a eles acesso a grupos mais positivos. Vistos sob essa luz, os desafios são duplos. Primeiro, como podemos encorajar ex-detentos a se juntarem a tribos respeitadoras da lei após a libertação? E, segundo, como podemos melhorar a disposição de nossas tribos respeitadoras da lei para aceitar ex-detentos de volta ao convívio?

Uma organização no Reino Unido dedicada a ajudar jovens desfavorecidos a encontrar seu lugar na sociedade é a ABandOfBrothers. Ela oferece um processo de iniciação na tribo para ex-detentos que carecem de uma rede de apoio e que em geral vêm de contextos traumáticos, no qual o vício e o abuso são endêmicos. O processo de iniciação em si é conhecido apenas por aqueles que passam por ele, mas o testemunho dos iniciados sugere que o resultado é um vínculo poderoso entre eles e seus mentores, além de um sentimento de pertencimento a uma comunidade maior que muitos participantes nunca experimentaram antes. Essas comunidades estão dispersas pelo Reino Unido, mas conectadas por visitas e comunicações regulares. Os mentores em cada uma das comunidades vêm de uma ampla variedade de origens, mas todos têm em comum o compromisso de ajudar aqueles sem tribo a encontrar um lar no qual possam cooperar e contribuir, apoiar uns aos outros e aprender a se sustentar em uma sociedade que um dia os excluiu.

Quando Conroy Harris, CEO da ABandOfBrothers, visitou meu escritório na Universidade de Oxford, de imediato ficou interessado pelas máscaras e por outros artefatos que me foram presenteados durante meu trabalho de campo na Papua-Nova Guiné, e inspecionou com curiosidade as fotos de eventos relacionados à minha iniciação penduradas nas paredes. Harris explicou que nasceu em Antígua, mas foi criado em Nottingham, onde ingressou na Força Aérea Real aos 16 anos. Após seis anos de serviço, passou por tempos difíceis, incluindo períodos como sem-teto. Mais tarde, porém, desenvolveu habilidades e qualificações em cuidados de saúde mental, descobrindo, no processo, que muitos dos serviços disponíveis eram destinados principalmente a mulheres em vez de homens. Em resposta a essa necessidade, ele ajudou a estabelecer um grupo pioneiro para homens negros enfrentando desafios de saúde mental. O éthos central da ABandOfBrothers me pareceu muito semelhante aos princípios do Kivung — uma forma não apenas de iniciar jovens na comunidade, mas também de tomar decisões coletivas por meio de um processo de discussão inclusiva e construção de consenso em grupos pequenos e interconectados. Harris havia construído uma rede de comunidades locais com alto nível de fusão — assim como aquelas que compunham o movimento Kivung — na qual a violência e a criminalidade podiam ser minimizadas. A chave para o sucesso parecia ser o fato de proporcionar uma forma de motivar ex-detentos a se juntarem a uma nova tribo respeitadora da lei, mas também de oferecer uma comunidade por meio da qual poderiam ser apoiados em longo prazo.

A abordagem adotada pela ABandOfBrothers lembrava as formas antigas de união grupal localizada, do tipo que seria familiar aos nossos ancestrais do Paleolítico, como descrito no Capítulo 3. No entanto, eu me perguntava se uma organização desse tipo poderia apoiar formas mais amplas de fusão estendida, enraizadas em rituais rotinizados, que poderiam ajudar ex-detentos a se conectar não apenas entre si e com seus mentores, mas com uma comunidade muito maior.

Como seria essa comunidade? Para alguns, poderia ser uma religião doutrinária de algum tipo — e muitas pessoas ao redor do mundo que buscam se reintegrar após a libertação da prisão encontram refúgio, mesmo que temporário, em igrejas, mesquitas e templos, e nas comunidades que os sustentam. No entanto, muitas pessoas que saem da prisão não são religiosas e as sociedades nas quais precisam se integrar podem ser em grande parte secularizadas. Então, a pergunta à qual chegamos foi se poderíamos pensar em outro tipo de "comunidade imaginada" em grande escala: uma associada a valores de pertencimento, lealdade, competição saudável e família — e que seja (em sua maioria) respeitadora da lei.

A resposta estava em nossos pés. Muitas pessoas dizem que o futebol é sua religião, e isso vai além de uma simples figura de linguagem. O futebol proporciona a sensação mais próxima que muitos têm de lealdade ao seu país. Durante competições regionais e globais periódicas, os símbolos das identidades nacionais são exibidos — bandeiras são agitadas, hinos são entoados, heróis são venerados, e, acima de tudo, experiências comuns de sofrimento são criadas. Toda essa cola social pode ser criada ampliando a fusão gerada em grupos muito menores — famílias e grupos de amigos que compartilham o amor pelo esporte por meio de experiências em partidas debaixo de chuva e peregrinações para jogos em terras hostis. Para muitos, o futebol oferece uma tribo de maneira semelhante a uma religião, exceto pela doutrina e pela ideologia. E isso faz com que seja mais eficaz em unir pessoas de diferentes origens e sistemas de crenças, criando a impressão de homogeneidade ao se vestir de maneira semelhante, entoar cânticos e agitar bandeiras em sincronia. Portanto, talvez o futebol possa oferecer uma maneira de reintegrar ex-detentos à sociedade em geral.

Seria necessário que um brilhante líder empresarial ligado ao mundo do futebol não apenas tenha essa ideia, mas também a coloque em prática: David Dein, vice-presidente do Arsenal Football Club de 1983 a 2007 e famoso por levar um dos gerentes de futebol mais bem-sucedidos do mundo — Arsène Wenger — para o clube. Os contatos de Dein no mundo do futebol possibilitaram que ele criasse uma abordagem inovadora para reintegrar ex-detentos à sociedade e ajudá-los a ficar longe da prisão no longo prazo. Ele a chamou de Projeto Twinning. O objetivo do Projeto Twinning é criar parcerias entre cada prisão na Inglaterra e no País de Gales (mais de cem delas) e seu clube profissional local de futebol para trazer ex-detentos de volta à tribo, ensinar-lhes habilidades de treinamento que os tornariam física e mentalmente mais saudáveis, e possibilitar que eles obtenham uma qualificação que possa ajudá-los a encontrar emprego após serem libertados da prisão. Com a ajuda de oficiais de educação física nas prisões do Reino Unido, treinadores de futebol profissionais visitariam as prisões em parceria com seus clubes para ajudar os detentos a se prepararem para uma vida melhor do lado de fora após cumprirem suas penas. Em 31 de outubro de 2018, Dein anunciou o lançamento do Projeto Twinning para uma plateia apreciativa no Estádio de Wembley.

Desde que ouvi falar do programa, fiquei intrigado em descobrir como nossa pesquisa sobre o fanatismo pelo futebol poderia ajudar a torná-lo o mais eficaz possível. Por isso, fiquei satisfeito quando, algumas semanas após o lançamento do projeto, me reuni com Dein e minha colega Martha Newson, na Universidade de Oxford. Em nossa pesquisa, já havíamos demonstrado que a fusão no futebol poderia motivar a violência entre torcedores rivais, mas também tínhamos evidências convincentes de que poderia ser utilizada de maneiras mais positivas, para criar engajamento pró-social e ajudar as pessoas a viverem vidas mais saudáveis, de forma individual e em seus relacionamentos com os outros. A questão que começamos a explorar com Dein era se poderíamos aproveitar essa pesquisa para maximizar a eficácia do Projeto Twinning. Talvez pudéssemos usar o projeto para explorar nosso tribalismo inato e ajudar ex-detentos a se reintegrarem na sociedade em geral.

Para começar, Martha Newson e eu realizamos um estudo piloto em cinco prisões, que mostrou que, quando os níveis de fusão dos detentos ao Projeto Twinning aumentaram, suas notas melhoraram e sua frequência no trabalho aumentou.[23] Também encontramos evidências de que sua fusão a grupos criminosos diminuiu. A amostra era pequena (apenas quarenta participantes), mas foi um ponto de partida promissor. Estabelecemos como objetivo descobrir quais características do Projeto Twinning melhorariam a capacidade dos participantes de se reintegrarem na sociedade após a libertação da prisão. Isso significava estudar os efeitos psicológicos e comportamentais da participação em longo prazo. A fusão é um processo lento e "seguir o caminho certo" significa uma mudança de longo prazo no pensamento e no estilo de vida.

Em específico, levantamos a hipótese de que a incorporação de rituais rotinizados no Projeto Twinning teria um impacto positivo na perspectiva de futuro e ajudaria a reduzir a impulsividade entre aqueles que haviam vivenciado a vida na prisão. Também previmos que quanto mais transformadoras fossem as experiências dos participantes no programa, e quanto mais se apegassem aos treinadores, mais se fundiriam com os outros membros do Projeto Twinning. Levará alguns anos até que todos os resultados sejam obtidos, mas nossas evidências iniciais sugerem que quanto mais os detentos percebiam as transformações pessoais geradas pelo projeto, mais se fundiam ao Projeto Twinning como uma nova identidade de grupo importante para eles. O envolvimento com o treinador de futebol também aumentou a fusão com o projeto.[24] E, mais importante ainda, aqueles que participaram do Projeto Twinning se comportaram melhor quando estavam na prisão.[25] Com base nesses resultados, podemos generalizar o que aprendemos para outros projetos conforme são implementados em mais países ao redor do mundo, e talvez estendê-los a outros tipos de esportes coletivos que explorem nosso viés de tribalismo.

Entretanto, independentemente de quão bem-sucedidas essas iniciativas acabem sendo, elas não serão capazes de ajudar todas ou mesmo a maioria das pessoas que saem das prisões. Se quisermos reduzir as taxas de criminalidade, precisaremos de mudanças muito mais profundas na forma como pensamos sobre punição e reforma. E isso envolverá um foco significativo não apenas nos ex-detentos em si, mas também na perspectiva da sociedade que os acolhe.

E essa é a maneira definitiva pela qual a fusão de identidade pode ser a chave para um problema difícil. Imagine que você seja um empregador e precise escolher entre um candidato com histórico de condenações criminais e alguém com qualificações semelhantes e uma ficha limpa. Qual pessoa você contrataria? Pode parecer natural recusar o ex-ofensor. É compreensível, mas, para que a tribo prospere, precisamos trabalhar com mais afinco para manter aqueles membros com mais probabilidade de se desgarrar, nem que seja apenas porque os custos de perdê-los são maiores do que os custos de mantê-los a bordo. No entanto, se a simples aritmética não for suficiente, talvez o amor pelo grupo possa fornecer a solução. Para investigar essa possibilidade, meus colaboradores e eu realizamos uma série de experimentos para explorar se experiências compartilhadas — uma das principais formas de fusão de identidade — seriam suficientes para persuadir empregadores em potencial a oferecer segundas chances a ex-ofensores.[26] Nós encorajamos os futuros empregadores a acreditar que candidatos fictícios com antecedentes criminais passaram por experiências de vida pessoalmente transformadoras que eles (os empregadores) também haviam enfrentado. Os resultados foram consistentes e poderosos: experiências compartilhadas não apenas aumentaram a disposição dos empregadores para contratar, mas também sua disposição para ajudar nos esforços de reintegração comunitária e financiamento.

Tais descobertas sugerem uma potencial solução definitiva para as enormes taxas de reincidência que assolam nossa sociedade. Elas indicam que a fusão de identidade — uma das forças mais potentes do tribalismo nas sociedades humanas — pode ajudar a motivar ex-ofensores a se reintegrarem à tribo. Além disso, pode persuadir membros mais estabelecidos da comunidade a permitir que eles retornem.

O Projeto Twinning gosta de citar uma frase do ativista dos direitos civis norte-americano Jesse Jackson: "Não olhe de cima para baixo para alguém a menos que você esteja ajudando a levantá-lo". Esse poderia ser um princípio orientador para todas as tribos do mundo. Mas será uma mensagem difícil de disseminar. Atualmente, a mídia alimenta o conflito intertribal ao relatar os detalhes sensacionalistas de crimes horrendos e ao incentivar o desejo público por punições mais severas. Enquanto isso, os políticos prometem ser rigorosos contra o crime em parte porque a mídia sensacionalista alimenta o apetite coletivo por taxas cada vez mais altas de encarceramento. No entanto, a maioria dos indivíduos presos ao redor do mundo não é culpada dos tipos de atos monstruosos que fazem manchetes. Em vez de prender mais e construir mais prisões, seria de nosso interesse coletivo investir na reforma de ex-ofensores e na transformação das condições sociais que fomentam o comportamento criminoso. Excluir e encarcerar membros da tribo é sempre um sinal de falha em um sistema social.

Vimos neste capítulo a dupla face de nossas formas herdadas de tribalismo. São forças que podem nos unir, mas também podem nos levar a formas intensas de ódio e crueldade contra exogrupos — seja por meio de exclusão social ou violência grupal. E a situação está só piorando. Ao longo da história, a guerra e a militarização ajudaram as sociedades a escalar e competir, mas não é mais o caso. As maiores coalizões criadas dessa forma agora são grandes e poderosas demais para entrarem em guerra sem destruir a todos. Isso significa que o tempo das grandes tribos passou? Eu argumentaria o oposto. Na verdade, chegou a hora de tribos muito maiores: aquelas que são capazes de nos unir como nunca antes. Mas isso não será fácil. Esse processo exigirá que exploremos ao mesmo tempo nossos três maiores vieses: conformidade, religiosidade e tribalismo. E exigirá que o façamos, pela primeira vez, em um palco global — foco do último capítulo.

Epílogo: Ascensão da Teratribo

Dizem que o mundo está ficando menor, mas também podemos dizer que nossos grupos estão ficando maiores. Não apenas por causa das tecnologias de informação compartilhadas e do crescimento populacional, mas também devido a mudanças em nossos mundos mentais.

Em março de 2022, estudantes de psicologia da Universidade de Melbourne me convidaram a vestir um capacete de realidade virtual como parte de um experimento que eles haviam projetado para evocar sentimentos de "deslumbramento" em laboratório. Assim que apertaram o botão de início, me vi cercado por outros astronautas, olhando pela janela da Estação Espacial Internacional, viajando a cerca de 28 mil quilômetros por hora, 400 quilômetros acima da superfície da Terra. A essa velocidade, seria possível viajar até a Lua e voltar em um único dia. Em vez disso, estávamos circulando nosso planeta natal. Enquanto eu contemplava a cena, o Sol de repente surgiu em uma explosão de luz além do horizonte curvo da Terra, como um diamante branco. Sem perceber, soltei um suspiro de admiração.

Ver o mundo do espaço, ainda que por meio de um capacete de realidade virtual, coloca as coisas em perspectiva. Observar nosso planeta de longe nos faz perceber o quanto ele é pequeno e vulnerável à destruição. Fica mais fácil reconhecer que a humanidade, apesar de toda a sua aparente diversidade, é uma única espécie compartilhando seu lar com inúmeras outras. E torna mais fácil entender a singularidade dos seres humanos: somos a única espécie na

Terra capaz de compreender aquilo que estamos contemplando a partir do espaço, por meio de um capacete de realidade virtual.

A mente humana é capaz não só de reconhecer a Terra vista do espaço, mas também de perceber que o mundo e seus habitantes são produtos da história. Mesmo antes de entendermos os conceitos básicos da tectônica de placas ou da evolução por seleção natural, a humanidade refletia sobre a questão das origens — como chegamos até aqui e para onde tudo isso está nos levando. Agora conseguimos visualizar esses processos com base em enormes quantidades de dados arqueológicos e históricos com um clique na internet. Qualquer pessoa que queira observar a ascensão e a queda das civilizações do mundo em um mapa — percorrendo os milênios ano após ano ao longo de 200 mil anos — pode fazê-lo agora no YouTube em vinte minutos.[1] A tecnologia é sem dúvida extraordinária, mas a capacidade humana de reconhecer nossas origens comuns e, acima de tudo, transformar essa realização em *identidades* compartilhadas é admirável.

As inovações tecnológicas têm o potencial de abrir nossa mente para a nossa humanidade comum de maneira muito mais visceral e instigante do que nunca. Agora, não apenas somos capazes de enxergar com mais clareza que a humanidade ocupa um único lar, mas também como problemas globais estão moldando cada vez mais nosso futuro coletivo. Hoje, muitos de nós já entendem isso quando se trata de mudanças climáticas, perda de biodiversidade, branqueamento de corais e poluição dos nossos oceanos. Mas nosso destino também está interligado na forma como gerenciamos muitos outros problemas, como conflitos, migração, doenças e pobreza. Embora nossos líderes continuem a se preocupar com horizontes locais e objetivos de curto prazo, o futuro do nosso planeta depende da capacidade de pensar grande e agir em conjunto de maneiras globalmente mais sustentáveis. Mas como?

Algumas das minhas respostas mais específicas a essa pergunta nos capítulos anteriores tendem a se concentrar em problemas relativamente locais, por exemplo, como promover mudanças no nível de comunidades e nações, e ocasionalmente em um nível internacional. Neste capítulo final, no entanto, quero focar mais o que significaria aproveitar nossa herança de forma mais sábia em uma escala global. Minha resposta é que precisamos trabalhar com nossos vieses naturais ao mesmo tempo que aprendemos com as lições de nossa história não natural.

Revolucionando rotinas

Muitas vezes senti que os fundadores do Kivung na província da Nova Bretanha Oriental, Papua-Nova Guiné, tinham uma compreensão muito melhor da sociedade ocidental do que seus colonizadores. Ao contrário desses últimos, eles perceberam que as atividades dos missionários, dos proprietários de plantações e das autoridades coloniais criaram uma receita para o desastre ambiental. As potências coloniais buscavam transformar a floresta tropical em uma linha de produção para fábricas distantes, destruindo as tradições e os estilos de vida antigos dos povos nativos. Os seguidores do Kivung perceberam que o sistema recém-introduzido de tribunais e prisões criava muitos problemas sociais, enquanto pouco fazia para dissuadir ou reduzir o crime. E viram que a fé no dogma cristão minava identidades de grupo que eram uma fonte de orgulho e dignidade local.

A essência da abordagem do Kivung, como expliquei em capítulos anteriores, era unificar a população rural em torno de identidade e modo de vida novos voltados para proteger a floresta tropical, prevenir crimes por meio de ação coletiva em nível comunitário, descentralizar a tomada de decisões por meio de assembleias de cidadãos no estilo melanésio e estabelecer uma forma de religião que respeitasse a tradição ao mesmo tempo que servisse aos interesses de seus seguidores no presente. É uma abordagem que tem funcionado por mais de meio século. Enquanto grande parte de Papua-Nova Guiné enfrentou efeitos devastadores de extração de recursos, taxas crescentes de criminalidade, falta de legitimidade política e violência de gênero resultante de acusações de feitiçaria, os seguidores do Kivung têm vivido relativamente livres desses problemas.

Mas talvez o aspecto mais impressionante do Kivung seja um que ainda não abordamos: sua abertura a novas ideias. As reuniões colaborativas, das quais o Kivung recebeu seu nome, ofereciam uma maneira de avaliar coletivamente não apenas as ameaças que as instituições ocidentais representavam, mas também as oportunidades que poderiam apresentar se adaptadas às necessidades e aos objetivos locais e regionais. Com todos os seus defeitos, os modelos apresentados pelas administrações e missões coloniais eram o produto de milhares de anos de experimentação, e alguns de seus elementos sobreviveram como um conjunto de ferramentas para unificar, coordenar e cooperar em uma escala até então inimaginável. Uma das ferramentas mais poderosas nesse conjunto era a rotinização, e, como vimos, o Kivung a adotou com entusiasmo incansável: estabelecendo um conjunto de rituais diários demorados, anunciados pelo toque periódico de sinos, que ajudaram a forjar a vasta comunidade do Kivung que encontrei na década de 1980. Para que o mundo prospere no século XXI, essa abertura é a última lição que devemos aprender da floresta tropical. Eles tinham a mente aberta o suficiente para ouvir respeitosamente os missionários católicos, mas a questão é se agora podemos ser mente aberta o suficiente para ouvir a sabedoria do Kivung. Para nos unirmos em torno de um conjunto de crenças compartilhadas globalmente, adequadas para resolver problemas universais, talvez nós também possamos incorporar novos comportamentos rotinizados em famílias, escolas, governos e locais de trabalho — assim como os membros do Kivung fizeram.

Mas, se quisermos substituir nossos hábitos globais de consumismo por algo melhor, qual forma isso deve assumir? A resposta pode estar, pelo menos em parte, nas necessidades da vida cotidiana. Quando nossos primeiros ancestrais neolíticos desenvolveram métodos de cultivo de plantas e domesticação de animais, suas vidas domésticas e comunitárias se tornaram muito mais rotinizadas. Assim como hoje aspiramos nossos tapetes e nos vestimos, os primeiros agricultores na Eurásia ocidental decoravam suas moradias e seus corpos de maneiras distintas. Essas características no modo de produção doméstico — originadas na invenção da agricultura — tinham um poder muito maior sobre a humanidade do que se reconhece. Ter orgulho da própria casa envolve, pelo menos em parte, afiliar-se ao grupo e evitar o risco de exclusão ocasionada por fofocas: o que pode explicar por que, para muitos de nós, o aspirador de pó é mais usado antes da chegada de convidados do que em qualquer outro momento, e por que programas de TV dedicados ao trabalho doméstico, desde cozinhar até limpar, são sempre tão populares. Rituais domésticos são mais relevantes do que percebemos; eles não apenas têm o poder de mudar os padrões de comportamento que impactam o clima com muita rapidez, mas talvez, no processo, até de transformar nosso senso coletivo de quem somos como humanos.

Considere nossos hábitos de compra. Muitos de nós tentam incorporar comportamentos mais "verdes" em nossa vida cotidiana, comprando de fontes locais, evitando embalagens, reutilizando sacolas e reduzindo o desperdício. Todos sabemos que comer menos carne, em especial carne bovina, reduz nossa pegada de carbono, assim como viajar menos para férias em família e atividades de lazer, em particular reduzindo as viagens aéreas. Mas nem sempre seguimos adiante com essas práticas. No entanto, todos esses comportamentos podem ser transformados drasticamente quando mecanismos de pressão social entram em jogo. Os recibos de compras ou as contas de fornecimento de energia são uma oportunidade óbvia para fornecer feedback impresso sobre como nossas escolhas estão impactando o meio ambiente e como nossa pegada de carbono se compara com as metas estabelecidas ou com a de outros consumidores. Embora tais inovações possam ser pouco atrativas para os varejistas, um sistema assim não seria menos aplicável do que declarar o valor do imposto sobre vendas em cada compra, como costuma ser feito em muitos países.

Em geral, a aplicação de normas começa em casa, não apenas quando valores e conhecimentos são transmitidos de pais para filhos, mas também no sentido inverso. Por exemplo, visitas de bombeiros às escolas costumam ser muito eficazes para aumentar a segurança e reduzir o risco de incêndios em casa, pois as crianças são excelentes vetores para disseminar essas informações em suas famílias. Isso aponta para a presença de um potencial inexplorado para que escolas e mídias infantis promovam hábitos mais ecológicos na vida doméstica. Imagine se, em vez de o ativismo transnacional das crianças depender de formas de mobilização extracurriculares ou voltadas ao protesto — como no caso do movimento School Strike for Climate —, os sistemas de ensino formal em todo o mundo começassem a trabalhar juntos de maneira mais conectada para disseminar ideias e práticas que apoiem estilos de vida mais sustentáveis, começando em casa. Tais iniciativas poderiam ser fomentadas de várias maneiras pelos departamentos de educação em nível nacional, construindo um senso de comunidade global mais forte entre os jovens como parte do currículo escolar básico em todo o mundo.

Da mesma forma, os governos poderiam oferecer uma liderança muito maior na ajuda direta aos adultos para reduzir suas pegadas de carbono por meio de rituais rotineiros incorporados à vida doméstica. Novos hábitos poderiam ser modelados em instituições públicas, por exemplo, mudando os padrões de consumo no cerne de governos e administrações. Um primeiro passo para remover a carne de todos os refeitórios do setor público, por exemplo, poderia ser eliminá-la dos cardápios no Palácio de Westminster ou no Capitólio dos EUA. Ou os governos poderiam seguir o exemplo do parlamento escocês, que introduziu uma série de medidas destinadas a reduzir sua pegada de carbono em dois terços ao longo de um período de vinte anos, por exemplo, reduzindo o uso de gás e eletricidade e viagens de negócios desnecessárias.[2]

Historicamente, as transições em grande escala podem ser um processo lento. Em algumas regiões do mundo onde a complexidade sociopolítica emergiu de forma independente, o intervalo entre a expansão inicial da comunidade ritualística e a criação de um arcabouço legal e um sistema de governança eficaz foi de milhares de anos. Não podemos nos dar ao luxo de esperar tanto tempo. Para lidar com os desafios que enfrentamos hoje em nosso planeta, precisamos escalar a comunidade ritualística desde o nível das famílias e nações até a humanidade como um todo de forma muito mais rápida. Felizmente, o que temos agora — e que nossos antigos ancestrais não tinham — é uma melhor compreensão científica de como a cooperação funciona e a infraestrutura de comunicações necessária para aproveitar esse conhecimento. Por exemplo, ao analisarmos nosso próprio passado, podemos perceber que as normas sobre as quais a cooperação em larga escala foi construída originaram-se na rotinização da vida doméstica e comunitária, o que nos permite adaptá-las às necessidades do mundo em que vivemos hoje.

Rotinizar hábitos coletivos requer compromisso e aplicação de normas tanto de baixo para cima quanto de cima para baixo. No entanto, isso nem sempre é óbvio. Se vivemos sob regimes autoritários ou em democracias liberais polarizadas, parece que aceitamos sem questionar que as políticas devem nos ser impostas de cima para baixo. Mas e se fosse o contrário? E se todas as decisões políticas fossem tomadas na base da hierarquia? A tomada de decisões poderia ser tarefa de milhares de assembleias de cidadãos — amostras representativas da população em geral —, cada uma encarregada de tomar decisões políticas de alto nível sobre um conjunto designado de questões à luz de conselhos especializados aprofundados e conectada a uma rede de outros corpos semelhantes de tomada de decisão. Um sistema assim poderia operar de maneira semelhante ao trabalho de um júri — quando você é sorteado, é obrigado a comparecer. Idealmente, tais assembleias chegariam a suas conclusões com base na interação interpessoal e no debate, no nicho da complexidade integrativa (IC) e no entendimento mútuo. Um método de governança assim poderia ser protegido dos impactos negativos da cobertura de notícias e dos efeitos polarizadores das redes sociais. De fato, assim como os júris podem ser isolados dessas influências, nossas assembleias de formulação de políticas poderiam ser igualmente isoladas, com os membros entregando smartphones e notebooks na porta ao entrarem no santuário da tomada de decisões, mesmo que as deliberações em si sejam gravadas para um maior escrutínio.

Em um sistema assim, o papel dos políticos e dos governos seria muito diferente — ainda importante, porém com uma nova função. Nossos líderes no parlamento não atuariam mais como fontes de políticas, mas apenas como implementadores eleitos delas. Eles não precisariam mais produzir e defender políticas, mas concentrar seus esforços em demonstrar competência e confiabilidade no cumprimento de seu propósito pretendido como representantes respeitados da vontade do povo, estabelecida por meio de debates bem informados. Isso ainda seria democracia, mas rotinizada por diretrizes radicalmente novas. Assim como o capitalismo, mas sem seus efeitos nocivos, tal sistema poderia se espalhar amplamente, talvez até se globalizar. Talvez as assembleias responsáveis pela tomada de decisões pudessem então unir sua sabedoria para estabelecer um fundo globalmente acessível de conhecimento coletivo sobre problemas e soluções de políticas públicas, do qual todos nós poderíamos nos beneficiar.

Repensando a religião mundial

Em junho de 2023, encontrei Alan Covey, um dos meus colaboradores no Seshat: Banco de Dados de História Global, em um badalado café em Camden Town para discutir a sociedade inca, um tópico no qual ele é um dos maiores especialistas do mundo. Normalmente cercado por estudantes no departamento de arqueologia da Universidade do Texas, ele estava em uma de suas escapadas anuais para Londres, então parecia a oportunidade perfeita para questioná-lo sobre o tema do sacrifício humano e da desigualdade social no império inca. Ele queria que eu entendesse que, por mais horrível que o sacrifício ritualístico de crianças pareça para nós, é preciso tentar compreendê-lo por meio da cosmologia inca, em especial da ideia de reciprocidade entre deuses e mortais.

Para evidenciar ainda mais seu argumento, Covey destacou o quão mais desigual em termos econômicos nossas sociedades seriam para os antigos governantes. Ele me pediu para arriscar um palpite de quantas pirâmides Elon Musk poderia construir com base nos custos trabalhistas atuais. Pensei por um momento e concluí que não tinha ideia. A fortuna líquida de Musk, continuou Covey, foi estimada em cerca de 200 bilhões de dólares; a Grande Pirâmide do Antigo Egito exigiu de 20 a 40 anos para ser construída por cerca de 4 mil a 5 mil trabalhadores. Trabalhadores braçais no Egito ganham cerca de 2.700 libras egípcias por mês com base nos dados de 2023, então construir a Grande Pirâmide custaria um total de 200 milhões de dólares em valores atuais. Portanto, com sua fortuna de 200 bilhões de dólares, Musk poderia construir mil Grandes Pirâmides.

É fácil supor que os faraós do Egito governaram sociedades muito mais desiguais do que as em que vivemos hoje. Na imaginação popular, a lacuna entre ricos e pobres nos tempos antigos foi fechada com o surgimento da democracia. No entanto, segundo a Oxfam, o 1% mais rico de hoje possui o dobro da riqueza de todo o resto do mundo.[3] Não deve ser surpresa, portanto, que o abismo profundo entre a fortuna apenas de Musk e as economias da maioria das pessoas vivas hoje seja muito maior do que a lacuna entre as riquezas dos mais poderosos faraós do antigo Egito e os escravizados mais humildes. E essa desigualdade não é apenas econômica. As formas de desigualdade que vivenciamos hoje favorecem os interesses de uma pequena minoria em detrimento da sociedade como um todo. Por exemplo, os governantes incas exigiam, por mais equivocado que fosse, que humanos fossem sacrificados para proteger o meio ambiente de desastres naturais catastróficos. Se Elon Musk fosse obrigado a dedicar metade de sua fortuna para enfrentar a crise climática atual, imagine o quanto seríamos melhores como uma tribo humana global.

É possível que a razão pela qual é tão difícil imaginar que os super-ricos sejam obrigados por lei internacional a renunciar a grandes porções de sua riqueza para enfrentar problemas globais não é porque seja impraticável, mas porque nossos hábitos rotinizados de pensamento tornam tais ideias praticamente impensáveis. Se a ideia de conter os super-ricos soa como um devaneio, também o seria a ideia de uma religião mundial se você tentasse explicá-la aos agricultores neolíticos. Imaginar essas questões é o primeiro passo para fazê-las acontecer. O Kivung foi capaz de unir tribos antes em guerra em uma protonação multiétnica em parte porque seus líderes visionários foram inspirados pela ideia de uma religião organizada e um sistema centralizado de governo, modelado pelo próprio sistema colonial que buscaram transcender. Talvez mudar a forma como nos organizamos em uma plataforma global pareça menos intimidador se imaginarmos as religiões mundiais existentes como um trampolim na direção que estou propondo.

Uma maneira de isso acontecer é transformar as organizações religiosas estabelecidas em catalisadores mais eficazes para a cooperação global. Todas as religiões organizadas transnacionais, incluindo cristianismo, islamismo, judaísmo, budismo e hinduísmo e suas miríades de vertentes, fornecem diretrizes escriturais para cuidar da criação de Deus. Mas a base teológica para ação na crise climática atual por todos os crentes devotos ao redor do mundo não tem sido muito utilizada na prática. Poderia ser diferente. Essas religiões têm o potencial de motivar mudanças de hábitos que impactam nosso comportamento doméstico. Durante as refeições, preferências e tabus religiosos há muito influenciam o que comemos. Ao mesmo tempo, os lares dos fiéis em toda parte são adornados com altares familiares, iconografia sagrada e espaços para sacrifício e oração que oferecem oportunidades para moldar nossos valores e objetivos — uma manifestação física da maneira como a fé direciona nosso comportamento em casa. A religião desempenhou esse papel por milênios. Espaços limpos nas casas neolíticas de Çatalhöyük, há cerca de 8 mil anos, provavelmente eram considerados sagrados e repletos de simbolismo — tornando, em alguns aspectos, uma casa mais semelhante a um templo do que a uma mera moradia.[4] Esses espaços limpos eram semelhantes aos altares familiares encontrados em lares católicos ou aos santuários em casas balinesas

— ou mesmo aos templos familiares do Kivung, onde são feitas oferendas aos ancestrais. Todos esses são lugares nos quais os rituais são integrados à vida cotidiana. Para aqueles que se veem como adeptos das religiões mundiais — isto é, a maioria das pessoas no planeta hoje —, a vida em casa é permeada por ideias religiosas, desde práticas de criação de filhos até orações diárias e atos de adoração.

O fato de esses aspectos da vida religiosa não serem mais aproveitados de forma sistemática na luta para enfrentar questões ambientais representa uma oportunidade perdida. As religiões doutrinárias do mundo têm estruturas de liderança e uma potencial base motivacional para implementar planos de ação sobre mudanças climáticas, perda de biodiversidade e outras grandes ameaças planetárias. Isso foi demonstrado por alguns projetos de alta visibilidade, como o plantio de 1 milhão de árvores para marcar o 550º aniversário do siquismo.[5] No entanto, tais iniciativas são poucas em escopo e têm um impacto menor do que poderiam ter. Organizações religiosas impõem rotineiramente restrições na vida doméstica que não têm uma base escritural clara, como questões de contracepção, tabus alimentares arcaicos e vestimentas apropriadas, mas negligenciam obrigações de cuidado com a Terra, as quais *têm* amplo apoio nos textos mais sagrados dessas tradições. Esse é um paradoxo que líderes religiosos e seguidores poderiam se esforçar mais para resolver. E as normas religiosas mais arbitrárias que regulam a dieta das pessoas poderiam, ao menos em teoria, ser complementadas com vontade suficiente. Por que a norma de comer peixe às sextas-feiras em algumas comunidades católicas, por exemplo, não poderia ser complementada pela regra de não comer carne às segundas-feiras?

Assim como as religiões moralizantes estão falhando em utilizar nossas crenças intuitivas com o impacto que poderiam ter, os movimentos ambientalistas seculares também estão falhando de maneiras comparáveis. Por exemplo, meus colaboradores e eu realizamos uma análise da literatura acadêmica sobre conservação da vida selvagem para explorar até que ponto argumentos morais intuitivos estavam sendo desenvolvidos e debatidos em um contexto internacional. Após uma análise estatística da literatura, descobrimos que apenas uma das sete formas de cooperação que os humanos consideram moralmente boas estava sendo invocada em apoio aos esforços de conservação.[6] É fácil imaginar como o meio ambiente se beneficiaria se nossa abordagem estivesse enraizada em cada uma de nossas regras morais pan-humanas: ajudar os parentes, ser leal ao seu grupo, retribuir favores, ser corajoso, demonstrar deferência aos superiores, compartilhar coisas de maneira justa e respeitar a propriedade alheia. No entanto, a única característica de cooperação amplamente invocada na literatura acadêmica sobre conservação acabou sendo a *reciprocidade* — sobretudo a necessidade de reduzir a pilhagem local de recursos naturais por meio de acordos internacionais recíprocos bem aplicados. As outras seis dimensões de cooperação moralmente endossadas — embora de óbvia relevância para questões de conservação — foram quase todas negligenciadas. Isso também representa uma oportunidade perdida.

Líderes religiosos, parlamentares, grupos de pressão e a mídia de massa poderiam todos fazer um esforço mais concentrado para apelar aos nossos instintos universais. Eles poderiam apelar ao nosso desejo de cuidar dos parentes, enfatizando a necessidade de proteger o futuro de nossos filhos e netos. Poderiam apelar ao heroísmo, destacando a necessidade de resistir aos poderosos interessados em recursos não renováveis. Princípios de justiça também são relevantes, já que compartilhamos a Terra com milhões de outras espécies. E o respeito pela propriedade entra em jogo, pois os humanos são recém-chegados, enquanto outras espécies têm posse prévia da Terra.

Além disso, há muito a ganhar ao pensar sobre como compartilhamos informações a partir de uma perspectiva mais global. Argumentei no Capítulo 8 que corporações transnacionais, mídia de massa e plataformas de tecnologia estão assumindo o controle de nossas antigas predisposições e suscetibilidades religiosas de maneiras que servem aos interesses constituídos, em vez de às necessidades da maioria dos indivíduos ou das sociedades em que vivem.

No entanto, esse não é apenas um problema para ser abordado pela política doméstica em nível nacional. Infelizmente, permitimos que uma forma de religiosidade parasitária se espalhasse pelo mundo, e isso exige uma resposta global. Retirar a iniciativa de modificação de comportamento das mãos dos anunciantes e da mídia e criar uma nova forma de religião secular é um desafio global — um desafio que só pode ser enfrentado de maneira adequada por meio de mecanismos regulatórios construídos em torno de princípios morais universais e metas mundiais de cooperação. Uma das possíveis formas é um centro global de notícias financiado pela ONU ou pelo G20. Uma corporação global pública de comunicação para rivalizar até mesmo com as mais confiáveis redes nacionais. Em seu cerne haveria uma teoria explicitamente formulada de noticiabilidade que priorizasse informações sobre assuntos mundiais que todos precisamos saber para sermos cidadãos globais responsáveis. Não notícias sensacionalistas, que induzem medo, disseminam escândalos ou que são apenas entretenimento superficial de gosto duvidoso, intercaladas com publicidade, mas algo genuinamente útil para entender os principais desafios que todos enfrentamos, conforme eles se desenrolam dia a dia.

A tribo global

Após o anoitecer em 1º de julho de 2015, Cecil foi ferido por uma única flecha disparada por Walter Palmer, um dentista norte-americano empunhando um arco longo. Cecil morreu em decorrência de seus ferimentos cerca de doze horas depois. Um leão de 13 anos que vivia livremente no Zimbábue, Cecil logo apareceu nas telas ao redor do mundo depois que sua morte foi divulgada pela mídia e viralizou. No momento de sua morte, Cecil estava sendo estudado e rastreado por alguns dos meus amigos e colegas da Universidade de Oxford. Logo, as linhas telefônicas da universidade estavam congestionadas com chamadas de pessoas querendo saber o que poderiam fazer para ajudar a proteger leões como Cecil no futuro.

A unidade de pesquisa no centro desse furor de interesse público era dirigida por David Macdonald. Pedi a ele para realizarmos uma pesquisa com uma amostra de cerca de mil das muitas pessoas que doaram para a conservação dos leões, e ele concordou. Nos seis meses seguintes, reunimos dados longitudinais sobre as reações das pessoas à morte de Cecil. O que descobrimos foi que, ao longo do tempo, conforme as pessoas refletiam sobre o incidente, elas incorporavam a tragédia em suas narrativas pessoais como um episódio transformador — tornou-se um momento de mudança em suas visões sobre a conservação da vida selvagem. Essa profunda mudança na identidade estava enraizada em sentimentos de experiência compartilhada com Cecil e, como resultado, seus sentimentos de fusão a ele e a outros leões selvagens na África.[7] Esse estudo pioneiro demonstrou que a fusão de identidade poderia ocorrer além da barreira das espécies. Se somos capazes de nos fusionar a leões, também podemos nos fundir ao enorme número de outras criaturas com quem compartilhamos o planeta.

A escala de nossas tribos expandiu-se muito ao longo da história humana, como este livro documentou em detalhes. Mas o último bastião nesse processo de expansão é a tribo da vida, abrangendo não apenas a humanidade, mas todos os seres vivos. Assim como nossos antepassados antigos nos iniciaram nas responsabilidades da idade adulta como membros do grupo, nós também poderíamos estabelecer formas de iniciação para todas as gerações futuras como guardiões de nosso planeta. Nesse processo, poderíamos legar não apenas o conhecimento da história da Terra e de nosso lugar nela, mas também um entendimento crescente de como cuidar do planeta e uns dos outros. De forma ideal, isso assumiria a forma de um rito de passagem genuinamente transformador, por meio do qual os muitos privilégios da idade adulta são alcançados em vez de apenas concedidos. Imagine se os jovens de 18 anos em todo o mundo tivessem que conquistar o status de adulto em suas sociedades realizando atos de cidadania global de maneiras adaptadas às particularidades institucionais e aos recursos naturais de seus países. Embora realizadas e concluídas nas comunidades locais, as cerimônias de graduação associadas a essas contribuições para a Terra poderiam ser celebradas no cenário global, de maneira semelhante ao que vemos atualmente, quando compartilhamos de forma vicária a chegada de um novo ano ao longo dos fusos horários em nossas telas de televisão e computador.

O caso de Cecil demonstra até onde a fusão estendida pode nos levar. Se os humanos são capazes de se fusionar a um leão, então claramente têm o potencial de se fundir a outros humanos — por mais diferentes que possam parecer. E isso levanta uma questão interessante: poderia a humanidade como um todo começar a se ver como uma única tribo? Quando sugiro aos meus alunos que a tribo mais negligenciada do mundo é a própria humanidade, eles costumam sorrir com indulgência antes de argumentar que tal forma de unificação exigiria um inimigo comum. Inevitavelmente, o assunto em algum momento se volta para invasões marcianas e outras fantasias de ficção científica. No entanto, isso não é o que a verdadeira ciência nos ensina. Como expliquei no Capítulo 6, a *identificação* com grandes categorias de grupo pode de fato envolver uma atitude competitiva em relação aos exogrupos. Mas isso não é uma característica necessária da fusão. Quando nos fundimos a um grupo, acontece algo mais parecido com os sentimentos de amor que temos por nossas famílias, ou talvez até por estranhos em uma rave. Somos fortalecidos pelo grupo e, em troca, também o fortalecemos. Essa é uma forma de lealdade que pode ser estendida de maneira indefinida. Não há necessidade de um exogrupo ou inimigo. Somente quando o grupo amado está sob ataque é que descobrimos um lado sombrio da fusão — a disposição para lutar e morrer, se necessário, para derrotar o odiado opressor. Contudo, enquanto não houver ameaça externa, a posição-padrão dos grupos fundidos é cooperar pacificamente com os outros.

Para investigar a viabilidade da fusão à humanidade como um todo, me juntei a Lukas Reinhardt, um estudante de doutorado no departamento de economia da Universidade de Colônia interessado no conceito. Concordamos que a hipótese era razoável, mas que eram necessárias mais evidências para testá-la. Decidimos focar as duas vias para a fusão discutidas nos capítulos anteriores: biologia compartilhada e experiências transformadoras compartilhadas. Para explorar os efeitos da biologia compartilhada, optamos por exibir a uma amostra de pessoas da população em geral um vídeo do YouTube no qual o popular autor A. J. Jacobs convidava todos os habitantes do mundo para uma reunião de família.[8] No clipe, Jacobs argumentava que todos nós descendemos de um ancestral humano comum e, portanto, temos um parentesco biológico mais próximo do que podemos imaginar. Reinhardt e eu queríamos descobrir como as pessoas que assistiram a esse vídeo pontuaram em uma medida de fusão à humanidade, e em especial se isso as tornava mais generosas com pessoas de outros países. No caso da via de experiências compartilhadas, focamos uma grande amostra de mães. Será que aquelas cujas vidas haviam sido mais transformadas pela experiência do parto estariam mais fusionadas a outras mães ao redor do mundo? Em ambos os casos, a resposta foi um sim retumbante. Apenas ser lembrado desses aspectos de nossa essência pessoal que podem ser compartilhados com o resto da humanidade nos torna mais fusionados e, portanto, mais dispostos a ajudar a resolver problemas globais.[9]

O que é válido para a população em geral também deveria valer para aqueles que exercem o poder: chefes de corporações, políticos, líderes religiosos e outros formadores de opinião pública. Quando pensamos nos líderes mais respeitados em uma plataforma global, eles nem sempre são aqueles que lideram os Estados mais ricos ou mais poderosos. Nelson Mandela foi um exemplo notável disso — um indivíduo cuja influência não decorria da alavancagem econômica ou geopolítica, mas da capacidade de reconhecer experiências compartilhadas de humanidade, e até de compreender o poder dessas experiências compartilhadas com aqueles que o prejudicaram pessoalmente e oprimiram as comunidades da África do Sul onde ele foi criado. Tais líderes podem ser descritos como "transgressores de barreiras".[10]

Transgressores de barreiras são aqueles que reconhecem que apenas buscar os interesses do endogrupo competindo com os exogrupos com frequência acarreta custos elevados para todos. No entanto, ao trabalharmos juntos, todos podemos sair ganhando. Claro, trabalhar em conjunto com os inimigos é difícil. A falta de confiança é um obstáculo comum, bem como a perspectiva de ver os exogrupos prosperarem. De fato, para muitos apoiadores apaixonados de um endogrupo, o desejo de prejudicar um exogrupo pode ser até mais forte do que o desejo de beneficiar o próprio grupo. Isso é claramente um problema preocupante, mas a liderança transgressora de barreiras pode fornecer uma solução.

Em um estudo,[11] recrutamos sessenta líderes envolvidos em três tipos de comunidades em conflito: líderes afro-americanos de cidades dos EUA com longa história de divisões raciais, líderes dos viajantes irlandeses em Dublin e líderes de comunidades minoritárias muçulmanas em Londres. Trinta e três líderes em nossa amostra foram identificados antecipadamente como transgressores de barreiras, devido ao seu envolvimento profundo e duradouro com membros de exogrupos, bem como membros do endogrupo, para resolver problemas de interesse mútuo, e 27 foram identificados como líderes presos às barreiras, que trabalhavam majoritária ou exclusivamente com membros do endogrupo para avançar em seus interesses coletivos. O objetivo do nosso estudo era explorar algumas das orientações psicológicas subjacentes que poderiam ajudar a explicar essas duas abordagens tão diferentes à liderança. Parecia plausível, por exemplo, que a capacidade de empatia pudesse explicar a habilidade dos líderes transgressores de barreiras de trabalhar com exogrupos. No entanto, não encontramos evidências disso. O que descobrimos foi que os transgressores de barreiras reconheciam que nossas experiências mais transformadoras, sobretudo as experiências de sofrimento, são tipicamente compartilhadas tanto entre grupos quanto dentro deles. Essa foi uma descoberta importante porque indicava que a fusão poderia ser estendida além do endogrupo com mais facilidade entre os transgressores de barreiras — ao reconhecer que certos tipos de experiências e memórias transcendem as fronteiras do grupo.

Isso aponta para um dos problemas mais fundamentais que emergiu reiteradas vezes ao longo deste livro: como cultivar formas de liderança capazes de mudar o rumo das multidões e apelar para os instintos populares de maneiras que sejam benéficas para a sociedade como um todo e não apenas para os interesses de elites manipuladoras. A liderança transgressora de barreiras oferece uma resposta potencial para esse quebra-cabeça. O que torna a fusão de identidade um recurso tão valioso para os líderes da mudança social não é apenas que ela motiva ações pró-grupo, mas que o faz corajosamente diante da resistência e da impopularidade: motiva as pessoas a fazerem o que acreditam ser melhor para o grupo, independentemente do custo pessoal. Os líderes transgressores de barreiras fazem o mesmo. Mas eles o fazem com um conceito mais expandido do grupo em mente.

Poderíamos descrever esse tipo de liderança em outra palavra: corajosa. Se queremos enfrentar os problemas de degradação ambiental, colapso social e conflitos violentos que afligem o mundo em que vivemos hoje, precisamos de líderes que não sejam apenas inteligentes e estratégicos, mas também corajosos.

Admirar a Terra do espaço por meio de um capacete de realidade virtual me fez perceber, de maneira mais visceral do que nunca, que a humanidade é uma única tribo, dependente de uma única fonte de recursos finitos. E, no entanto, observar nosso lar do espaço não é suficiente. Também precisamos desenvolver um entendimento muito mais profundo das limitações da natureza humana e das lições de nossa história se quisermos construir o futuro que buscamos.

Dez mil anos atrás, a tribo humana se limitava a pessoas que se conheciam pessoalmente. Quando os primeiros Estados surgiram, grande parte da humanidade havia se dividido em "quilotribos", compostas por milhares de outros sem rosto que compartilhavam as mesmas crenças e práticas básicas, mas ainda excluíam e desumanizavam povos considerados fora dessa categoria. A Era Axial marcou a transição para megassociedades, ultrapassando o limiar de cerca de 1 milhão de indivíduos. A humanidade está, sem dúvida, à beira de se tornar uma "teratribo", na qual os bilhões de habitantes da Terra finalmente se unem para enfrentar questões que afetam a todos. Podemos pensar que é mais natural nos vermos como cidadãos de Estados-nação, mas isso se deve a hábitos de pensamento, e não a algum impedimento mais insuperável.

O preço de não escalonar é claro. Mesmo que produzamos comida suficiente para alimentar todos no planeta, milhões passam fome; mesmo sabendo que uma guerra nuclear total nos destruiria a todos, continuamos acumulando armas letais; mesmo sabendo que o planeta está aquecendo, o nível do mar está subindo e os recursos finitos estão se esgotando, continuamos emitindo gases de efeito estufa a uma taxa insustentável. Assim como os grandes monólitos em forma de T em Göbekli Tepe podem ter sido o último suspiro de um modo de vida paleolítico que estava chegando ao fim, o consumismo e o populismo excessivos que definem nossa era podem um dia ser interpretados como os estertores finais de uma fase da história humana em que finalmente superamos o limiar de uma nova forma de unificação global. Sem dúvida, a humanidade sempre será subdividida em inúmeros grupos culturais definidos por culturas, idiomas, dialetos e normas distintos. Mas talvez estejamos finalmente entrando em uma fase de nossa história evolutiva em que também podemos nos unir de maneira eficaz em um nível mais alto quando for preciso.

Este livro se concentrou em três dimensões da natureza humana vistas sob três perspectivas distintas: a evolução biológica de nossa psicologia ao longo de milhões de anos, a evolução cultural de nossos sistemas políticos e econômicos ao longo de milhares de anos e os problemas que estamos enfrentando como resultado. Meu argumento central foi que, embora nossa capacidade de aproveitar e gerenciar os três vieses tenha permitido escalar a cooperação no passado, nossos métodos herdados de cooperação agora estão nos conduzindo por um caminho rumo à destruição. Mas, ao entender melhor como a evolução cultural nos permitiu superar as limitações da natureza humana no passado, podemos usar esse conhecimento para tomar decisões transformadoras sobre nosso futuro coletivo. Alguns poucos métodos antigos permanecem viáveis. Outros não, e é crucial reconhecer quais são. Precisamos tomar uma série de medidas que nos motivem a moldar o mundo em que vivemos e planejar seu futuro de maneiras deliberadas e consensuais, em vez de aleatórias e divisivas.

Acima de tudo, é crucial que todas as comunidades na Terra estejam dispostas a aprender umas com as outras. Além de aproveitar os ricos recursos da pesquisa acadêmica, podemos aprender com as percepções dos grupos nativos sobre os males do capitalismo global e como podemos enfrentá-los. A ideia de que teorias de "desenvolvimento" devem invariavelmente fluir do Ocidente rico para os pobres e não educados não é apenas arrogante e condescendente, mas também nos subestima. O que precisamos é de um debate global, não de uma palestra do Ocidente para o resto. Meus mentores no Kivung eram fascinados pelas questões sobre as origens humanas. Como a maioria das pessoas na minha aldeia não era alfabetizada nem tinha acesso a livros, eles desenvolveram suas próprias teorias experimentais. Mas essas teorias sempre me foram apresentadas com curiosidade gentil, em vez de uma insistência dogmática em qualquer interpretação única. Esse é exatamente o espírito em que a cooperação pode ser ampliada.

A Terra tem 4,5 bilhões de anos e, salvo uma catástrofe induzida pelos humanos, pode ser potencialmente habitável por cerca de mais 1 bilhão de anos. Com essas vastas amplitudes temporais em mente, o surgimento de nossa espécie não passa de um piscar de olhos. E ainda assim, à medida que os avanços tecnológicos superam nossos instintos sociais, o futuro de nosso planeta agora está em jogo. Será que nossas capacidades de coesão e cooperação em larga escala podem acompanhar nossos impulsos destrutivos de saquear e destruir? Será que a psicologia de nossos ancestrais coletores pode ser adaptada a um mundo em rápida mudança, no qual a conformidade, a religiosidade e o tribalismo podem trabalhar a nosso favor em vez de contra nós? Se nos basearmos na sabedoria do passado e na ciência do presente — os frutos de nossa história não natural —, podemos proteger o futuro tanto da humanidade quanto de um mundo que agora depende, como nunca antes, de quão sabiamente aproveitamos nossa herança coletiva.

Notas

INTRODUÇÃO

1. McCauley, Robert N., *Why Religion Is Natural and Science Is Not*, Oxford University Press (2013).
2. Pinker, Steven, *The Blank Slate: The Modern Denial of Human Nature*, Penguin (2003). Publicado no Brasil com o título: *Tábula Rasa – A Negação Contemporânea da Natureza Humana*.
3. Tooby, J. & Cosmides, L., "The Psychological Foundations of Culture", em Barkow, J., Cosmides, L., & Tooby, J. (Eds.), *The Adapted Mind: Evolutionary Psychology and the Generation of Culture*, Oxford University Press (1992).
4. Singer, Peter, *A Darwinian Left: Politics, Evolution, and Cooperation*, Yale University Press (2000).
5. Elas também estão entrelaçadas em múltiplos níveis — incluindo a expressão dos genes, a maturação das crenças e a evolução de sistemas sociais inteiros (veja o Capítulo 5 do meu livro *The Ritual Animal: Imitation and Cohesion in the Evolution of Social Complexity*, Oxford University Press, 2021).
6. Povinelli, Daniel, *Folk Physics for Apes: The Chimpanzee's Theory of How the World Works*, Oxford University Press (2003).
7. Meng, X., Nakawake, Y., Hashiya, K., Burdett, E., Jong, J., & Whitehouse, H., "Preverbal Infants Expect Agents Exhibiting Counterintuitive Capacities to Gain Access to Contested Resources", *Scientific Reports*, v. 11, n. 10884 (maio de 2021). DOI: 10.1038/s41598-021-89821-0.
8. McKay, R., Herold, J., & Whitehouse, H., "Catholic Guilt? Recall of Confession Promotes Prosocial Behavior", *Religion, Brain & Behavior*, v. 3, n. 3, pp. 201–209 (2013).
9. Atkinson, Q. D. & Whitehouse, H., "The Cultural Morphospace of Ritual Form: Examining Modes of Religiosity Cross-culturally", *Evolution and Human Behavior*, v. 32, n. 1, pp. 50–62 (2011).
10. Para um exemplo, veja Kapitány, R., Kavanagh, C., & Whitehouse, H., "Ritual Morphospace Revisited: The Form, Function and Factor Structure of Ritual Practice", *Philosophical Transactions of the Royal Society B*, v. 375, n. 1805 (2020). DOI: 10.1098/rstb.2019.0436.
11. Whitehouse, Harvey, *The Ritual Animal*.

1. CULTURA DE IMITAÇÃO

1. Legare, C. H., Wen, N. J., Herrmann, P. A., & Whitehouse, H., "Imitative Flexibility and the Development of Cultural Learning", *Cognition*, v. 142, pp. 351–361 (2015).
2. Whitehouse, Harvey, *The Ritual Animal: Imitation and Cohesion in the Evolution of Social Complexity*, Oxford University Press (2021).
3. O site da BBC fornece links para clipes dessa série, nos quais as descrições são baseadas: www.bbc.co.uk/programmes/p06d1n2f/clips.
4. "Bhumi's Ultimate Test of Faith", *Extraordinary Rituals*, Temporada 1, Episódio 3, "Changing World", BBC2 (2018): www.bbc.co.uk/programmes/p06j1h6q.
5. Whitehouse, H., "The Coexistence Problem in Psychology, Anthropology, and Evolutionary Theory", *Human Development*, v. 54, pp. 191–199 (2011); Jagiello, R., Heyes, C., & Whitehouse, H., "Tradition and Invention: The Bifocal Stance Theory of Cultural Evolution", *Behavioral and Brain Sciences*, v. 45 (2022). DOI: 10.1017/S0140525X22000383.
6. Gergely, G. & Csibra, G., "Sylvia's Recipe: The Role of Imitation and Pedagogy in the Transmission of Cultural Knowledge", em Enfield, N. J. & Levenson, S. C. (Eds.), *Roots of Human Sociality: Culture, Cognition, and Human Interaction*, Berg Publishers (2006).
7. Isso, pelo menos, era uma prática comum quando eu estava me formando como antropólogo na década de 1980. Ao longo das décadas seguintes, tornou-se cada vez mais comum que os antropólogos estudassem as comunidades nas quais foram criados, ou pelo menos com as quais têm alguma conexão ao longo da vida. Embora isso possa ter muitos benefícios (por exemplo, fluência linguística e fortes conexões na comunidade estudada), também pode dificultar a percepção do que as pessoas dizem e fazem com os olhos novos de um recém-chegado.
8. Wilson, D. S. & Whitehouse, H., "Developing the Field Site Concept for the Study of Cultural Evolution (with Comment)", *Cliodynamics*, v. 7, n. 2, pp. 228–287 (2016).
9. Meltzoff, A. N., Waismeyer, A., & Gopnik, A., "Learning About Causes from People: Observational Causal Learning in 24-MonthOld Infants", *Developmental Psychology*, v. 48, n. 5, pp. 1215–1228 (2012).
10. Von Bayern, A. M. P., Heathcote, R. J. P., Rutz, C., & Kacelnik, A., "The Role of Experience in Problem Solving and Innovative Tool Use in Crows", *Current Biology*, v. 19, n. 22, pp. 1965–1968 (2009).
11. Isso não significa que chimpanzés *nunca* superimitam — veja Whiten, A., McGuigan, N., Marshall-Pescini, S., & Hopper, L. M., "Emulation, Imitation, Over-imitation and the Scope of Culture for Child and Chimpanzee", *Philosophical Transactions of the Royal Society B*, v. 364, n. 1528, pp. 2417–28 (2009).
12. Nagell, K., Olguin, R. S., & Tomasello, M., "Processes of Social Learning in the Tool Use of Chimpanzees (*Pan troglodytes*) and Human Children (*Homo sapiens*)", *Journal of Comparative Psychology*, v. 107, n. 2, pp. 174–186 (1993).
13. Lyons, D. E., Damrosch, D. H., Lin, J. K., Macris, D. M., & Keil, F. C., "The Scope and Limits of Overimitation in the Transmission of Artifact Culture", *Philosophical Transactions of the Royal Society B, Biological Sciences*, v. 366, n. 1567, pp. 1158–1167 (2011).

14. Lyons, D. E., Young, A. G., & Keil, F. C., "The Hidden Structure of Overimitation", *Proceedings of the National Academy of Sciences USA (PNAS)*, v. 104, n. 50, pp. 19751–19756 (2007).
15. Henrich, J. & Gil-White, F. J., "The Evolution of Prestige: Freely Conferred Deference as a Mechanism for Enhancing the Benefits of Cultural Transmission", *Evolution and Human Behavior*, v. 22, n. 3, pp. 165–196 (2001).
16. Lyons, D. E., et al., "The Hidden Structure of Overimitation".
17. Gergely, G., Bekkering, H., & Király, I., "Rational Imitation in Preverbal Infants'", *Nature*, v. 415, n. 755 (2002). DOI: 10.1038/415755a.
18. Hoffer, Eric, *The Passionate State of Mind and Other Aphorisms*, Harper & Bros. (1955).
19. Herrmann, P. A., Legare, C. H., Harris, P. L., & Whitehouse, H., "Stick to the Script: The Effect of Witnessing Multiple Actors on Children's Imitation", *Cognition*, v. 129, n. 3, pp. 536–543 (2013).
20. Watson-Jones, R. E., Legare, C. H., Whitehouse, H., & Clegg, J., "Task-Specific Effects of Ostracism on Imitation of Social Convention in Early Childhood", *Evolution and Human Behaviour*, v. 35, n. 3, pp. 204–210 (2014).
21. Watson-Jones, R. E., Whitehouse, H., & Legare, C. H., "In-group Ostracism Increases High Fidelity Imitation in Early Childhood", *Psychological Science*, v. 27, n. 1 (2015). DOI: 10.1177/0956797615607205.
22. Williams, K. D. & Jarvis, B.,"Cyberball: A Program for Use in Research on Interpersonal Ostracism and Acceptance", *Behavior Research Methods*, v. 38, n. 1, pp. 174–180 (2006).
23. Milgram, Stanley, "Behavioral Study of Obedience", *Journal of Abnormal and Social Psychology*, v. 67, n. 4, pp. 371–378 (1963).

2. RELIGIÃO SELVAGEM

1. Whitehouse, Harvey, *Inside the Cult: Religious Innovation and Transmission in Papua New Guinea*, Oxford University Press (1995).
2. O povo baining compreende vários grupos de linguagem — incluindo os mali —, mas, como as pessoas de meu vilarejo costumam se apresentar a estranhos usando o termo mais inclusivo "baining", usarei esse termo mais abrangente ao longo do livro.
3. O nome completo do movimento é Pomio Kivung, em reconhecimento ao fato de que ele abrangeu numerosos grupos linguísticos na região de Pomio, onde sua sede foi estabelecida e que está a uma considerável distância das terras dos baining.
4. Whitehouse, Harvey, *Arguments and Icons: Divergent Modes of Religiosity*, Oxford University Press (2000).
5. Whitehouse, H., "Apparitions, Orations, and Rings: Experience of Spirits in Dadul", em Mageo, J. M. & Howard, A. (Eds.), *Spirits in Culture, History, and Mind*, Routledge (1996).
6. Cohen, Emma, *The Mind Possessed: The Cognition of Spirit Possession in an Afro-Brazilian Religious Tradition*, Oxford University Press (2007).

7. Boyer, P., "Informal Religious Activity Outside Hegemonic Religions: Wild Traditions and Their Relevance to Evolutionary Models", *Religion, Brain & Behavior*, v. 10, n. 4, pp. 459–472 (2019).
8. Whitehouse, Harvey, *Modes of Religiosity: A Cognitive Theory of Religious Transmission*, AltaMira Press (2004).
9. Heyes, Cecilia, *Cognitive Gadgets: The Cultural Evolution of Thinking*, Harvard University Press (2018).
10. Além de Pascal Boyer e eu, este grupo incluía: E. Thomas Lawson, Robert N. McCauley, Justin Barrett e Brian Malley. Veja Whitehouse, H., "Twenty-Five Years of CSR: A Personal Retrospective", em Martin, Luther H. & Wiebe, Donald (Eds.), *Religion Explained? The Cognitive Science of Religion After Twenty-Five Years*, Bloomsbury Academic (2017).
11. White, C., Barrett, J. L., Boyer, P., Lawson, E. T., McCauley, R. N., & Whitehouse, H., "The Cognitive Science of Religion: Past, Present, and Possible Futures", *Religion, Brain & Behavior* (aceito para publicação).
12. Baron-Cohen, S., "How to Build a Baby That Can Read Minds: Cognitive Mechanisms in Mindreading", *Cahiers de Psychologie Cognitive/ Current Psychology of Cognition*, v. 13, n. 5, pp. 513–552 (1994).
13. Um dos primeiros métodos de teste da teoria da mente revelou que crianças autistas tinham dificuldades em tarefas de leitura mental que a maioria das crianças achava fácil. Veja Baron-Cohen, S., Leslie, A. M., & Frith, U., "Does the Autistic Child Have a 'Theory of Mind'?", *Cognition*, v. 21, n. 1, pp. 37–46 (1985).
14. Bering, J. M., "The Folk Psychology of Souls", *Behavioral and Brain Sciences*, v. 29, n. 5, pp. 453–498 (2006). http://cognitionandculture.net/wp-content/uploads/10.1.1.386.3734.pdf.
15. Bering, J. M. & Bjorklund, D. F., "The Natural Emergence of Reasoning About the Afterlife as a Developmental Regularity", *Developmental Psychology*, v. 40, n. 2, pp. 217–233 (2004).
16. Boyer, P. & Liénard, P., "Why Ritualized Behavior? Precaution Systems and Action Parsing in Developmental, Pathological and Cultural Rituals", *Behavioral and Brain Sciences*, v. 29, n. 6, pp. 595–613 (2006).
17. Fiske A. P. & Haslam, N., "Is Obsessive-Compulsive Disorder a Pathology of the Human Disposition to Perform Socially Meaningful Rituals? Evidence of Similar Content", *Journal of Nervous and Mental Disease*, v. 185, n. 4, pp. 211–222 (1997).
18. Nemeroff, C. & Rozin, P., "The Contagion Concept in Adult Thinking in the United States: Transmission of Germs and of Interpersonal Influence", *Ethos*, v. 2, n. 2, pp. 158–186 (1994).
19. Frazer, Sir James George, *The Golden Bough: A Study in Magic and Religion*, Oxford University Press (1890, esta ed. 2009); Douglas, Mary, *Purity and Danger: An Analysis of Concepts of Pollution and Taboo*, Routledge (2002); Hood, Bruce, *Supersense: From Superstition to Religion – The Brain Science of Belief*, Constable (2009); Bastian, B., Bain, P., Buhrmester, M. D., et al., "Moral Vitalism: Seeing Good and Evil as Real, Agentic Forces", *Personality and Social Psychology Bulletin*, v. 41, n. 8, pp. 1069–1081 (2015).
20. Hood, Bruce, *Supersense: From Superstition to Religion*.

21. Bastian, B., Vauclair, C-M., Loughnan, S., et al., "Explaining Illness with Evil: Pathogen Prevalence Fosters Moral Vitalism", *Proceedings of the Royal Society B*, v. 286, n. 1914 (2019). DOI: 10.1098/rspb.2019.1576.

22. Kundert, C. & Edman, L. R. O., "Promiscuous Teleology: From Childhood Through Adulthood and From West to East", em Hornbeck, R., Barrett, J., & Kang, M. (Eds.), *Religious Cognition in China: New Approaches to the Scientific Study of Religion*, v. 2, Springer (2017).

23. Kelemen, D., "Why Are Rocks Pointy? Children's Preference for Teleological Explanations of the Natural World", *Developmental Psychology*, v. 35, n. 6, pp. 1440–1452 (1999).

24. Barrett, Justin L., *Why Would Anyone Believe in God?*, AltaMira Press (2004).

25. White, Claire, *An Introduction to the Cognitive Science of Religion: Connecting Evolution, Brain, Cognition and Culture*, Routledge (2021).

26. Boyer, Pascal, *Religion Explained: The Evolutionary Origins of Religious Thought*, Basic Books (2001).

27. Hespos, Susan, "Physics for Infants: Characterizing the Origins of Knowledge About Objects, Substances, and Number", *Wiley Interdisciplinary Reviews: Cognitive Science*, v. 3, n. 1, pp. 19–27 (2012).

28. Stahl, A. E. & Feigenson, L., "Observing the Unexpected Enhances Infants' Learning and Exploration", *Science*, v. 348, n. 6230, pp. 91–94 (2015); Köster, M., Langeloh, M., & Hoehl, S., "Visually Entrained Theta Oscillations Increase for Unexpected Events in the Infant Brain", *Psychological Science*, v. 30, n. 11, pp. 1656–1663 (2019).

29. Barrett, J. & Nyhof, M., "Spreading Non-natural Concepts", *Journal of Cognition and Culture*, v. 1, n. 1, pp. 69–100 (2001); Boyer, P. & Ramble, C., "Cognitive Templates for Religious Concepts: Crosscultural Evidence for Recall of Counter-intuitive Representations", *Cognitive Science*, v. 25, n. 4, pp. 535–564 (2001).

30. Boyer, Pascal, *Religion Explained*.

31. Boyer, P. & Ramble, C., "Cognitive Templates for Religious Concepts".

32. Barrett, J. L., "The (Modest) Utility of MCI Theory", *Religion, Brain & Behavior*, v. 6, n. 3, pp. 249–251 (2016); para uma visão crítica das primeiras décadas de pesquisa sobre a teoria MCI, veja Purzycki, B. G. & Willard, A. K., "MCI Theory: A Critical Discussion", *Religion, Brain & Behavior*, v. 6, n. 3, pp. 207–248 (2015).

33. Kapitany, R., "Why Children Really Believe in Santa: The Surprising Psychology Behind Tradition", *The Conversation* (2019). https://theconversation.com/why-children-really-believe-in-santa-the-surprising-psychology-behind-tradition-126783.

34. Meng, X., Nakawake, Y., Hashiya, K., Burdett, E., Jong, J., & Whitehouse, H., "Preverbal Infants Expect Agents Exhibiting Counterintuitive Capacities to Gain Access to Contested Resources", *Scientific Reports*, v. 11, n. 10884 (2021). DOI: 10.1038/s41598-021-89821-0.

35. Pew Research Center, "Pew Research Global Attitudes Project" (2007). Disponível em: www.pewglobal.org/2007/10/04/chapter-3-views-of-religionand-morality/.

36. McKay, R. & Whitehouse, H., "Religion and Morality", *Psychological Bulletin*, v. 141, n. 2, pp. 447–473 (2015).

37. *Plato: Euthyphro, Apology, Crito, Phaedo*, grego com tradução de Chris Emlyn-Jones e William Preddy, Loeb Classical Library 36, Harvard University Press (2017).
38. Curry, O. S., "Morality as Cooperation: A Problem-Centred Approach", em Shackelford, T. K. & Hansen, R. D. (Eds.), *The Evolution of Morality*, Springer International Publishing (2016); Curry, O. S., Jones Chesters, M., & Van Lissa, C. J., "Mapping Morality with a Compass: Testing the Theory of 'Morality-as-Cooperation' with a New Questionnaire", *Journal of Research in Personality*, v. 78, pp. 106–124 (2019).
39. De Waal, Frans, *Good Natured: The Origins of Right and Wrong in Humans and Other Animals*, Harvard University Press (1996); Dugatkin, Lee Alan, *Cooperation Among Animals: An Evolutionary Perspective*, Oxford University Press (1997).
40. Curry, O. S., "Morality as Cooperation: A Problem-Centred Approach", em Shackelford, T. K. & Hansen, R. D. (Eds.), *The Evolution of Morality*, Springer International Publishing (2016), pp. 27–51. DOI: 10.1007.
41. Curry, O. S., Mullins, D. A., & Whitehouse, H., "Is It Good to Cooperate? Testing the Theory of Morality-as-Cooperation in 60 Societies", *Current Anthropology*, v. 60, n.1 (2019). DOI: 10.1086/701478.
42. Lagacé, R. O., "The HRAF Probability Sample: Retrospect and Prospect", *Cross-cultural Research*, v. 14, n. 3, pp. 211–229 (1979).
43. Evans-Pritchard, E. E., *Witchcraft and Oracles Among the Azande*, Oxford University Press (1937, esta ed. 2002).
44. Boyer, P., "Informal Religious Activity Outside Hegemonic Religions: Wild Traditions and Their Relevance to Evolutionary Models", *Religion, Brain & Behavior*, v. 10, n. 4, pp. 459–472 (2019).

3. COLA SOCIAL

1. McQuinn, B., "History's Warriors: The Emergence of Revolutionary Brigades in Misrata", em Cole, Peter & McQuinn, Brian (Eds.), *The Libyan Revolution and Its Aftermath*, Oxford University Press (2015).
2. Maynard Smith, J., "Group Selection and Kin Selection", *Nature*, v. 201, n. 4924, pp. 1145–1147 (1964).
3. Rowley, I., "'Rodent-Run' Distraction Display by a Passerine, the Superb Blue Wren *Malurus Cyaneus* (L.)", *Behaviour*, v. 19, n. 1–2, pp. 170–176 (1962).
4. Whitehouse, H., Jong, J., Buhrmester, M. D., Gómez, Á., Bastian, B., Kavanagh, C. M., Newson, M., Matthews, M., Lanman, J. A., McKay, R., & Gavrilets, S., "The Evolution of Extreme Cooperation via Shared Dysphoric Experiences", *Scientific Reports*, v. 7, n. 44292 (2017). DOI: 10.1038/srep44292.
5. Whitehouse, H., Kahn, K., Hochberg, M. E., & Bryson, J. J., "The Role for Simulations in Theory Construction for the Social Sciences: Case Studies Concerning Divergent Modes of Religiosity", *Religion, Brain & Behavior*, v. 2, n. 3, pp. 182–201 (2012).
6. *Extraordinary Rituals*, Temporada 1, "Changing World", BBC2 (2018). Disponível em: www.bbc.co.uk/programmes/articles/1JmvdLwyr5vYH7nzjm mBhL7/why-would-you-do-this.

7. Lewis, Gilbert, *Day of Shining Red: An Essay on Understanding Ritual*, Cambridge University Press (1980, reedição de 2008).

8. Whitehouse, H., "Rites of Terror: Emotion, Metaphor and Memory in Melanesian Initiation Cults", *Journal of the Royal Anthropological Institute*, v. 2, n. 4, pp. 703–715 (1996); Xygalatas, Dimitris, *Ritual: How Seemingly Senseless Acts Make Life Worth Living*, Profile Books (2022).

9. Sosis, R., Kress, H. C., & Boster, J. S., "Scars for War: Evaluating Alternative Signaling Explanations for Cross-cultural Variance in Ritual Costs", *Evolution and Human Behavior*, v. 28, n. 4, pp. 234–247 (2007).

10. Buhrmester, M., Zeitlyn, D., & Whitehouse, H., "Ritual, Fusion, and Conflict: The Roots of Agro-pastoral Violence in Rural Cameroon", *Group Processes & Intergroup Relations*, v. 25, n. 1 (2020). DOI: 10.1177/1368430220959705.

11. Para mais detalhes, veja Whitehouse, H. & McQuinn, B., "Divergent Modes of Religiosity and Armed Struggle", em Juergensmeyer, M., Kitts, M., & Jerryson, M. (Eds.), *The Oxford Handbook of Religion and Violence*, Oxford University Press (2012).

12. Maclure, R., "'I Didn't Want to Die So I Joined Them': Structuration and the Process of Becoming Boy Soldiers in Sierra Leone", *Terrorism and Political Violence*, v. 18, n. 1, pp. 119–135 (2006).

13. "Road to Heaven, Taiwan", *Extraordinary Rituals*, Temporada 1, "Changing World", BBC2 (2018). Disponível em: www.bbc.co.uk/programmes/p06j1h71.

14. Swann, W. B., Jr. & Buhrmester, M., "Identity Fusion", *Current Directions in Psychological Science*, v. 24, n. 1, pp. 52–57 (2015).

15. Swann, W. B., Jr., Gómez, Á., Dovidio, J., Hart, S., & Jetten, J., "Dying and Killing for One's Group: Identity Fusion Moderates Responses to Intergroup Versions of the Trolley Problem", *Psychological Science*, v. 21, n. 8, pp. 1176–1183 (2010).

16. Swann, W. B., Jr., Gómez, Á., Seyle, C., & Morales, F., "Identity Fusion: The Interplay of Personal and Social Identities in Extreme Group Behaviour", *Journal of Personality and Social Psychology*, v. 96, n. 5, pp. 995–1011 (2009).

17. Whitehouse, Harvey, *Modes of Religiosity: A Cognitive Theory of Religious Transmission*, AltaMira Press (2004).

18. Whitehouse, H. & Lanman, J. A., "The Ties That Bind Us", *Current Anthropology*, v. 55, n. 6, pp. 674–695 (2014).

19. Whitehouse, Harvey, *Inside the Cult: Religious Innovation and Transmission in Papua New Guinea*, Oxford University Press (1995).

20. Richert, R. A., Whitehouse, H., & Stewart, E., "Memory and Analogical Thinking in High-Arousal Rituals", em Whitehouse, H. & McCauley, R. N. (Eds.), *Mind and Religion: Psychological and Cognitive Foundations of Religiosity*, AltaMira Press (2005).

21. Pfeiffer, J. E., *The Creative Explosion: An Inquiry into the Origins of Art and Religion*, Cornell University Press (1985).

22. Site do Sonic Arts Research Centre, Queen's University Belfast. Disponível em: www.qub.ac.uk/sarc/.

23. Jong, J., Whitehouse, H., Kavanagh, C., & Lane, J., "Shared Negative Experiences Lead to Identity Fusion via Personal Reflection", *PLoS ONE*, v. 10, n. 12, e0145611 (2015). DOI: 10.1371/journal.pone.0145611.
24. Whitehouse, H., et al., "The Evolution of Extreme Cooperation via Shared Dysphoric Experiences".
25. Newson, M., Buhrmester, M., & Whitehouse, H., "United in Defeat: Shared Suffering and Group Bonding Among Football Fans", *Managing Sport and Leisure*, v. 28, n. 2, pp. 164–181 (2021).
26. Kavanagh, C. M., Kapitány, R., Putra, I. E., & Whitehouse, H., "Exploring the Pathways Between Transformative Group Experiences and Identity Fusion", *Frontiers in Psychology*, v. 11, n. 1172 (2020). DOI: 10.3389/fpsyg.2020.01172.
27. Buhrmester, M., Burnham, D., Johnson, D., Curry, O.S., Macdonald, D., & Whitehouse, H., "How Moments Become Movements: Shared Outrage, Group Cohesion, and the Lion That Went Viral", *Frontiers*, v. 6 (2018). DOI: 10.3389/fevo.2018.00054.
28. Tasuji, T., Reese, E., van Mulukom, V., & Whitehouse, H., "Band of Mothers: Childbirth as a Female Bonding Experience", *PLoS ONE*, v. 15, n. 10, e0240175 (2020). DOI: 10.1371/journal.pone.0240175.
29. Swann, W. B., Jr., et al., "Identity Fusion: The Interplay of Personal and Social Identities in Extreme Group Behavior".
30. Swann, W. B., Jr., Gómez, Á., Huici, C., Morales, J. F., & Hixon, J. G., "Identity Fusion and Self-Sacrifice: Arousal as a Catalyst of Pro-group Fighting, Dying, and Helping Behavior", *Journal of Personality and Social Psychology*, v. 99, n. 5, pp. 824–841 (2010).
31. Swann, W. B., Jr., et al., "Dying and Killing for One's Group".
32. Whitehouse, H., McQuinn, B., Buhrmester, M. D., & Swann, W. B., Jr., "Brothers in Arms: Warriors Bond Like Family", *Proceedings of the National Academy of Sciences USA (PNAS)*, v. 111, n. 50, pp. 17783–17785 (2014).
33. Whitehouse, H., et al., "The Evolution of Extreme Cooperation via Shared Dysphoric Experiences"; Buhrmester, M. D., Newson, M., Vázquez, A., Wallisen, T. H., & Whitehouse, H., "Winning at Any Cost: Identity Fusion, Group Essence, and Maximizing Ingroup Advantage", *Self and Identity*, v. 17, n. 5, pp. 500–516 (2018).
34. Vázquez, A., Ordoñana, J. R., Whitehouse, H., & Gómez, Á., "Why Die for My Sibling? The Positive Association Between Identity Fusion and Imagined Loss with Endorsement of Self-sacrifice/¿Por qué morir por un hermano? La asociación positiva entre la fusión de identidad y la pérdida imaginada con la disposición al autosacrificio", *Revista de Psicología Social*, v. 34, n. 3, pp. 413–438 (2019).
35. Gómez, Á., Bélanger, J. J., Chinchilla, J., et al., "Admiration for Islamist Groups Encourages Self-sacrifice Through Identity Fusion", *Humanities and Social Sciences Communications*, v. 8, n. 54 (2021). DOI: 10.1057/s41599-021-00734-9.
36. https://en.wikipedia.org/wiki/John_R._Fox#cite_note-:12-6.

4. EXACERBANDO A CONFORMIDADE

1. Boyd, R., Schonmann, R. H., & Vicente, R., "Hunter-Gatherer Population Structure and the Evolution of Contingent Cooperation", *Evolution and Human Behavior*, v. 35, n. 3, pp. 219–227 (2014).
2. Dietrich, O., Notroff, J., & Schmidt, K., "Feasting, Social Complexity, and the Emergence of the Early Neolithic of Upper Mesopotamia: A View from Göbekli Tepe", em Chacon, R. & Mendoza, R. (Eds.), *Feast, Famine or Fighting? Studies in Human Ecology and Adaptation*, v. 8, Springer (2017).
3. Borrell, F. & Molist, M., "Projectile Points, Sickle Blades and Glossed Points: Tools and Hafting Systems at Tell Halula (Syria) During the 8th Millennium cal. BC", em *Paléorient*, v. 33, n. 2, pp. 59–77 (2007).
4. Akkermans, Peter M. M. G. & Schwartz, Glenn M., *The Archaeology of Syria: From Complex Hunter-Gatherers to Early Urban Societies (c. 16,000–300 BC)*, Cambridge University Press (2004).
5. Mithen, S., "From Ohalo to Çatalhöyük: The Development of Religiosity During the Early Prehistory of Western Asia, 20,000–7000 BC", em Whitehouse, H. & Martin, L. H. (Eds.), *Theorizing Religions Past: Historical and Archaeological Perspectives*, AltaMira Press (2004).
6. Whitehouse, Harvey, *Inside the Cult: Religious Innovation and Transmission in Papua New Guinea*, Oxford University Press (1995).
7. Whitehouse, Harvey, *Arguments and Icons: Divergent Modes of Religiosity*, Oxford University Press (2000).
8. Whitehouse, Harvey, "Memorable Religions: Transmission, Codification, and Change in Divergent Melanesian Contexts", *Man* (New Series), v. 27, n. 4, pp. 777–797 (1992).
9. Barth, Fredrik, *Cosmologies in the Making: A Generative Approach to Cultural Variation in Inner New Guinea*, Cambridge University Press (1987).
10. Para uma discussão mais detalhada de ambos os pontos e da psicologia envolvida, veja Whitehouse, Harvey, *Arguments and Icons: Divergent Modes of Religiosity;* Whitehouse, Harvey, *Modes of Religiosity: A Cognitive Theory of Religious Transmission*, AltaMira Press (2004); e Whitehouse, Harvey, *The Ritual Animal*, Oxford University Press (2021).
11. Anderson, Benedict, *Imagined Communities: Reflections on the Origin and Spread of Nationalism*, Verso Books (1991).
12. Whitehouse, H., "Appropriated and Monolithic Christianity in Melanesia", em Cannell, F. (Ed.), *The Anthropology of Christianity*, Duke University Press (2006).
13. Whitehouse, H. & Hodder, I., "Modes of Religiosity at Çatalhöyük", em Hodder, I. (Ed.), *Religion in the Emergence of Civilization: Çatalhöyük as a Case Study*, Cambridge University Press (2010); Whitehouse, H., Mazzucato, C., Hodder, I., & Atkinson, Q. D., "Modes of Religiosity and the Evolution of Social Complexity at Çatalhöyük", em Hodder, I. (Ed.), *Religion at Work in a Neolithic Society: Vital Matters*, Cambridge University Press (2014).
14. Hodder, Ian & Tsoraki, Christina (Eds.), *Communities at Work: The Making of Çatalhöyük*, Çatalhöyük Research Project Series 15, British Institute at Ankara (2022).

15. Trecho extraído de "The Story of God with Morgan Freeman: Interview with Harvey Whitehouse". Disponível em: www.youtube.com/watch?v= IZhJicFWEuo.
16. Atkinson, Q. D. & Whitehouse, H., "The Cultural Morphospace of Ritual Form", *Evolution and Human Behaviour*, v. 32, n. 1, pp. 50–62 (2011).
17. Ember, C. R. & Ember, M., "Cross-cultural Research", em Bernard, H. R. (Ed.), *Handbook of Methods in Cultural Anthropology*, AltaMira (1998).
18. Murdock, George Peter, *Ethnographic Atlas: A Summary*, University of Pittsburgh Press (1967).
19. Gantley, M., Whitehouse, H., & Bogaard, A., "Material Correlates Analysis (MCA): An Innovative Way of Examining Questions in Archaeology Using Ethnographic Data", *Advances in Archaeological Practice*, v. 6, n. 4, pp. 328–341 (2018).
20. Ibid.
21. Sahlins, Marshall, *Stone Age Economics*, Tavistock (1974).
22. Byrd, B. F., "Public and Private, Domestic and Corporate: The Emergence of the Southwest Asian Village", *American Antiquity*, v. 59, n. 4, pp. 639–666 (1994); Byrd, B. F., "Reassessing the Emergence of Village Life in the Near East", *Journal of Archaeological Research*, v. 13, n. 3, pp. 231–289 (2005).
23. Kuijt, I., Guerrero, E., Molist, M., & Anfruns, J., "The Changing Neolithic Household: Household Autonomy and Social Segmentation, Tell Halula, Syria", *Journal of Anthropological Archaeology*, v. 30, n. 4, pp. 502–522 (2011).
24. Düring, B. & Marciniak, A., "Households and Communities in the Central Anatolian Neolithic", *Archaeological Dialogues*, v. 12, n. 2, pp. 165–187 (2006); Marciniak, A., "Communities, Households and Animals: Convergent Developments in Central Anatolian and Central European Neolithic", *Documenta Praehistorica*, v. 35, pp. 93–109 (2008).
25. Hodder, I., "The Vitalities of Çatalhöyük", em Hodder, I. (Ed.), *Religion at Work in a Neolithic Society: Vital Matters*, Cambridge University Press (2014).
26. Hodder, I. & Pels, P., "History Houses: A New Interpretation of Architectural Elaboration at Çatalhöyük", em Hodder, I. (Ed.), *Religion in the Emergence of Civilization*, Cambridge University Press (2010).
27. Baird, D., Fairbairn, A., & Martin, L., "The Animate House, the Institutionalization of the Household in Neolithic Central Anatolia", *World Archaeology*, v. 49, n. 5, pp. 753–776 (2016).
28. Kuijt, I., "Material Geographies of House Societies: Reconsidering Neolithic Çatalhöyük, Turkey", *Cambridge Archaeological Journal*, v. 28, n. 4, pp. 565–590 (2018).
29. Meyer, Fortes, *The Dynamics of Clanship Among the Tallensi*, Oxford University Press (1945).
30. Malinowski, Bronislaw, *Argonauts of the Western Pacific*, Routledge (2014).

5. RELIGIOSIDADE E ASCENSÃO DA AUTORIDADE SOBRENATURAL

1. Raddato, C., "Minoan Storage Jars at the Palace of Knossos", *World History Encyclopedia* (2019). Disponível em: www.worldhistory.org/image/ 10598/ minoan-storage-jars-at-the-palace-of-knossos/.

2. Molloy, B. P. C., "Martial Minoans? War as Social Process, Practice and Event in Bronze Age Crete", *The Annual of the British School at Athens*, v. 107, pp. 87–142 (2012). Disponível em: www.jstor.org/stable/41721880.
3. Wall, S. M., Musgrave, J. H., & Warren, P. M., "Human Bones from a Late Minoan IB House at Knossos", *The Annual of the British School at Athens*, v. 81, pp. 333–388 (1986).
4. Kuijt, Ian (Ed.), *Life in Neolithic Farming Communities*, Kluwer Academic/Plenum Publishers (2000).
5. Hertz, R., "A Contribution to a Study of the Collective Representation of Death", em Mauss, M., Hubert, H., & Hertz, R. (Eds.), *Saints, Heroes, Myths, and Rites: Classical Durkheimian Studies of Religion and Society*, Routledge (2009).
6. Peoples, H. C., Duda, P., & Marlowe, F. W., "Hunter-Gatherers and the Origins of Religion", *Human Nature*, v. 27, pp. 261–282 (2016).
7. Sheils, D., "Toward a Unified Theory of Ancestor Worship: A Cross-cultural Study", *Social Forces*, v. 54, n. 2, pp. 427–440 (1975).
8. Sahlins, M., "Poor Man, Rich Man, Big-Man, Chief: Political Types in Melanesia and Polynesia", *Comparative Studies in Society and History*, v. 5, n. 3, pp. 285–303 (1963).
9. Godelier, M. & Strathern, M. (Eds.), *Big Men and Great Men: Personifications of Power in Melanesia*, Cambridge University Press (1991).
10. Trigger, Bruce G., *Understanding Early Civilizations*, Cambridge University Press (2003).
11. Postgate, J. N., *Early Mesopotamia: Society and Economy at the Dawn of History*, Routledge (1992).
12. Steinkeller, Piotr, "The Divine Rulers of Akkade and Ur: Toward a Definition of the Deification of Kings in Babylonia", em *History, Texts and Art in Early Babylonia: Three Essays*, De Gruyter (2017).
13. Friedman, J., "Tribes, States, and Transformations", em Bloch, M. (Ed.), *Marxist Analyses and Social Anthropology*, Routledge (1984).
14. Firth, Raymond, *Rank and Religion in Tikopia: A Study in Polynesian Paganism and Conversion to Christianity*, Allen & Unwin (1970).
15. Whitehouse, H., "From Possession to Apotheosis: Transformation and Disguise in the Leadership of a Cargo Movement", em Feinberg, R. & Watson-Gegeo, K. A. (Eds.), *Leadership and Change in the Western Pacific*, Athlone (1996).
16. Liu, Yue-Chen, Hunter-Anderson, R., Cheronet, O., et al., "Ancient DNA Reveals Five Streams of Migration into Micronesia and Matrilocality in Early Pacific Seafarers", *Science*, v. 377, n. 6601, pp. 72–79 (2022).
17. Boone, E. H. (Ed.), *Ritual Human Sacrifice in Mesoamerica*, Dumbarton Oaks (1984).
18. Ceruti, M. C., "Frozen Mummies from Andean Mountaintop Shrines: Bioarchaeology and Ethnohistory of Inca Human Sacrifice", *BioMed Research International*, v. 2015, n. 439428 (2015). DOI: 10.1155/2015/439428.
19. Watts, J., Sheehan, O., Atkinson, Q. D., et al., "Ritual Human Sacrifice Promoted and Sustained the Evolution of Stratified Societies", *Nature*, v. 532, pp. 228–231 (2016).

20. Burke, B. L., Martens, A., & Faucher, E. H., "Two Decades of Terror Management Theory: A Meta-analysis of Mortality Salience Research", *Personality and Social Psychology Review*, v. 14, pp. 155–195 (2010); Greenberg, J., Solomon, S., & Arndt, J., "A Basic but Uniquely Human Motivation: Terror Management", em Shah, J. Y. & Gardner, W. L. (Eds.), *Handbook of Motivation Science*, The Guilford Press (2008).
21. Bloch, Maurice, *Placing the Dead: Tombs, Ancestral Villages and Kinship Organization in Madagascar* (Studies in Anthropology), Academic Press (1971).
22. Covey, R. Alan, *Inca Apocalypse: The Spanish Conquest and the Transformation of the Andean World*, Oxford University Press (2020).
23. Turchin, P., Whitehouse, H., François, P., et al., "An Introduction to Seshat: Global History Databank", *Journal of Cognitive Historiography*, v. 5, n. 1–2, pp. 115–123 (2020).
24. http://seshatdatabank.info/methods/world-sample-30/.
25. Muitas dessas tiveram que ser subdivididas ainda mais, criando uma lista muito mais extensa de características. Por exemplo, entre nossas 51 variáveis principais estavam 6 características relacionadas aos sistemas de armazenamento de informações. Mas, quando se tratava dos tipos de escritas utilizadas, dividimos isso ainda mais em uma série de elementos mais detalhados, cada um dos quais poderia ser codificado como presente, ausente ou desconhecido nas sociedades e nos períodos históricos que queríamos codificar, como: listas, tabelas, classificações; calendário; textos sagrados; literatura religiosa; literatura prática; história; filosofia; literatura científica; ficção (incluindo poesia). Portanto, embora se possa dizer que tínhamos apenas 51 medidas de complexidade social, na verdade tínhamos muito mais do que isso.
26. Turchin, P., Currie, T. E., Whitehouse, H., et al., "Quantitative Historical Analysis Uncovers a Single Dimension of Complexity that Structures Global Variation in Human Social Organization", *Proceedings of the National Academy of Sciences USA (PNAS)*, v. 115, n. 2, E144–E151 (2018). DOI: 10.1073/pnas.170880011.
27. D'Altroy, Terence N., *The Incas: The Peoples of America* (Second Edition), Wiley Blackwell (2014).
28. Turchin, Peter, *Ultrasociety: How 10,000 Years of War Made Humans the Greatest Cooperators on Earth*, Beresta Books (2016).
29. Ibid.
30. Turchin, P., "The Evolution of Moralizing Supernatural Punishment: Empirical Patterns", em Larson, J., Reddish, J., & Turchin, P. (Eds.), *The Seshat History of Moralizing Religion*, Beresta Books (no prelo).
31. Jaspers, Karl, *The Origin and Goal of History* (trans. M. Bullock), Yale University Press (1953); Eisenstadt, S. N., *Japanese Civilization: A Comparative View*, University of Chicago Press (1996); Bellah, Robert N., *Religion in Human Evolution: From the Paleolithic to the Axial Age*, Harvard University Press (2011).
32. Mullins, D. A., Hoyer, D., Collins, C., Currie, T., Feeney, K., François, P., Savage, P. E., Whitehouse, H., & Turchin, P., "A Systematic Assessment of the Axial Age Thesis Using Global Comparative Historical Evidence", *American Sociological Review*, v. 83, n. 3, pp. 596–626 (2018).

33. Ebrey, Patricia, Walthall, Ann, & Palais, James, *East Asia: A Cultural, Social, and Political History*, Houghton Mifflin Harcourt (2006).
34. Whitehouse, H., François, P., Cioni, E., Levine, J., Hoyer, D., Reddish, J., & Turchin, P., "Conclusion: Was There Ever an Axial Age?", em Hoyer, D. & Reddish, J. (Eds.), *The Seshat History of the Axial Age*, Beresta Books (2019).
35. Turchin, P., Whitehouse, H., Gavrilets, S., et al., "Disentangling the Evolutionary Drivers of Social Complexity: A Comprehensive Test of Hypotheses", *Science Advances*, v. 8, n. 25 (2022). DOI: 10.1126/ sciadv.abn3517.
36. Alan Strathern descreve essas religiões "transcendentalistas" em seu livro *Unearthly Powers: Religious and Political Change in World History*, Cambridge University Press (2019).
37. Worsley, Peter, *The Trumpet Shall Sound: A Study of "Cargo" Cults in Melanesia*, Schocken Books (1968).

6. TRIBALISMO E EVOLUÇÃO DA GUERRA

1. Wittfogel, Karl A., *Oriental Despotism: A Comparative Study of Total Power*, Oxford University Press (1957).
2. Fried, Morton H., *The Evolution of Political Society: An Essay in Political Anthropology*, Random House (1967).
3. Oppenheimer, Franz, *The State: Its History and Development Viewed Sociologically*, Free Life Editions (1975); Carneiro, R. L., "A Theory of the Origin of the State", *Science*, v. 169, pp. 733–738 (1970).
4. Turchin, P., Whitehouse, H., Gavrilets, S., et al., "Disentangling the Evolutionary Drivers of Social Complexity: A Comprehensive Test of Hypotheses", *Science Advances*, v. 8, n. 25 (2022). DOI: 10.1126/ sciadv.abn3517.
5. Turchin, Peter, *Ultrasociety: How 10,000 Years of War Made Humans the Greatest Cooperators on Earth*, Beresta Books (2016).
6. Algaze, G., "Expansionary Dynamics of Some Early Pristine States", *American Anthropologist*, v. 95, pp. 304–33 (1993).
7. Guiart, J., "Forerunners of Melanesian Nationalism", *Oceania*, v. 22, n. 2, pp. 81–90 (1951). Disponível em: www.jstor.org/stable/40328310.
8. Barth, F., *Ritual and Knowledge Among the Baktaman of New Guinea*, Yale University Press (1975).
9. Schacter, D. L., Gilbert, D. T., & Wegner, D. M., "Semantic and Episodic Memory", em *Psychology* (Second Edition), Worth (2009).
10. Tajfel, H. & Turner, J. C., "The Social Identity Theory of Intergroup Behaviour", em Worchel, S. & Austin, W. G. (Eds.), *Psychology of Intergroup Relations*, Nelson-Hall (1986).
11. Whitehouse, H., "Memorable Religions: Transmission, Codification, and Change in Divergent Melanesian Contexts", *Man* (New Series), v. 27, n. 4, pp. 777–797 (1992).
12. Turner, J. C. & Reynolds, K. J., "The Story of Social Identity", em Postmes, T. & Branscombe, N. R. (Eds.), *Rediscovering Social Identity: Core Sources*, Psychology Press (2010).

13. Swann e Buhrmester descrevem a relação entre identidades pessoal e grupal como "sinérgica" em caso de fusão (as duas trabalham juntas), mas "hidráulica" no caso de identificação (sendo mutuamente repelentes, parecido com água e óleo). Veja: Swann, W. B., Jr. & Buhrmester, M. D., "Identity Fusion", *Current Directions in Psychological Science*, v. 24, n. 1, pp. 52–57 (2015).
14. A psicóloga social Marilyn Brewer questiona a visão dominante de que a identificação automaticamente produz depreciação do exogrupo, mas a pesquisa que ela cita em apoio à sua visão não controla os efeitos da fusão estendida, que poderia ser prevista para reduzir atitudes negativas em relação aos exogrupos na ausência de competição ou ameaça. Veja: Brewer, M. B., "The Psychology of Prejudice: Ingroup Love and Outgroup Hate?", *Journal of Social Issues*, v. 55, n. 3, pp. 429–444 (1999).
15. Diener, E., Lusk, R., Defour, D., & Flax, R., "Deindividuation: Effects of Group Size, Density, Number of Observers, and Group Member Similarity on Self-consciousness and Disinhibited Behavior", *Journal of Personality and Social Psychology*, v. 39, n. 3, pp. 449–459 (1980).
16. Swann, W. B., Jr., Gómez, Á., Seyle, C., & Morales, F., "Identity Fusion: The Interplay of Personal and Social Identities in Extreme Group Behavior", *Journal of Personality and Social Psychology*, v. 96, n. 5, pp. 995–1011 (2009).
17. Johnson, R. D. & Downing, L. L., "Deindividuation and Valence of Cues: Effects on Prosocial and Antisocial Behavior", *Journal of Personality and Social Psychology*, v. 37, n. 9, pp. 1532–1538 (1979).
18. Besta, T., Gómez, Á., & Vázquez, A., "Readiness to Deny Group's Wrongdoing and Willingness to Fight for Its Members: The Role of Poles' Identity Fusion with the Country and Religious Group", *Current Issues in Personality Psychology*, v. 2, n. 1, pp. 49–55 (2014); Fredman, L. A., Buhrmester, M. D., Gómez, Á., Fraser, W. T., Talaifar, S., Brannon, S. M., & Swann, W. B., Jr., "Identity Fusion, Extreme Progroup Behavior, and the Path to Defusion", *Social and Personality Psychology Compass*, v. 9, n. 9, pp. 468–480 (2015); Buhrmester, M. D. & Swann, W. B., Jr., "Identity Fusion", em Scott, R. A. & Kosslyn, S. M. (Eds.), *Emerging Trends in the Social and Behavioral Sciences*, John Wiley (2015); Swann, W. B., Jr., et al., "Identity Fusion: The Interplay of Personal and Social Identities in Extreme Group Behavior".
19. Swann, W. B., Jr., Gómez, Á., Buhrmester, M. D., López-Rodríguez, L., Jiménez, J., & Vázquez, A., "Contemplating the Ultimate Sacrifice: Identity Fusion Channels Pro-group Affect, Cognition, and Moral Decision-Making", *Journal of Personality and Social Psychology*, v. 106, n. 5, pp. 713–727 (2014); Swann, W. B., Jr., Gómez, Á., Dovidio, J. F., Hart, S., & Jetten, J., "Dying and Killing for One's Group: Identity Fusion Moderates Responses to Intergroup Versions of the Trolley Problem", *Psychological Science*, v. 21, n. 8, pp. 1176–1183 (2010).
20. Van Mulukom, V., Debeuf, K., Atalay, E. D., & Whitehouse, H., "What Makes Muslim Minorities Willing to Fight and Die? Exploring the Role of Threat and Group Psychology" (submetido para publicação).

21. White, F. A., Newson, M., Verrelli, S., & Whitehouse, H., "Pathways to Prejudice and Outgroup Hostility: Group Alignment and Intergroup Conflict Among Football Fans", *Journal of Applied Social Psychology*, v. 51, n. 7 (2021). DOI: 10.1111/jasp.12773.
22. Buhrmester, M. D., Fraser, W. T., Lanman, J. A., Whitehouse, H., & Swann, W. B., Jr., "When Terror Hits Home: Identity Fused Americans Who Saw Boston Bombing Victims as 'Family' Provided Aid", *Self & Identity*, v. 14, n. 3, pp. 253–270 (2015).
23. Para um resumo de toda essa pesquisa, veja Whitehouse, Harvey, *The Ritual Animal: Imitation and Cohesion in the Evolution of Social Complexity*, Oxford University Press (2021).
24. Hunter, L. W. & Handford, S. A., *Aineiou Poliorketika: Aeneas on Siegecraft*, Clarendon Press (1927).
25. Schofield, A., "Keeping It Together: Aeneas Tacticus and Unit Cohesion in Ancient Greek Siege Warfare", em Hall, J. R., Rawlings, L., & Lee, G. (Eds.), *Unit Cohesion and Warfare in the Ancient World: Military and Social Approaches*, Routledge (2023).
26. Hall, J. R., "Unit Cohesion in the Ancient World: An Introduction", em Hall, J. R., et al., *Unit Cohesion and Warfare in the Ancient World*.
27. Konijnendijk, R., "The Eager Amateur: Unit Cohesion and the Athenian Hoplite Phalanx", em Hall, J. R., et al., *Unit Cohesion and Warfare in the Ancient World*.
28. Walbank, F. W., *A Historical Commentary on Polybius*, v. 1, Oxford University Press (1957).
29. Mufti, M., "Jihad as Statecraft: Ibn Khaldun on the Conduct of War and Empire", *History of Political Thought*, v. 30, n. 3, pp. 385–410 (2009).
30. Barstad, Hans M., *History and the Hebrew Bible: Studies in Ancient Israelite and Ancient Near Eastern Historiography*, Mohr Siebeck (2008).
31. Atran, Scott, *Talking to the Enemy: Violent Extremism, Sacred Values, and What It Means to Be Human*, Penguin (2011).
32. Atran, Scott, "The Will to Fight", *Aeon* (2022). Disponível em: https://aeon.co/essays/wars-are-won-by-people-willing-to-fight-for-comradeand-cause.
33. Tossell, C. C., Gómez, Á., Visser, E. J., Vázquez, A., Donadio, B. T., Metcalfe, A., Rogan, C., Davis, R., & Atran, S., "Spiritual Over Physical Formidability Determines Willingness to Fight and Sacrifice Through Loyalty in Cross-cultural Populations", *Proceedings of the National Academy of Sciences USA (PNAS)*, v. 119, n. 6, e2113076119 (2022). DOI: 10.1073/pnas.2113076119.

7. CONFORMIDADE E CLIMA

1. Programa das Nações Unidas para o Meio Ambiente, "Emissions Gap Report" (27 de outubro de 2022). Disponível em: www.unep.org/resources/emissions-gap-report-2022.
2. HDI Global, "The Future of Food: What Will You Be Eating in 2050?" (14 de outubro de 2021). Disponível em: www.hdi.global/infocenter/insights/2021/future-of-food/.
3. Reinhardt, L. & Whitehouse, H., "What Kinds of Speeches Motivate Climate Action?" (em preparação).
4. Whitehouse, Harvey, *Inside the Cult: Religious Innovation and Transmission in Papua New Guinea*, Oxford University Press (1995). O trecho citado é da página 1.

5. Ligaiula, P., "Port Vila Call for a Just Transition to a Fossil Fuel Free Pacific", Pacific News Service (17 de março de 2023).
6. Liu, Yue-Chen, Hunter-Anderson, R., Cheronet, O., et al., "Ancient DNA Reveals Five Streams of Migration into Micronesia and Matrilocality in Early Pacific Seafarers", *Science*, v. 377, n. 6601, pp. 72–79 (2022).
7. Stebbins, T. N., "Mali Baining Perspectives on Language and Culture Stress", *International Journal of the Sociology of Language*, v. 2004, n. 169, pp. 161–175 (2004).
8. Weiner, Annette B., *Women of Value, Men of Renown: New Perspectives in Trobriand Exchange*, University of Texas Press (1983).
9. Mackey, John E. & Sisodia, Raj, *Conscious Capitalism: Liberating the Heroic Spirit of Business*, Harvard Business Review Press (2012).
10. Raworth, Kate, *Doughnut Economics: Seven Ways to Think Like a 21stCentury Economist*, Penguin Random House (2017).
11. Cașu, D., "Attempts at Introducing Communist Rituals in Family Traditions and Holidays: Case Study on Moldavian SSR", *Codrul Cosminului*, v. 20, n. 1, pp. 273–278 (2014).
12. Johnson, I., "'Ruling Through Ritual': An Interview with Guo Yuhua", *The China File* (2018): www.chinafile.com/library/nyrb-china-archive/ruling-through-ritual-interview-guo-yuhua.
13. Rybanska, V., McKay, R., Jong, J., & Whitehouse, H., "Rituals Improve Children's Ability to Delay Gratification", *Child Development*, v. 89, n. 2, pp. 349–359 (2018).
14. Pew Research Center, "Religious Landscape Study" (2014). Disponível em: www.pewresearch.org/religion/about-the-religious-landscape-study/.
15. Pew Research Center, "Young Adults Around the World Are Less Religious by Several Measures" (2018). Disponível em: www.pewresearch.org/religion/2018/06/13/young-adults-around-the-world-are-less-religiousby-several-measures/.
16. Torchalla, I., Li, K., Strehlau, V., Linden, I. A., & Krausz, M., "Religious Participation and Substance Use Behaviors in a Canadian Sample of Homeless People", *Community Mental Health Journal*, v. 50, n. 7, pp. 862–869 (2014).
17. Putnam, Robert D. & Campbell, David E., *American Grace: How Religion Divides and Unites Us*, Simon and Schuster (2010).
18. Chater, N. & Loewenstein, G., "The I-frame and the S-frame: How Focusing on Individual-Level Solutions Has Led Behavioral Public Policy Astray", *Behavioral and Brain Sciences*, v. 46, n. E147 (2023). DOI: 10.1017/S0140525X22002023.
19. Beermann, V., Rieder, A., & Uebernickel, F., "Green Nudges: How to Induce Pro-environmental Behavior Using Technology", International Conference on Information Systems (2022).
20. https://citizensassembly.co.uk.

8. RELIGIOSIDADE À VENDA

1. A New Creation Church pode ser excepcionalmente tolerante neste aspecto — nem todas as formas de cristianismo evangélico seriam tão receptivas a membros que aderem ao mesmo tempo a múltiplas tradições religiosas.
2. Zengkun, F., "Singapore Pastor Joseph Prince Goes Worldwide", *Straits Times* (28 de outubro de 2014).
3. Deve-se observar que diferentes igrejas evangélicas oferecem diferentes tipos de benefícios práticos — incluindo esquemas de seguro em alguns casos (veja Auriol, E., Lassebie, J., Panin, A., Raiber, E., & Seabright, P., "God Insures Those Who Pay? Formal Insurance and Religious Offerings in Ghana", *Quarterly Journal of Economics*, v. 135, n. 4, pp. 1799–1848 (2020)).
4. "Tithes and Offerings", site da New Creation Church: www.newcreation.org.sg/give/.
5. Iannaccone, L. R., "Sacrifice and Stigma: Reducing Free-Riding in Cults, Communes, and Other Collectives", *Journal of Political Economy*, v. 100, n. 2, pp. 271–291 (1992).
6. Para uma discussão de como as religiões podem sinalizar valor de acasalamento na seleção sexual, veja Slone, J. & Van Slyke, J. (Eds.), *The Attraction of Religion: A New Evolutionary Psychology of Religion*, Bloomsbury Academic (2015).
7. Seabright, Paul, *The Divine Economy: How Religions Compete for Wealth, Power and People*, Princeton University Press (no prelo).
8. European Research Council, "Unboxing Cultural Rituals: Christmas in Pandemic Times" (2020): https://erc.europa.eu/projects-figures/stories/unboxing-cultural-rituals-christmas-pandemic-times.
9. Pearson, B., "Holiday Spending to Exceed $1 Trillion — And 11 Other Surprising Data Points of Christmas", *Forbes* (22 de dezembro de 2016): www.forbes.com/sites/bryanpearson/2016/12/22/holiday-spending-toexceed-1-trillion-and-11-other-surprising-data-points-of-christmas/?sh=1ef611e1247f.
10. Embora não seja "sobrenatural" quando se manifesta na vida real como demência ou dano cerebral, tal psicologia anormal é minimamente contraintuitiva no sentido de violar nossas expectativas intuitivas sobre mentalização e, portanto, intrinsecamente chamativa, memorável e transmissível de acordo com a teoria MCI.
11. Tang, F., "China's Lunar New Year Spending Growth Slows to Decade Low Despite Record US$148.96 Billion Sales", *South China Morning Post* (11 de fevereiro de 2019).
12. Guthrie, Stewart, *Faces in the Clouds: A New Theory of Religion*, Oxford University Press (1993).
13. Goffman, Erving, *The Presentation of Self in Everyday Life*, Doubleday Anchor (1959).
14. Guthrie, S., "Bottles Are Men, Glasses Are Women: Religion, Gender, and Secular Objects", *Material Religion*, v. 3, n. 1, pp. 14–33 (2007).
15. Sharma, M. & Zillur, R., "Anthropomorphic Brand Management: An Integrated Review and Research Agenda", *Journal of Business Research*, v. 149, pp. 463–475 (2022).
16. Strohminger, N. & Jordan, M. R., "Corporate Insecthood", *Cognition*, v. 224, n. 105068 (2022). DOI: 10.1016/j.cognition.2022.105068
17. Ibid.

18. Moller, J. & Herm, S., "Shaping Retail Brand Personality Perceptions by Bodily Experiences", *Journal of Retailing*, v. 89, n. 4, pp. 438–446 (2013).

19. Perez-Vega, R., Taheri, B., Farrington, T., & O'Gorman, K., "On Being Attractive, Social and Visually Appealing in Social Media: The Effects of Anthropomorphic Tourism Brands on Facebook Fan Pages", *Tourism Management*, v. 66, pp. 339–347 (2018).

20. Huang, X., Li, X., & Zhang, M., "'Seeing' the Social Roles of Brands: How Physical Positioning Influences Brand Evaluation", *Journal of Consumer Psychology*, v. 23, n. 4, pp. 509–514 (2013).

21. Folse, J. A. G., Netemeyer, R. G., & Burton, S., "Spokescharacters", *Journal of Advertising*, v. 41, n. 1, pp. 17–32 (2012).

22. Kucuk, S. U., "Reverse (Brand) Anthropomorphism: The Case of Brand Hitlerization", *Journal of Consumer Marketing*, v. 37, n. 6, pp. 651–659 (2020).

23. Extraí as seguintes observações do episódio "I Can't Believe It's Pink Margarine", podcast *99% Invisible* (19 de outubro de 2021): https://99percentinvisible.org/episode/i-cant-believe-its-pinkmargarine/transcript/.

24. Veja também "Butter vs Margarine: One of America's Most Bizarre Food Battles", podcast *Distillations* (15 de novembro de 2017): www.sciencehistory.org/stories/distillations-pod/butter-vs-margarine/.

25. Slone, Jason D., *Theological Incorrectness: Why Religious People Believe What They Shouldn't*, Oxford University Press (2004).

26. www.buycott.com.

27. https://donegood.co; https://blog.orangeharp.com.

28. Harcup, T. & O'Neill, D., "What Is News? Galtung and Ruge Revisited", *Journalism Studies*, v. 2, n. 2, pp. 261–280 (2001).

29. www.niemanlab.org/2019/08/americans-with-less-education-are-more-likely-to-say-that-local-news-is-important-to-them-and-to-get-it-from-tv/ (2019); www.latimes.com/entertainment/envelope/la-xpm-2013-apr02-la-et-ct-nielsen-educated-viewers-watch-less-tv-20130401-story.html (2013).

30. Fehr, E. & Fischbacher, U., "Third-Party Punishment and Social Norms", *Evolution and Human Behavior*, v. 25, n. 2, pp. 63–87 (2004).

31. Geraci, A. & Surian, L., "Preverbal Infants' Reactions to Third-Party Punishments and Rewards Delivered Toward Fair and Unfair Agents", *Journal of Experimental Child Psychology*, v. 226, n. 105574 (2023). DOI: 10.1016/j.jecp.2022.105574.

32. Lee, Richard Borshay, *The !Kung San: Men, Women and Work in a Foraging Society*, Cambridge University Press (1979).

33. Morese, R., Rabellino, D., Sambataro, F., Perussia, F., Valentini, M. C., Bara, B. G., et al., "Group Membership Modulates the Neural Circuitry Underlying Third Party Punishment", *PLoS ONE*, v. 11, n. 11, e0166357 (2016). DOI: 10.1371/journal.pone.0166357.

34. Buckholtz, J. W., Asplund, C. L., Dux, P. E., Zald, D. H., Gore, J. C., Jones, O. D., & Marois, R., "The Neural Correlates of Third-Party Punishment", *Neuron*, v. 60, n. 5, pp. 930–940 (2008).

35. Apps, M. A. J., McKay, R., Azevedo, R. T., Whitehouse, H., & Tsakiris, M., "Not On My Team: Medial Prefrontal Cortex Contributions to Ingroup Fusion and Fairness", *Brain and Behaviour*, v. 8, n. 8 (2018). DOI: 10.1002/brb3.1030.

36. Kantrowitz, A., "The Man Who Built the Retweet: 'We Handed a Loaded Weapon to 4-Year-Olds'", *BuzzFeed News* (23 de julho de 2019).

37. Brady, W. J., Wills, J. A., Jost, J. T., Tucker, J. A., & Van Bavel, J. J., "Emotion Shapes the Diffusion of Moralized Content in Social Networks", *Proceedings of the National Academy of Sciences USA (PNAS)*, v. 114, pp. 7313–7318 (2017); Crockett, M. J., "Moral Outrage in the Digital Age", *Nature Human Behaviour*, v. 1, pp. 769–771 (2017); Burton, J. W., Cruz, N., & Hahn, U., "Reconsidering Evidence of Moral Contagion in Online Social Networks", *Nature Human Behaviour*, v. 5, pp. 1629–1635 (2021).

38. Egebark, J. & Ekström, M., "Like What You Like or Like What Others Like? Conformity and Peer Effects on Facebook", Research Institute of Industrial Economics, artigo em andamento IFN No. 886 (2011).

39. Jędryczka, W., Misiak, M., & Whitehouse, H., "Explaining Political Polarization Over Abortion: The Role of Moral Values Among Conservatives", *Social Psychology*, v. 54, n. 4 (2023). DOI: 10.1027/1864-9335/a000525.

40. Curry, O. S., "Morality as Cooperation: A Problem-Centred Approach", em Shackelford, T. K. & Hansen, R. D. (Eds.), *The Evolution of Morality*, Springer International Publishing (2016).

41. "Digital Propaganda or 'Normal' Political Polarization? Case Study of Political Debate on Polish Twitter", Panoptykon Foundation: https://panoptykon.org/twitter-report.

42. Palese, M., "The Irish Abortion Referendum: How a Citizens' Assembly Helped to Break Years of Political Deadlock", Electoral Reform Society (29 de maio de 2018): www.electoral-reform.org.uk/the-irish-abortionreferendum-how-a-citizens-assembly-helped-to-break-years-of-politicaldeadlock/.

43. Kantrowitz, A., "The Man Who Built the Retweet".

44. www.newscientist.com/article/2217937-whatsapp-restrictions-slow-thespread-of-fake-news-but-dont-stop-it/.

9. TRIBALISMO HOJE

1. O'Brien, N., "Interview with a Former Terrorist: Nasir Abbas' Deradicalization Work in Indonesia", *CTC Sentinel*, v. 1, n. 12 (2008).

2. Letzing, J. & Berkley, A., "Is the Internet Really More Effective at Radicalizing People than Older Media?", *The Digital Economy*, World Economic Forum (2021). Disponível em: www.weforum.org/agenda/2021/07/is-theinternet-really-more-effective-at-radicalizing-people-than-older-media/.

3. "The Use of Social Media by United States Extremists", National Consortium for the Study of Terrorism and Responses to Terrorism (START) (2023). Disponível em: www.start.umd.edu/pubs/START_PIRUS_UseOfSocialMediaByUSExtremists_ResearchBrief_July2018.pdf.

4. Kavanagh, C. M., Kapitány, R., Putra, I. E., & Whitehouse, H., "Exploring the Pathways Between Transformative Group Experiences and Identity Fusion", *Frontiers in Psychology*, v. 11, n. 1172 (2020). DOI: 10.3389/fpsyg.2020.01172.
5. Courchesne, L., Rasikh, B., McQuinn, B., & Buntain, C., "Powered by Twitter? The Taliban's Takeover of Afghanistan", Centre for Artificial Intelligence, Data, and Conflict (2022). Disponível em: www.tracesofconflict.com/_files/ugd/17ec87_19ecafa8cf1046af8554251 bce0aaf6f.pdf.
6. Ebner, J., Kavanagh, C., & Whitehouse, H., "Is There a Language of Terrorists? A Comparative Manifesto Analysis", *Studies in Conflict and Terrorism* (2022). DOI: 10.1080/1057610X.2022.2109244.
7. Buhrmester, M. D., Fraser, W. T., Lanman, J. A., Whitehouse, H., & Swann, W. B., Jr., "When Terror Hits Home: Identity Fused Americans Who Saw Boston Bombing Victims as 'Family' Provided Aid", *Self & Identity*, v. 14, n. 3, pp. 253–270 (2015).
8. Marks, G. & Miller, N., "Ten Years of Research on the False-Consensus Effect: An Empirical and Theoretical Review", *Psychological Bulletin*, v. 102, n. 1, pp. 72–90 (1987).
9. Klein, J. W., Bastian, B., Odjidja, E. N., Ayaluri, S. S., Kavanagh, C. M., & Whitehouse, H., "Ingroup Commitment Can Foster Intergroup Trust" (em preparação).
10. Suedfeld, P., Tetlock, P. E., & Streufert, S., "Conceptual/Integrative Complexity", em Smith, C. P., Atkinson, J. W., McClelland, D. C., & Veroff, J. (Eds.), *Motivation and Personality: Handbook of Thematic Content Analysis*, Cambridge University Press (1992).
11. Suedfeld, P. & Tetlock, P., "Integrative Complexity of Communications in International Crises", *Journal of Conflict Resolution*, v. 21, n. 1 (1977), pp. 169–184.
12. Suedfeld, P. & Bluck, S., "Changes in Integrative Complexity Prior to Surprise Attacks", *Journal of Conflict Resolution*, v. 32, n. 4 (1988). DOI: 10.1177/0022002788032004002.
13. Pruitt, D. G. & Lewis, S. A., "Development of Integrative Solutions in Bilateral Negotiation", *Journal of Personality and Social Psychology*, v. 31, n. 4, pp. 621–633 (1975).
14. Johnson, Dominic, *Overconfidence and War: The Havoc and Glory of Positive Illusions*, Harvard University Press (2004).
15. Suedfeld, P., "The Cognitive Processing of Politics and Politicians: Archival Studies of Conceptual and Integrative Complexity", *Journal of Personality*, v. 78, n. 6, pp. 1669–1702 (2010).
16. Ebner, J. & Whitehouse, H., "Identity and Extremism: Sorting Out the Causal Pathways to Radicalisation and Violent Self-sacrifice", em Busher, J., Malkki, L., & Marsden, S. (Eds.), *Routledge Handbook on Radicalisation and Countering Radicalisation*, Routledge (2023).
17. Esse projeto é financiado pelo Calleva Centre na Magdalen College, Universidade de Oxford.
18. Villettaz, P., Gillieron, G., & Killias, M., "The Effects on Re-offending of Custodial vs. Non-custodial Sanctions: An Updated Systematic Review of the State of Knowledge", *Campbell Systematic Reviews*, v. 11, n. 1, pp. 1–92 (2015).
19. Suzanne Reich, Palestrante Sênior (Criminologia e Justiça Criminal) e Diretora de Programa (Faculdade de Direito e Justiça, Universidade do Sul de Queensland) — comunicação pessoal.

20. Dobbie, W. S., e Yang, C. S., "The Economic Costs of Pretrial Detention", *Research Briefs in Economic Policy*, Nº. 283 (2022). Disponível em: www.cato.org/research-briefs-economic-policy/economic-costs-pretrial-detention.
21. Whitehouse, H. & Fitzgerald, R., "Fusion and Reform: The Potential for Identity Fusion to Reduce Recidivism and Improve Reintegration", *Anthropology in Action*, v. 27, n. 1, pp. 1–13 (2020).
22. Newson, M., Bortolini, T. S., da Silva, R., Buhrmester, M., & Whitehouse, H., "Brazil's Football Warriors: Social Bonding and Inter-group Violence", *Evolution and Human Behavior*, v. 39, n. 6, pp. 675–683 (2018).
23. Newson, M. & Whitehouse, H., "The Twinning Project: How Football, the Beautiful Game, Can Be Used to Reduce Reoffending", *Prison Service Journal*, v. 248, pp. 28–31 (2020).
24. Newson, M., Peitz, L., Cunliffe, J., & Whitehouse, H., "Pathways to Fusion in Prison: The Effects Attachment and Personal Transformation on the Twinning Project" (em preparação).
25. Newson, M., Peitz, L., Cunliffe, J., & Whitehouse, H., "Improving Prison Behaviour and Receiving Community Attitudes Through Football" (em preparação).
26. Reich, S., Buhrmester, M. B., & Whitehouse, H., "Identity Fusion and Going Straight: How Disclosure of Life-Changing Experiences Can Impact Ethical Hiring Practices and Positive Reintegration Outcomes", *Journal of Business Ethics* (em revisão).

EPÍLOGO: ASCENSÃO DA TERATRIBO

1. "The History of The World: Every Year": www.youtube.com/watch?v=-6Wu0Q7x5D0.
2. www.parliament.scot/about/how-parliament-works/sustainability.
3. www.oxfam.org/en/press-releases/richest-1-bag-nearly-twice-much-wealth-rest-world-put-together-over-past-two-years.
4. Para uma breve discussão desse argumento, veja a entrevista com o ator Morgan Freeman na série documental do National Geographic Channel sobre as origens da religião: www.youtube.com/watch?v=IZhJicFWEu0.
5. Whitehouse, H., "From Conflict to Covid: How Shared Experiences Shape Our World and How They Could Improve It", *New England Journal of Public Policy*, v. 33, n. 2 (2021). Disponível em: https://scholarworks.umb.edu/nejpp/vol33/iss2/7/.
6. Curry, O. S., Hare, D., Hepburn, C., Johnson, D. D. P., Buhrmester, M. D., Whitehouse, H., & Macdonald, D. W., "Cooperative Conservation: Seven Ways to Save the World", *Conservation Science and Practice*, v. 2, n. 1 (2019). DOI: 10.1111/csp2.123.
7. Buhrmester, M. D., Burnham, D., Johnson, D. D. P., Curry, O. S., Macdonald, D. W., & Whitehouse, H., "How Moments Become Movements: Shared Outrage, Group Cohesion, and the Lion That Went Viral", *Frontiers in Ecology and Evolution*, v. 6, n. 54 (2018). DOI: 10.3389/fevo.2018.00054.
8. Jacobs, A. J., "The World's Largest Family Reunion... We're All Invited!", TEDActive (2014). Disponível em: www.ted.com/talks/a_j_jacobs_the_world_s_largest_family_reunion_we_re_all_invited?language=en.

9. Reinhardt, L. & Whitehouse, H., "Why Care for Humanity?" (submetido).
10. Cowan, M., "Inclusiveness, Foresight, and Decisiveness: The Practical Wisdom of Barrier-Crossing Leaders", *New England Journal of Public Policy*, v. 29, n. 1, Artigo 14 (2017).
11. Buhrmester, M. D., Cowan, M. A., & Whitehouse, H., "What Motivates Barrier-Crossing Leadership?", *New England Journal of Public Policy*, v. 34, n. 2, Artigo 7 (2022). Disponível em: https://scholarworks.umb.edu/nejpp/vol34/iss2/7/.

Índice

S

T

U

V

W

X

Z